Silvio de Souza Lima, D. Sc.
Professor Titular da Escola Politécnica da UFRJ
Departamento de Estruturas

ANÁLISE DE ESTRUTURAS COM COMPUTADORES

EDITORA CIÊNCIA MODERNA

Editor: Paulo André P. Marques
Produção Editorial: Dilene Sandes Pessanha
Capa: Daniel Jara
Diagramação: Daniel Jara
Copidesque: Equipe Ciência Moderna

FICHA CATALOGRAFICA

LIMA, Silvio de Souza.

Análise de Estruturas com Computadores

Rio de Janeiro: Editora Ciência Moderna Ltda., 2017.

1. Engenharia Civil 2. Engenharia Estrutural, Análise Estrutural
I — Título

ISBN: 978-85-399-0877-6

CDD 624
624.1

Editora Ciência Moderna Ltda.
R. Alice Figueiredo, 46 – Riachuelo
Rio de Janeiro, RJ – Brasil CEP: 20.950-150
Tel: (21) 2201-6662/ Fax: (21) 2201-6896
E-MAIL: LCM@LCM.COM.BR
WWW.LCM.COM.BR

01/17

PREFÁCIO

A automatização da análise de estruturas exige, cada vez mais, que os profissionais envolvidos tenham sólida base teórica e entendimento dos procedimentos e recursos oferecidos pelas ferramentas de análise. A interface amigável dos sistemas, com recursos gráficos de geração e interpretação de resultados, cria um ambiente de facilidade que leva a sensação de que todos podem fazer qualquer tipo de análise, numa escalada crescente de complexidade. Com isto, muitos engenheiros estão se tornando, ou sendo formados, apenas como usuários de programas, perdendo a capacidade crítica e o entendimento do sistema físico com o quais trabalham, atributos indispensáveis à capacidade de criação. A utilização de recursos, sem os conhecimentos de seus significados e limitações, é, com toda certeza, uma ponte para o desastre.

Neste livro vários recursos e seus fundamentos são apresentados, de forma a preparar o usuário à utilização consciente e segura de programas e sistemas de análise.

No presente livro, o código-fonte de um programa de análise é fornecido e utilizado no entendimento do funcionamento de um programa geral. O usuário poderá utilizar o código como partida no desenvolvimento de um sistema próprio. O código fornecido, programa MEF, resolve estruturas de barra tridimensional (utiliza elemento de pórtico espacial). Entretanto, outros tipos de elementos poderão ser acrescentados, por exemplo, casca, para possibilitar a análise de estruturas mais complexas. Também poderão ser acrescentados recursos gráficos de pré e pós-processamento. As rotinas apresentadas são semelhantes às do SALT-Sistema de Análise de Estruturas (www.saltserver.org). O programa MEF foi desenvolvido em linguagem pascal, com utilização do ambiente Lazarus que é um software livre, podendo ser obtido no endereço http://www.lazarus-ide.org . O download do código-fonte e do executável do MEF pode ser feito a partir do link www.saltserver.org/Analise/MEF.zip. Algumas planilhas em Mathcad podem ser obtidas no link www.saltserver.org/Analise/Planilhas.zip. O usuário também pode obter uma cópia (versão educacional) do SALT-Sistema de Análise de Estruturas em www.saltserver.org. Observar os caracteres maiúsculos/minúsculos nos links.
O livro reúne a experiência profissional do autor na participação em projetos, trabalhos de consultoria e no ensino e pesquisa na Escola Politécnica da UFRJ, sendo destinado tanto a alunos de graduação e pós-graduação, como a profissionais já formados.

Comentários e sugestões para futuras edições podem ser enviados para livrodeanalise@saltserver.org .
Agradeço a todos que deram sugestões e também críticas e aos alunos com os quais muito tenho aprendido.

Silvio de Souza Lima

Dedico este trabalho aos meus familiares

SUMÁRIO

CAPÍTULO 5

1

FUNDAMENTOS

1 – Introdução

Entende-se por estrutura as partes resistentes de uma construção, que podem ser feitas de vários materiais. Em se tratando de obras de engenharia civil geralmente são usados o aço, concreto e alumínio. A etapa de determinação de deslocamentos e forças atuantes na estrutura é chamada de análise, sendo esta essencial, pois é a partir dos resultados desta que serão feitas as etapas de dimensionamento e detalhamento.
A análise teve grande impulso com o uso dos computadores. Estes permitiram a análise racional de formas estruturais impensáveis no passado. No presente trabalho, pretende-se fornecer os fundamentos necessários para o entendimento na utilização de sistemas computacionais que permitem as análises elaboradas atuais.
O comportamento de uma estrutura é muito complexo sendo necessário para sua análise a adoção de hipóteses simplificadoras, que levam aos chamados modelos estruturais ou modelos matemáticos, que guardam aproximações em relação a estrutura original. Por abuso de linguagem é comum chamar-se de estrutura o modelo matemático que a representa.
Os modelos podem ser classificados, de forma simplista, como:

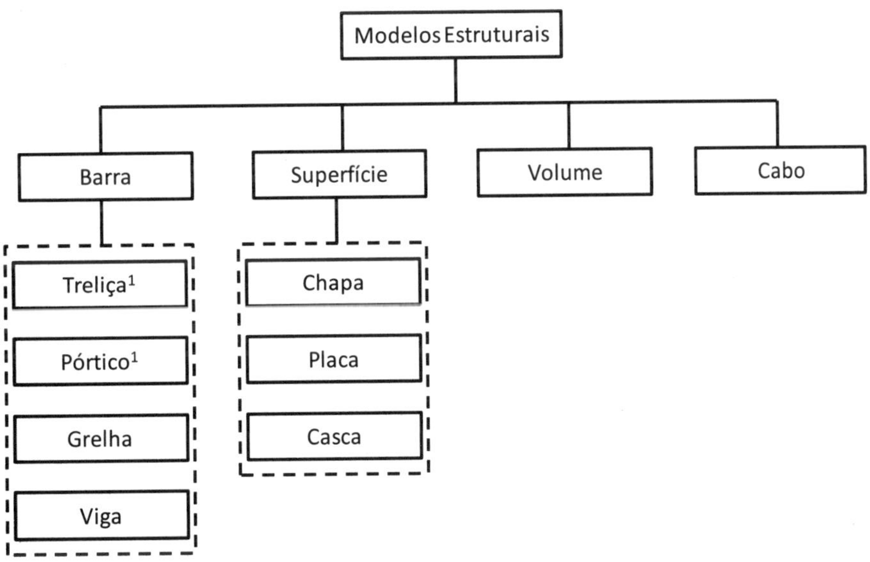

(1)Plano ou Espacial

O modelo em barra ou reticulado, algumas vezes aporticado ou ainda em quadro, é formado pela associação de barras, conforme mostrado na figura 1.1.1. Barras são elementos em que prepondera uma das dimensões, chamada de comprimento. A extremidade livre, ligada a um apoio ou o encontro de duas ou mais barras é chamada de nó ou ponto nodal.

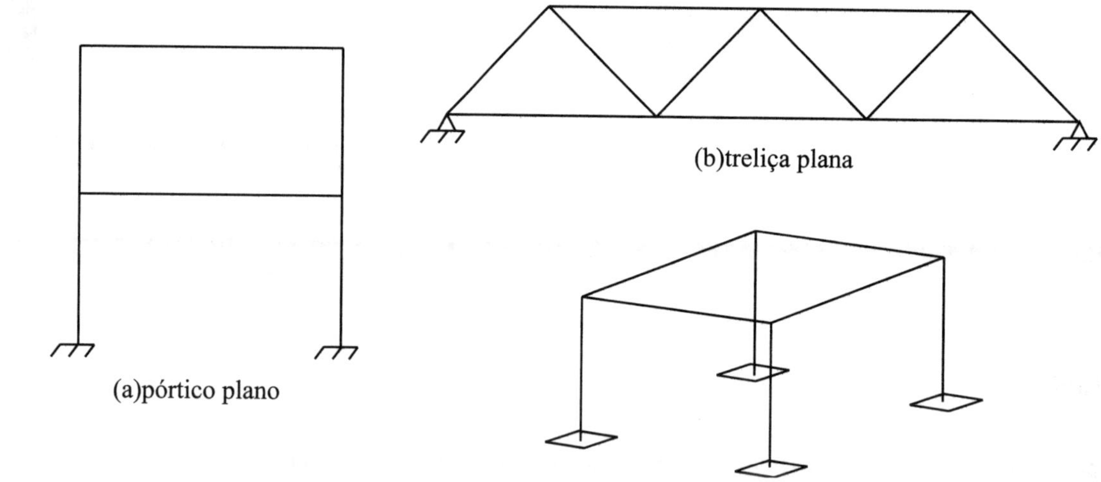

(a)pórtico plano (b)treliça plana (c)pórtico espacial

Figura 1.1.1 – Modelos aporticados.

Nas estruturas de superfície, tem-se uma dimensão, chamada espessura, muito pequena em relação às dimensões da superfície, conforme mostrado na figura 1.1.2. Quando a superfície S é plana e as forças externas atuam no plano de S a estrutura é chamada de chapa. Sendo S plana e as forças atuando perpendicularmente ao plano de S, a estrutura é chamada de placa. Se a superfície não se enquadrar numa das hipóteses anteriores tem-se a casca.

(a)casca (a)placa

Figura 1.1.2 – Modelos de superfície.

As estruturas de volume são as que não se enquadram em nenhum modelo anterior.

Seja a figura 1.1.3 com representação de uma estrutura do tipo pórtico espacial. Considerando um nó do pórtico, tem-se para as componentes de deslocamentos, três translações e três rotações. Por abuso de linguagem diz-se que o pórtico espacial tem seis deslocamentos por ponto nodal. Como forma de referência aos deslocamentos, a numeração local destes é feita nomeando em primeiro lugar as translações e após as rotações e de X para Z, conforme mostrado na figura 1.1.3. Sendo o modelo plano, no presente livro, será definido no plano XY. A tabela 1.1.1 mostra os deslocamentos disponíveis para cada modelo.

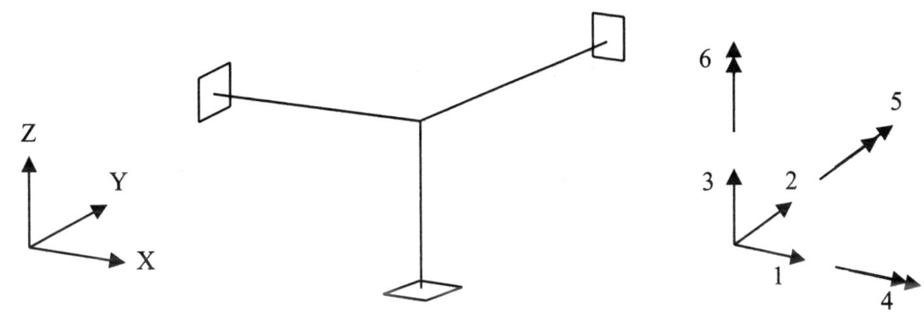

Figura 1.1.3 – Pórtico espacial.

Tabela 1.1.1 – Deslocamentos nodais de modelos

Modelo	Desloc. por nó	Translação			Rotação		
		X	Y	Z	X	Y	Z
Pórtico espacial	6	✓	✓	✓	✓	✓	✓
Pórtico plano (1)	3	✓	✓				✓
Treliça plana (1)	2	✓	✓				
Treliça espacial	3	✓	✓	✓			
Grelha (1)	3			✓	✓	✓	
Viga (1)	2		✓				✓
(1) no plano XY							

Como forma de viabilizar a referência dos deslocamentos nodais em um modelo com múltiplos nós, estabelece-se a seguinte regra de numeração global dos deslocamentos. Chamando de "ndesno" o número de deslocamentos por nó do modelo, o número do primeiro deslocamento associado ao nó de ordem i é dado por (i-1)ndesno + 1. Assim, considerando o nó de número 10 tem-se para número dos deslocamentos associados os mostrados na tabela 1.1.2, função do modelo.

Tabela 1.1.2 – Número dos deslocamentos associados ao nó

Modelo	Descolamentos
Pórtico espacial	55, 56, 57, 58, 59, 60
Pórtico plano	28, 29, 30
Treliça plana	19, 20
Treliça espacial	28, 29, 30
Viga	19, 20

2 – Transformação de Coordenadas

Em análise de estruturas tem-se muitas das vezes que se trabalhar com vários sistemas de referência, sendo necessário estabelecer as relações entre eles. Para o desenvolvimento de ideias, seja a treliça plana mostrada na figura 1.2.1, onde os números dentro dos círculos representam os números dos nós e os demais os números das barras. O sistema XY é o sistema global em relação ao qual são definidas as coordenadas, reações de apoio, recalques de apoio, forças diretamente aplicados aos nós, etc. A cada uma das barras é associado um sistema local de referência, na figura exemplificado com o sistema xy para barra 3, com origem no nó escolhido como inicial. Este sistema é utilizado para expressar, por exemplo, as forças nas seções da barra. Para relacionar o sistema local de referência com o sistema

global, considere a figura 1.2.2 onde $\underset{\sim}{v}$ é um vetor com componentes v_x , v_y , no sistema local e v_X e v_Y no sistema global.
Sendo α o ângulo medido do eixo global X para o eixo local x, as coordenadas v_x e v_y são escritas em função das coordenadas v_X e v_Y como:

$$v_x = v_X \cos\alpha + v_Y \sin\alpha \qquad \text{(Equação 1.2.1a)}$$

$$v_y = -v_X \sin\alpha + v_Y \cos\alpha \qquad \text{(Equação 1.2.1b)}$$

ou em forma matricial:

$$\begin{Bmatrix} v_x \\ v_y \end{Bmatrix} = \begin{bmatrix} \cos\alpha & \sin\alpha \\ -\sin\alpha & \cos\alpha \end{bmatrix} \begin{Bmatrix} v_X \\ v_Y \end{Bmatrix} = \underset{\sim}{T_R} \begin{Bmatrix} v_X \\ v_Y \end{Bmatrix} \qquad \text{(Equação 1.2.2)}$$

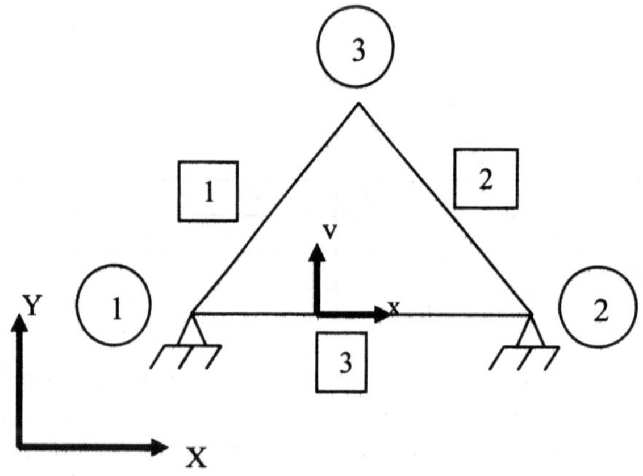

Figura 1.2.1 – Treliça plana.

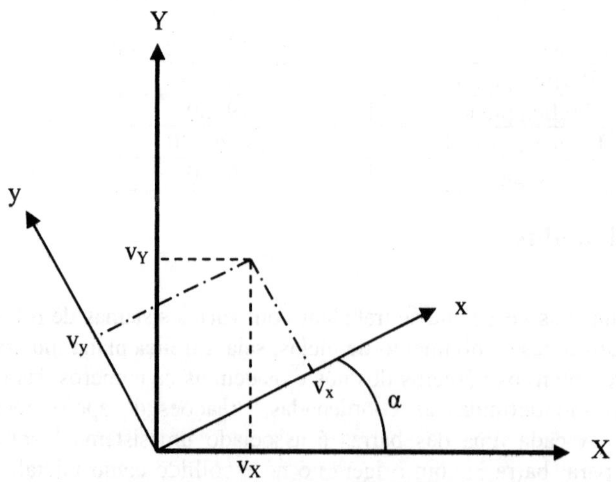

Figura 1.2.2 – Sistemas global e local de referência.

Onde $\underset{\sim}{T}_R$ é a matriz de transformação do sistema global para o sistema local. Verifica-se que a matriz $\underset{\sim}{T}_R$ é ortogonal, ou seja, a inversa é igual a transposta. Além disso suas linhas são os cossenos diretores das direções x e y em relação às direções X e Y, o que permite escrever, já considerando transformação no espaço 3D:

$$\underset{\sim}{T}_R = \begin{bmatrix} \lambda_{xX} & \lambda_{xY} & \lambda_{xZ} \\ \lambda_{yX} & \lambda_{yY} & \lambda_{yZ} \\ \lambda_{zX} & \lambda_{zY} & \lambda_{zZ} \end{bmatrix} \qquad \text{(Equação 1.2.3)}$$

Onde λ_{xX} representa o cosseno diretor da direção x em relação à direção X, e assim por diante.

Sendo $\underset{\sim}{v}_L$ e $\underset{\sim}{v}_G$, respectivamente, as representações do vetor $\underset{\sim}{v}$ segundo os sistemas de referência local e global, a equação 1.2.2 pode ser escrita como:

$$\underset{\sim}{v}_L = \underset{\sim}{T}_R\, \underset{\sim}{v}_G \qquad \text{(Equação 1.2.4)}$$

Que fornece as componentes do vetor $\underset{\sim}{v}$ no sistema local conhecidas suas componentes no sistema global. Sendo a matriz $\underset{\sim}{T}_R$ ortogonal a operação inversa, ou seja, as componentes do vetor $\underset{\sim}{v}$ no sistema global em função dos sistema local são escritos como:

$$\underset{\sim}{v}_G = \underset{\sim}{T}_R^T\, \underset{\sim}{v}_L \qquad \text{(Equação 1.2.5)}$$

3 – Matriz de Transformação de Elemento

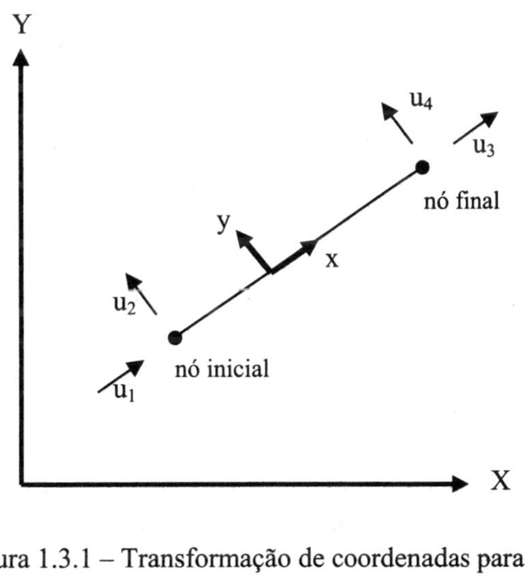

Figura 1.3.1 – Transformação de coordenadas para treliça plana.

Seja o elemento de treliça plana mostrado na figura 1.3.1, juntamente com seu sistema de referência local xy e o sistema de referência global XY. O vetor com os deslocamentos de extremidade do elemento, no sistema local é escrito como:

$$\underset{\sim L}{u} = \begin{Bmatrix} u_1 \\ u_2 \\ u_3 \\ u_4 \end{Bmatrix}_L \qquad \text{(Equação 1.3.1)}$$

A numeração sequencial dos deslocamentos, seja no sistema local ou global, segue a ordem já apresentada no item 1 deste capítulo. No sistema global as componentes daqueles deslocamentos são escritas como:

$$\underset{\sim G}{u} = \begin{Bmatrix} u_1 \\ u_2 \\ u_3 \\ u_4 \end{Bmatrix}_G \qquad \text{(Equação 1.3.2)}$$

Utilizando a equação 1.2.4 tem-se a relação:

$$\begin{Bmatrix} u_1 \\ u_2 \\ u_3 \\ u_4 \end{Bmatrix}_L = \begin{bmatrix} \underset{\sim R}{T} & \underset{\sim}{0} \\ \underset{\sim}{0} & \underset{\sim R}{T} \end{bmatrix} \begin{Bmatrix} u_1 \\ u_2 \\ u_3 \\ u_4 \end{Bmatrix}_G \qquad \text{(Equação 1.3.3)}$$

Ou em forma compacta:

$$\underset{\sim L}{u} = \underset{\sim}{R}\,\underset{\sim G}{u} \qquad \text{(Equação 1.3.4)}$$

Onde $\underset{\sim}{R}$ é a matriz de transformação do sistema global para o sistema local da barra, também conhecida como matriz de rotação da barra.

Para o pórtico espacial, tem-se:

$$\underset{\sim}{R} = \begin{bmatrix} \underset{\sim R}{T} & \underset{\sim}{0} & \underset{\sim}{0} & \underset{\sim}{0} \\ \underset{\sim}{0} & \underset{\sim R}{T} & \underset{\sim}{0} & \underset{\sim}{0} \\ \underset{\sim}{0} & \underset{\sim}{0} & \underset{\sim R}{T} & \underset{\sim}{0} \\ \underset{\sim}{0} & \underset{\sim}{0} & \underset{\sim}{0} & \underset{\sim R}{T} \end{bmatrix} \qquad \text{(Equação 1.3.5)}$$

De forma análoga, as matrizes de rotação para os outros tipos de modelo podem ser escritas. Deixamos para o leitor esta tarefa.

4 – Sistema de Referência do Elemento

Conforme dito anteriormente, para cada elemento é atribuído um sistema de referência, normalmente chamado de sistema local. Sendo x, y e z os eixos do sistema, a direção x é tomada coincidentemente com a direção axial do elemento de barra, sendo positivo no sentido do nó inicial para o final. As direções y e z coincidem com as direções principais da seção transversal.

Em se tratando de modelo plano e considerando ser XY o plano do modelo e também ser o eixo local z paralelo e com o mesmo sentido do eixo global Z, o sistema de referência local da barra fica totalmente definido conhecidos os nós inicial e final. O mesmo não acontece com o modelo pórtico espacial, já que nesta situação o eixo local z não necessariamente será paralelo ao eixo global Z. Portanto, é preciso definir os eixos locais y e z. Mas, devido a relação entre eles, estando o eixo local x já definido, basta definir, por exemplo, o eixo y que o eixo z ficará naturalmente determinado.

Seja a barra de pórtico espacial de comprimento L mostrada na figura 1.4.1, juntamente com seu sistema local de referência xyz e o sistema global XYZ. Os ângulos α, β e γ mostrados, representam as rotações necessárias para fazer o sistema global coincidir com o local.

Assim tem-se para o ângulo α, correspondente à rotação em torno do eixo Y:

$$\cos\alpha = \frac{C_x}{\sqrt{C_x^2 + C_z^2}} \qquad \text{(Equação 1.4.1a)}$$

$$\operatorname{sen}\alpha = \frac{C_z}{\sqrt{C_X^2 + C_Z^2}} \qquad \text{(Equação 1.4.1b)}$$

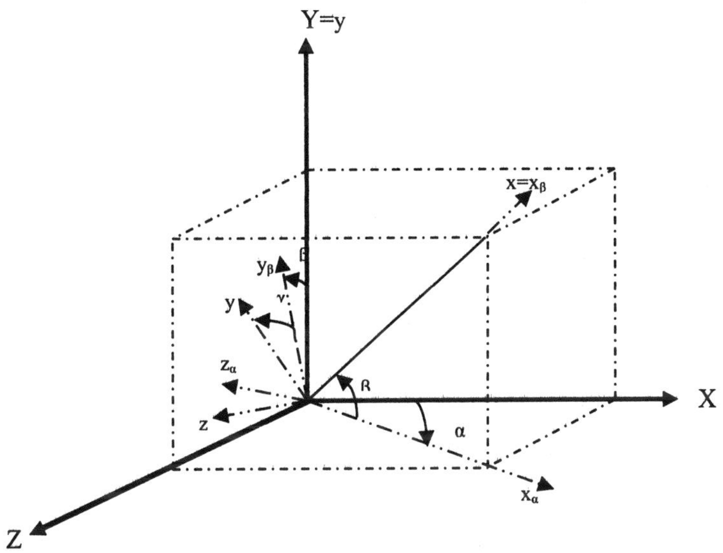

Figura 1.4.1 – Eixos locais elemento no espaço.

A matriz de transformação correspondente à rotação α é dada por:

$$\underset{\sim}{T}_{R\alpha} = \frac{1}{\sqrt{C_X^2 + C_Z^2}} \begin{bmatrix} C_x & 0 & C_Z \\ 0 & 1 & 0 \\ -C_z & 0 & C_x \end{bmatrix} \qquad \text{(Equação 1.4.2)}$$

Sendo

$$C_X = \frac{X_j - X_i}{L} \qquad \text{(Equação 1.4.3a)}$$

$$C_Y = \frac{Y_j - Y_i}{L} \qquad \text{(Equação 1.4.3b)}$$

$$C_Z = \frac{Z_j - Z_i}{L} \qquad \text{(Equação 1.4.3c)}$$

onde X_i, Y_i, Z_i e X_j, Y_j, Z_j representam as coordenadas dos nós inicial e final, respectivamente. Feita a rotação α tem-se novos eixos chamados de x_α, y_α, e z_α, mostrados na figura 1.4.1. Considerando agora a segunda transformação, rotação de β em relação ao eixo z_α, tem-se:

$$\cos\beta = \sqrt{C_X^2 + C_Z^2} \qquad \text{(Equação 1.4.4a)}$$

$$\operatorname{sen}\beta = C_Y \qquad \text{(Equação 1.4.4b)}$$

A matriz de transformação correspondente é dada por:

$$\underset{\sim}{T_{R\beta}} = \begin{bmatrix} \sqrt{C_X^2 + C_Z^2} & C_Y & 0 \\ -C_Y & \sqrt{C_X^2 + C_Z^2} & 0 \\ 0 & 0 & 1 \end{bmatrix} \qquad \text{(Equação 1.4.5)}$$

Com esta rotação o sistema x_α, y_α e z_α transforma-se no sistema x_β, y_β e z_β mostrado na figura 1.4.1. Nota-se que este último sistema ainda não é coincidente com o sistema local da barra. Girando o sistema x_β, y_β e z_β de um ângulo γ, veja figura 1.4.1, obtém-se o sistema local x, y, z da barra. O ângulo γ representa a inclinação do eixo local y em relação ao eixo $Y\beta$, conforme mostrado na figura 1.4.2.

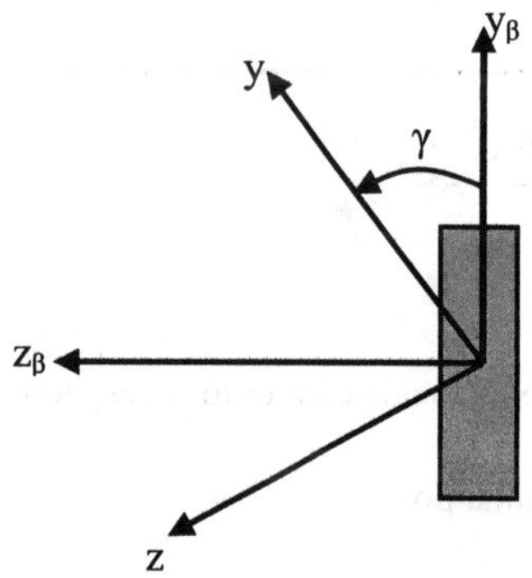

Figura 1.4.2 – Definição do ângulo γ.

A matriz de transformação para a rotação γ é dada por

$$\underset{\sim}{T}_{RY} = \begin{bmatrix} 1 & 0 & 0 \\ 0 & \cos\gamma & \sin\gamma \\ 0 & -\sin\gamma & \cos\gamma \end{bmatrix} \qquad \text{(Equação 1.4.6)}$$

A matriz de transformação final é obtida pelo produto:

$$\underset{\sim}{T}_{R} = \underset{\sim}{T}_{R\gamma}\,\underset{\sim}{T}_{R\beta}\,\underset{\sim}{T}_{R\alpha} \qquad \text{(Equação 1.4.7)}$$

Conhecida a matriz $\underset{\sim}{T}_{R}$ a matriz de rotação $\underset{\sim}{R}$ da barra é obtida com a equação 1.3.5.

A função Matriz-De-Rotação-PEspacial a seguir, retorna a matriz de rotação da barra de pórtico espacial, em que o ângulo γ é usado para definir o sistema local. No algoritmo apresentado, e em todos os seguintes é utilizada a nomenclatura:

Elemento: matriz com as propriedades do elemento (nó inicial, nó final, nó k ou ângulo γ).
Coord: matriz com as coordenadas X, Y, Z dos nós.

```
{-----------------------------------------------------------------------------------------------------------------------}
{variáveis globais}
type
 TMatrizDeRotacao=array[1..12,1..12] of real;


 TCoord=record
            X,Y,Z:real;
           end;

 TElemento=record
                Ndn:array[1..2]of integer;
                Gama:real;{radianos}
               end;
var
 Coord:array of TCoord;
 Elemento:array of TElemento;

{-----------------------------------------------------------------------------------------------------------------------}
function Matriz_De_Rotacao_PEspacial(NroDaBarra:integer):TMatrizDeElemento;
 type
  TMatrizTr=array[1..3,1..3]of real;
 var
  i,j,k,m:integer;
  L,
  CX,CY,CZ,
  CosAlfa,SinAlfa,CosBeta,SinBeta,CosGama,SinGama:real;
  Tr,TrAuxiliar:TMatrizTr;
  RotBar:TMatrizDeRotacao;
 function ProdutoDeMatrizesTr(Matriz_1,Matriz_2:TMatrizTR):TMatrizTr;
 var
  i,j,k:integer;
  MatrizResultado:TMatrizTr;
 begin
  for i:=1 to 3 do
     for j:=1 to 3 do MatrizResultado[i,j]:=0.0;
  for i:=1 to 3 do
  begin
   for j:=1 to 3 do
   begin
    for k:=1 to 3 do
      MatrizResultado[i,j]:=MatrizResultado[i,j]+Matriz_1[i,k]*Matriz_2[k,j];
   end;{for j}
  end;{for i}
  ProdutoDeMatrizesTr:=MatrizResultado;
 end;{function ProdutoDeMatrizesTr}
 begin
 with Elemento[NroDaBarra] do
 begin
  CX:=Coord[Ndn[2]].X-Coord[Ndn[1]].X;
  CY:=Coord[Ndn[2]].Y-Coord[Ndn[1]].Y;
  CZ:=Coord[Ndn[2]].Z-Coord[Ndn[1]].Z;
```

```
        L:=sqr(CX) + sqr(CY) + sqr(CZ);
        L:=sqrt(L);
        CX:=CX/L;
        CY:=CY/L;
        CZ:=CZ/L;
        if sqrt(sqr(CX)+sqr(CZ))>Zero
        then begin
            CosAlfa:=CX/sqrt(sqr(CX)+sqr(CZ));
            SinAlfa:=CZ/sqrt(sqr(CX)+sqr(CZ));
           end
        else begin
            CosAlfa:=1.0;
            SinAlfa:=0.0;
           end;

        CosBeta:=sqrt(sqr(CX)+sqr(CZ));
        SinBeta:=CY;

        CosGama:=cos(Gama);      { barra vertrical   }
        SinGama:=sin(Gama);
        {calcula a matriz Tr}
        for i:=1 to 3 do
        begin
         for j:=1 to 3 do
         begin
          Tr[i,j]:=0.0;
          TrAuxiliar[i,j]:=0.0;
         end;{for j}
        end;{for i}
        {matriz TrAlfa}
        Tr[1,1]:= CosAlfa;
        Tr[1,3]:= SinAlfa;
        Tr[2,2]:= 1.0;
        Tr[3,1]:=-Tr[1,3];
        Tr[3,3]:= Tr[1,1];
        {matriz TrBeta}
        TrAuxiliar[1,1]:= CosBeta;
        TrAuxiliar[1,2]:= SinBeta;
        TrAuxiliar[2,1]:=-TrAuxiliar[1,2];
        TrAuxiliar[2,2]:= TrAuxiliar[1,1];
        TrAuxiliar[3,3]:= 1.0;
        {produto TrBeta*TrAlfa}
        Tr:=ProdutoDeMatrizesTr(TrAuxiliar,Tr);
        {matriz TrGama}
        for i:=1 to 3 do
           for j:=1 to 3 do TrAuxiliar[i,j]:=0.0;
        TrAuxiliar[1,1]:= 1.0;
        TrAuxiliar[2,2]:= CosGama;
        TrAuxiliar[2,3]:= SinGama;
        TrAuxiliar[3,2]:=-TrAuxiliar[2,3];
        TrAuxiliar[3,3]:= TrAuxiliar[2,2];
        {matriz Tr final}
        Tr:=ProdutoDeMatrizesTr(TrAuxiliar,Tr);
       end;{with}
       {matriz de rotação da barra}
       for i:=1 to 12 do
          for j:=1 to 12 do RotBar[i,j]:=0.0;
       m:=0;
       for k:=1 to 4 do
       begin
        for i:=1 to 3 do
        begin
         for j:=1 to 3 do RotBar[m+i,m+j]:=Tr[i,j];
        end;{for i}
        m:=m+3;
       end;{for k}
       Matriz_De_Rotacao_PEspacial:=RotBar;
end;{function Matriz_De_Rotacao_PEspacial}
```

Outra forma de definir o sistema local é com a utilização de um terceiro nó localizado no plano xy do elemento. Desta forma o elemento de pórtico espacial será definido por três nós, nó inicial, nó final e o nó k. Seja a figura 1.4.3 com um elemento de pórtico espacial definido pelos três nós. Sendo X_i, Y_i, Z_i as coordenadas do nó inicial, X_j, Y_j, Z_j as coordenadas do nó final e X_k, Y_k e Z_k as do nó k, os cossenos diretores no eixo x local são dados por:

$$\lambda_{11} = \frac{X_j - X_i}{\sqrt{(X_j - X_i)^2 + (Y_j - Y_i)^2 + (Z_j - Z_i)^2}} \quad \text{(Equação 1.4.8a)}$$

$$\lambda_{12} = \frac{Y_j - Y_i}{\sqrt{(X_j - X_i)^2 + (Y_j - Y_i)^2 + (Z_j - Z_i)^2}} \quad \text{(Equação 1.4.8b)}$$

$$\lambda_{13} = \frac{Z_j - Z_i}{\sqrt{(X_j - X_i)^2 + (Y_j - Y_i)^2 + (Z_j - Z_i)^2}} \quad \text{(Equação 1.4.8c)}$$

Chamando de a, b e c os cossenos diretores do vetor na direção ik, os quais podem ser escritos como:

$$a = \frac{X_k - X_i}{\sqrt{(X_k - X_i)^2 + (Y_k - Y_i)^2 + (Z_k - Z_i)^2}} \quad \text{(Equação 1.4.9a)}$$

$$b = \frac{Y_k - Y_i}{\sqrt{(X_k - X_i)^2 + (Y_k - Y_i)^2 + (Z_k - Z_i)^2}} \quad \text{(Equação 1.4.9b)}$$

$$c = \frac{Z_k - Z_i}{\sqrt{(X_k - X_i)^2 + (Y_k - Y_i)^2 + (Z_k - Z_i)^2}} \quad \text{(Equação 1.4.9c)}$$

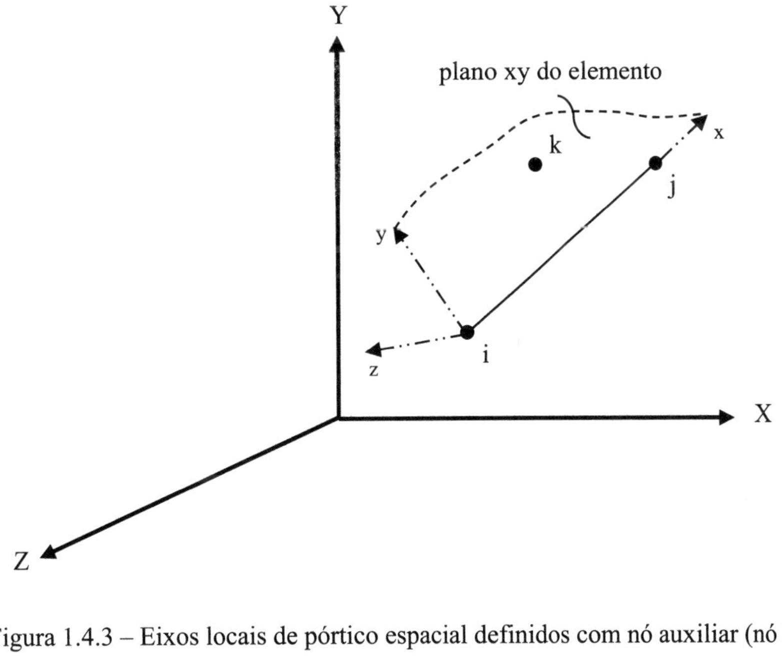

Figura 1.4.3 – Eixos locais de pórtico espacial definidos com nó auxiliar (nó k).

Do produto vetorial entre o vetor unitário na direção do eixo x e o vetor na direção ik, obtém-se o vetor unitário na direção do eixo z, dado por:

$$\lambda_{31} = \frac{c\lambda_{12} - b\lambda_{13}}{D} \qquad \text{(Equação 1.4.10a)}$$

$$\lambda_{32} = \frac{a\lambda_{13} - c\lambda_{11}}{D} \qquad \text{(Equação 1.4.10b)}$$

$$\lambda_{33} = \frac{b\lambda_{11} - a\lambda_{12}}{D} \qquad \text{(Equação 1.4.10c)}$$

$$D = \sqrt{(c\lambda_{12} - b\lambda_{13})^2 + (a\lambda_{13} - c\lambda_{11})^2 + (b\lambda_{11} - a\lambda_{12})^2} \qquad \text{(Equação 1.4.10d)}$$

Finalmente os cossenos diretores do eixo y são obtidos como:

$$\lambda_{21} = \lambda_{13}\lambda_{32} - \lambda_{12}\lambda_{33} \qquad \text{Equação 1.4.11a)}$$

$$\lambda_{22} = \lambda_{11}\lambda_{33} - \lambda_{13}\lambda_{31} \qquad \text{Equação 1.4.11a)}$$

$$\lambda_{23} = \lambda_{12}\lambda_{31} - \lambda_{11}\lambda_{32} \qquad \text{Equação 1.4.11a)}$$

5 – Matriz de Rigidez de Elemento

Os deslocamentos e forças nodais, sendo o elemento de barra estas forças são chamadas de forças de extremidade, se relacionam através da matriz de rigidez. Assim sendo $\underset{\sim}{k}_L$, $\underset{\sim}{u}_L$ e $\underset{\sim L}{f^e}$ respectivamente a matriz de rigidez, vetor de deslocamentos e forças de extremidades de uma barra genérica no sistema local, tem-se:

$$\underset{\sim L}{k}\,\underset{\sim L}{u} = \underset{\sim L}{f^e} \qquad \text{(Equação 1.5.1)}$$

Os termos da matriz de rigidez $\underset{\sim L}{k}$, chamados de coeficientes de rigidez, são forças devidas a deslocamentos unitários nas extremidades. Para a determinação destes coeficientes dois caminhos podem ser utilizados, que chamaremos de método direto e método formal.

No método direto são calculadas as forças de extremidade necessárias para manter deslocamento unitário em uma direção enquanto todos os outros são mantidos nulos. Seja, por exemplo, o elemento de pórtico plano da figura 1.5.1, cuja matriz de rigidez é dada por:

$$\underset{\sim L}{k} = \begin{bmatrix} k_{11} & k_{12} & k_{13} & k_{14} & k_{15} & k_{16} \\ k_{21} & k_{22} & k_{23} & k_{24} & k_{25} & k_{26} \\ k_{31} & k_{32} & k_{33} & k_{34} & k_{35} & k_{36} \\ k_{41} & k_{42} & k_{43} & k_{44} & k_{45} & k_{46} \\ k_{51} & k_{52} & k_{53} & k_{54} & k_{55} & k_{56} \\ k_{61} & k_{62} & k_{63} & k_{64} & k_{65} & k_{66} \end{bmatrix} \qquad \text{(Equação 1.5.2)}$$

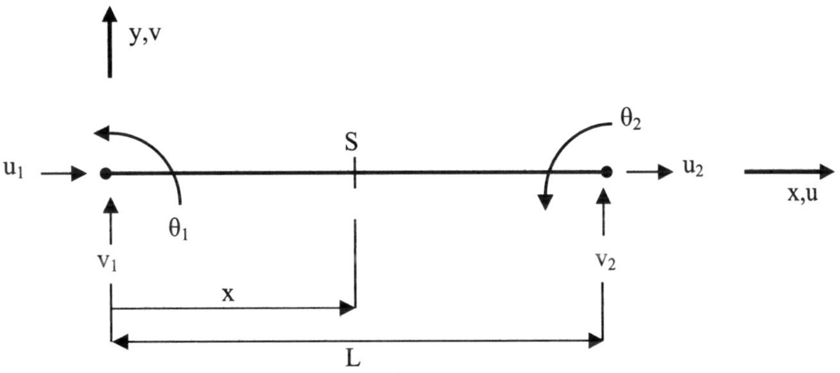

Figura 1.5.1 – Deslocamentos de extremidade, pórtico plano.

Na figura 1.5.2 estão as forças de extremidade para deslocamento unitário na direção v_1 da figura. As forças k_{12}, k_{22} ,... são os próprios coeficientes de rigidez ou seja os termos da matriz $\underset{\sim}{k_L}$.

Observando a equação 1.5.2 verifica-se que a coluna de ordem i representa um vetor com as forças nas extremidades da barra para deslocamento unitário na direção j. O método das forças é o instrumento para a determinação dos coeficientes de rigidez k_{ij} .

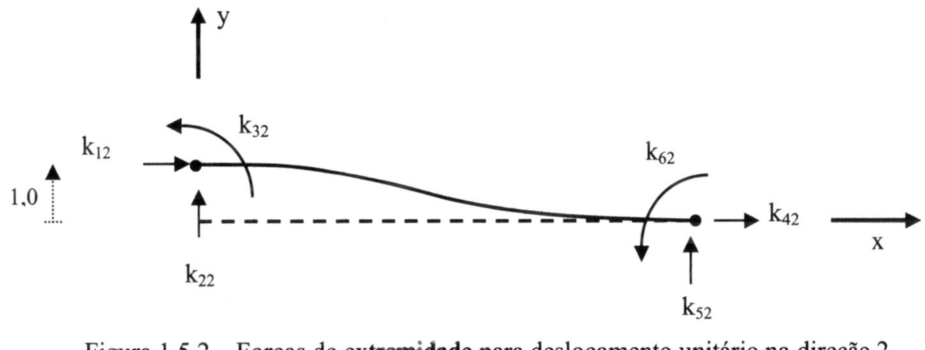

Figura 1.5.2 – Forças de extremidade para deslocamento unitário na direção 2.

Em sequência, apresenta-se as matrizes de rigidez para os demais modelos de barra, todas no sistema local da barra.

a) Viga

$$\begin{bmatrix} \frac{12EI_z}{L^3(1+\varphi_y)} & & \text{Simétrica} & \\ \frac{6EI_z}{L^2(1+\varphi_y)} & \frac{(4+\varphi_y)EI_z}{L(1+\varphi_y)} & & \\ \frac{-12EI_z}{L^3(1+\varphi_y)} & \frac{-6EI_2}{L^2(1+\varphi_y)} & \frac{12EI_z}{L^3(1+\varphi_y)} & \\ \frac{6EI_z}{L^2(1+\varphi_y)} & \frac{(2-\varphi_y)EI_z}{L(1+\varphi_y)} & \frac{-6EI_z}{L^2(1+\varphi_y)} & \frac{(4+\varphi_y)EI_z}{L(1+\varphi_y)} \end{bmatrix} \qquad \text{(Equação 1.5.3a)}$$

b) Treliça plana

$$\begin{bmatrix} \dfrac{EA}{L} & & & \text{Simétrica} \\ 0 & 0 & & \\ -\dfrac{EA}{L} & 0 & \dfrac{EA}{L} & \\ 0 & 0 & 0 & 0 \end{bmatrix} \qquad \text{(Equação 1.5.3b)}$$

c) Treliça espacial

$$\begin{bmatrix} \dfrac{EA}{L} & & & & & \text{Simétrica} \\ 0 & 0 & & & & \\ 0 & 0 & 0 & & & \\ -\dfrac{EA}{L} & 0 & 0 & \dfrac{EA}{L} & & \\ 0 & 0 & 0 & 0 & 0 & \\ 0 & 0 & 0 & 0 & 0 & 0 \end{bmatrix} \qquad \text{(Equação 1.5.3c)}$$

d) grelha (no plano xy)

$$\begin{bmatrix} \dfrac{12EI_y}{L^3(1+\varphi_z)} & & & & & \text{Simétrica} \\ 0 & GJ/L & & & & \\ \dfrac{-6EI_y}{L^2(1+\varphi_z)} & 0 & \dfrac{(4+\varphi_z)EI_y}{L(1+\varphi_z)} & & & \\ \dfrac{-12EI_y}{L^3(1+\varphi_z)} & 0 & \dfrac{6EI_y}{L^2(1+\varphi_z)} & \dfrac{12EI_y}{L^3(1+\varphi_z)} & & \\ 0 & -GJ/L & 0 & 0 & GJ/L & \\ \dfrac{-6EI_y}{L^2(1+\varphi_z)} & 0 & \dfrac{(2-\varphi_z)EI_y}{L(1+\varphi_z)} & \dfrac{6EI_y}{L^2(1+\varphi_z)} & 0 & \dfrac{(4+\varphi_z)EI_y}{L(1+\varphi_z)} \end{bmatrix} \qquad \text{(Equação 1.5.3d)}$$

e) Pórtico plano (no plano xy)

$$\begin{bmatrix} EA/L & & & & & \text{Simétrica} \\ 0 & \dfrac{12EI_z}{L^3(1+\varphi_y)} & & & & \\ 0 & \dfrac{6EI_z}{L^2(1+\varphi_z)} & \dfrac{(4+\varphi_y)EI_z}{L(1+\varphi_y)} & & & \\ -EA/L & 0 & 0 & EA/L & & \\ 0 & \dfrac{-12EI_z}{L^3(1+\varphi_y)} & \dfrac{-6EI_z}{L^2(1+\varphi_y)} & 0 & \dfrac{12EI_z}{L^3(1+\varphi_y)} & \\ 0 & \dfrac{6EI_z}{L^2(1+\varphi_y)} & \dfrac{(2-\varphi_y)EI_z}{L(1+\varphi_y)} & 0 & \dfrac{-6EI_z}{L^2(1+\varphi_y)} & \dfrac{(4+\varphi_2)EI_z}{L(1+\varphi_y)} \end{bmatrix} \qquad \text{(Equação 1.5.3e)}$$

f) pórtico espacial

$$
\begin{bmatrix}
\frac{EA}{L} & & & & & & & & & & & \text{Simétrica} \\
0 & \frac{12EI_z}{L^3(1+\varphi_y)} & & & & & & & & & & \\
0 & 0 & \frac{12EI_y}{L^3(1+\varphi_z)} & & & & & & & & & \\
0 & 0 & 0 & \frac{GJ}{L} & & & & & & & & \\
0 & 0 & \frac{-6EI_y}{L^2(1+\varphi_z)} & 0 & \frac{(4+\varphi_z)EI_y}{L(1+\varphi_z)} & & & & & & & \\
0 & \frac{6EI_z}{L^2(1+\varphi_y)} & 0 & 0 & 0 & \frac{(4+\varphi_y)EI_z}{L(1+\varphi_y)} & & & & & & \\
-\frac{EA}{L} & 0 & 0 & 0 & 0 & 0 & \frac{EA}{L} & & & & & \\
0 & \frac{-12EI_z}{L^3(1+\varphi_y)} & 0 & 0 & 0 & \frac{-6EI_z}{L^2(1+\varphi_y)} & 0 & \frac{12EI_z}{L^3(1+\varphi_y)} & & & & \\
0 & 0 & \frac{-12EI_y}{L^3(1+\varphi_z)} & 0 & \frac{6EI_y}{L^2(1+\varphi_z)} & 0 & 0 & 0 & \frac{12EI_y}{L^3(1+\varphi_z)} & & & \\
0 & 0 & 0 & -\frac{GJ}{L} & 0 & 0 & 0 & 0 & 0 & \frac{GJ}{L} & & \\
0 & 0 & \frac{-6EI_y}{L^2(1+\varphi_z)} & 0 & \frac{(2-\varphi_z)EI_y}{L(1+\varphi_z)} & 0 & 0 & 0 & \frac{6EI_y}{L^2(1+\varphi_z)} & 0 & \frac{(4+\varphi_z)EI_y}{L(1+\varphi_z)} & \\
0 & \frac{6EI_z}{L^2(1+\varphi_y)} & 0 & 0 & 0 & \frac{(2-\varphi_y)EI_z}{L(1+\varphi_y)} & 0 & \frac{-6EI_z}{L^2(1+\varphi_y)} & 0 & 0 & 0 & \frac{(4+\varphi_y)EI_z}{L(1+\varphi_y)}
\end{bmatrix}
$$

(Equação 1.5.3f)

Nas equações 1.5.3 a, ...f, E e G são os módulos de elasticidade longitudinal e transversal do material, A, J, I_y e I_z a área transversal a constante de torção e os momentos de inércia, da seção transversal, segundo os eixos locais y e z, respectivamente, L o comprimento da barra, ϕ_y e ϕ_z são parâmetros para a deformação por cortante sendo:

$$\varphi_y = \frac{12EI_z}{GA_{Sy}L^2} = 24\,(1+\nu)\,\frac{A}{A_{Sy}}\left(\frac{r_z}{L}\right)^2 \qquad \text{(Equação 1.5.4a)}$$

$$\varphi_z = \frac{12EI_y}{GA_{Sz}L^2} = 24\,(1+\nu)\,\frac{A}{A_{Sz}}\left(\frac{r_y}{L}\right)^2 \qquad \text{(Equação 1.5.4b)}$$

Sendo A_{Sy} e A_{Sz} as áreas efetivas de cortante relativa aos eixos y e z, veja tabela 1.5.1, respectivamente, r_y e r_z, os raios de giração da seção transversal e ν o coeficiente de Poisson do material.
Pré multiplicando ambos os termos da equação 1.5.1 pela transposta de matriz de rotação do elemento, tem-se:

$$\underset{\sim}{R}^T \underset{\sim L}{k}\, \underset{\sim L}{u} = \underset{\sim}{R}^T \underset{\sim L}{f^e} \qquad \text{(Equação 1.5.5)}$$

Sendo a matriz de rotação ortogonal (inversa igual a transporta), o produto $\underset{\sim}{R}\underset{\sim}{R}^T$ é igual a matriz identidade o que permite escrever:

$$\underset{\sim}{R}^T \underset{\sim}{k}_L \underset{\sim}{R}\,\underset{\sim}{R}^T \underset{\sim}{u}_L = \underset{\sim}{R}^T \underset{\sim}{f}^e_L \qquad \text{(Equação 1.5.6)}$$

Observando a equação 1.5.6 e com auxílio do apresentado no item 2 deste capítulo tem-se que:

$$\underset{\sim}{u}_G = \underset{\sim}{R}^T \underset{\sim}{u}_L \qquad \text{(Equação 1.5.7a)}$$

$$\underset{\sim}{f}^e_G = \underset{\sim}{R}^T \underset{\sim}{f}^e_L \qquad \text{(Equação 1.5.7b)}$$

Em que $\underset{\sim}{u}_G$ e $\underset{\sim}{f}^e_G$ são os deslocamentos e forças de extremidade do elemento no sistema global de referência. O produto $\underset{\sim}{R}^T \underset{\sim}{k}_L \underset{\sim}{R}$ representa a matriz de rigidez do elemento também no sistema global, denominada de $\underset{\sim}{k}_G$. Portanto a equação 1.5.6 pode ser escrita como:

$$\underset{\sim}{k}_G \underset{\sim}{u}_G = \underset{\sim}{f}^e_G \qquad \text{(Equação 1.5.8)}$$

Representando as equações de equilíbrio do elemento, agora no sistema global.

No método formal a relação entre deformação e deslocamento é escrita como:

$$\underset{\sim}{\varepsilon} = \underset{\sim}{B}\,\underset{\sim}{u}_L \qquad \text{(Equação 1.5.9)}$$

Tabela 1.5.1 – Propriedades geométricas de seção transversal.

Seção	A	I_x	I_y	I_z	A_{Sy}	A_{Sz}
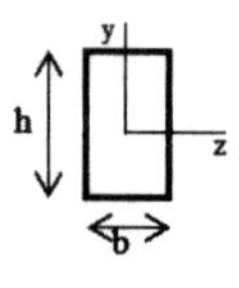	bh	$\beta h b^3$ $\beta \approx \frac{1}{3} - 0{,}21\frac{b}{h}\left(1 - \frac{b^4}{12h^4}\right)$	$\frac{b^3h}{12}$	$\frac{bh^3}{12}$	$\frac{5bh}{6}$	$\frac{5bh}{6}$
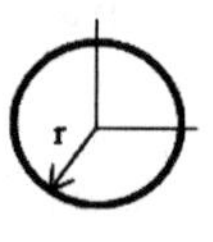	πr^2	$\frac{\pi r^4}{2}$	$\frac{\pi r^4}{4}$	$\frac{\pi r^4}{4}$	$\frac{9\pi r^2}{10}$	$\frac{9\pi r^2}{10}$
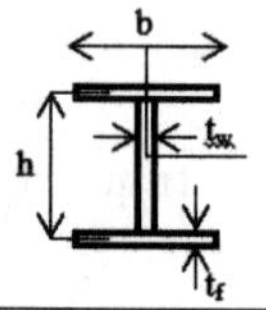	$ht_w + 2bt_f$	$\frac{ht_w^3 + 2bt_f^3}{3}$	$\frac{b^3t_f}{6}$	$\frac{h^2(ht_w + 6bt_f)}{12}$	$\frac{5ht_w}{6}$	$\frac{10bt_f}{6}$
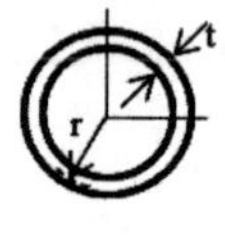	$2\pi rt$	$2\pi r^3t$	πr^3t	πr^3t	πrt	πrt

Onde $\underset{\sim}{\varepsilon}$ e $\underset{\sim}{B}$ são, respectivamente, o vetor de deformação e a matriz que relaciona as deformações com os deslocamentos unitários nas extremidades do elemento. Considerando o elemento de pórtico plano, mostrado na figura 1.5.3, os deslocamentos longitudinal e transversal da seção intermediária, definem completamente o estado tensional do elemento, os quais são determinados em função dos deslocamentos de extremidade por:

$$\begin{Bmatrix} u \\ v \end{Bmatrix} = \begin{bmatrix} N_1 & 0 & 0 & N_2 & 0 & 0 \\ 0 & N_3 & N_4 & 0 & N_5 & N_6 \end{bmatrix} \begin{Bmatrix} u_1 \\ v_1 \\ \theta_1 \\ u_2 \\ v_2 \\ \theta_2 \end{Bmatrix} \qquad \text{(Equação 1.5.10)}$$

Onde u, v e θ estão mostrados na figura 1.5.3 e N_1 , N_2 ,... N_6 são chamadas de funções de interpolação, sendo no presente caso:

$$N_1 = 1 - \frac{x}{L} \qquad \text{(Equação 1.5.11a)}$$

$$N_2 = \frac{x}{L} \qquad \text{(Equação 1.5.11b)}$$

$$N_3 = 2\left(\frac{x}{L}\right)^3 - 3\left(\frac{x}{L}\right)^2 + 1 \qquad \text{(Equação 1.5.11c)}$$

$$N_4 = \frac{x^3}{L^2} - 2\frac{x^2}{L} + x \qquad \text{(Equação 1.5.11d)}$$

$$N_5 = -2\left(\frac{x}{L}\right)^3 + 3\left(\frac{x}{L}\right)^2 \qquad \text{(Equação 1.5.11e)}$$

$$N_6 = \frac{x^3}{L^2} - \frac{x^2}{L} \qquad \text{(Equação 1.5.11f)}$$

Pelo princípio do trabalho virtual, igualando o trabalho das forças extremas ao trabalho de deformação, obtém-se:

$$\underset{\sim}{k} = \int_v \underset{\sim}{B}^T \underset{\sim}{E} \underset{\sim}{B}\, dv \qquad \text{(Equação 1.5.12)}$$

Onde $\underset{\sim}{E}$ representa a matriz de propriedades elásticas.

A força normal e o momento fletor em seção intermediária de abscissa x são dados respectivamente por:

$$N(x) = EA \frac{du}{dx} = EA \left(\frac{dN_1}{dx} u_1 + \frac{dN_2}{dx} u_2 \right) \qquad \text{(Equação 1.5.13a)}$$

$$M\ (x) = EI \frac{d^2v}{dx^2} = EI \left(\frac{d^2N_3}{dx^2} v_1 + \frac{d^2N_4}{dx^2} \theta_1 + \frac{d^2N_5}{dx^2} v_3 + \frac{d^2N_6}{dx^2} \theta_2 \right) \qquad \text{(Equação 1.5.3b)}$$

o que permite escrever:

$$\begin{Bmatrix} N \\ M \end{Bmatrix} = \begin{bmatrix} EA & 0 \\ 0 & EI \end{bmatrix} \begin{bmatrix} \frac{dN_1}{dx} & 0 & 0 & \frac{dN_2}{dx} & 0 & 0 \\ 0 & \frac{d^2N_3}{dx^2} & \frac{d^2N_4}{dx^2} & 0 & \frac{d^2N_5}{dx^2} & \frac{d^2N_6}{dx^2} \end{bmatrix} \begin{Bmatrix} v_1 \\ u_1 \\ \theta_1 \\ v_2 \\ u_2 \\ \theta_2 \end{Bmatrix} \qquad \text{(Equação 1.5.14)}$$

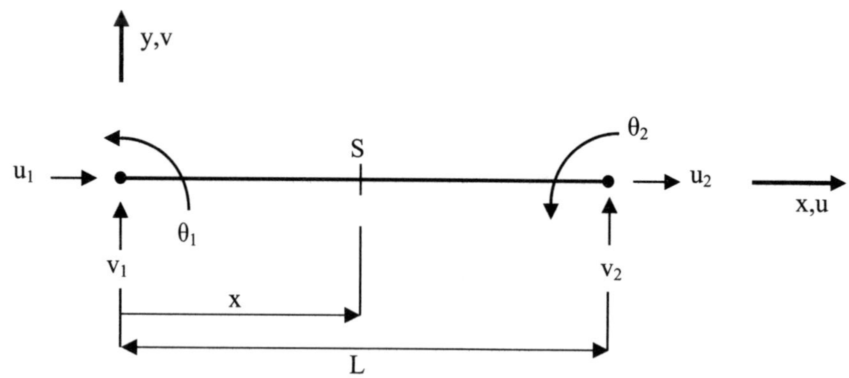

Figura 1.5.3 – Elemento de pórtico plano.

Ou ainda

$$\begin{Bmatrix} N \\ M \end{Bmatrix} = \underset{\sim}{E}\ \underset{\sim}{B}\ \underset{\sim}{u} \qquad \text{(Equação 1.5.15)}$$

Onde $\underset{\sim}{E}$ é a matriz generalizada de propriedades elásticas para a barra.

$$\underset{\sim}{E} = \begin{bmatrix} EA & 0 \\ 0 & EI_z \end{bmatrix} \qquad \text{(Equação 1.5.16)}$$

A matriz $\underset{\sim}{B}$, com o uso das equações 1.5.13 e 1.514 é escrita como:

$$\underset{\sim}{B} = \begin{bmatrix} -\frac{1}{L} & 0 & 0 & \frac{1}{L} & 0 & 0 \\ 0 & \frac{12x}{L^3} - \frac{6}{L^2} & \frac{6x}{L^2} - \frac{4}{L} & 0 & -\frac{12x}{L^3} + \frac{6}{L^2} & \frac{6x}{L^2} - \frac{2}{L} \end{bmatrix} \qquad \text{(Equação 1.5.17)}$$

A equação 11.12 escrita particularizada para barra com seção constante fica:

$$\underset{\sim L}{k} = \int_0^L \underset{\sim}{B}^T \, E \, \underset{\sim}{B} \, dx = \begin{bmatrix} EA/L & & & & & \text{Simétrica} \\ 0 & 12EI_z/L^3 & & & & \\ 0 & 6EI_z/L^2 & 4EI_z/L & & & \\ -EA/L & 0 & 0 & EA/L & & \\ 0 & -12EI_z/L^3 & -6EI_z/L^2 & 0 & 12EI_z/L^3 & \\ 0 & 6EI_z/L^2 & 2EI/L & 0 & -6EI_z/L^2 & 4EI_z/L \end{bmatrix} \quad \text{(Equação 1.5.18)}$$

Que é igual à matriz da equação 1.5.3ª, desprezada a deformação da força cortante.

6 – Força Nodal Equivalente e Força Nodal Combinada

Seja um modelo como o mostrado na figura 1.6.1a, com forças aplicadas diretamente nos nós e forças aplicadas em elemento.

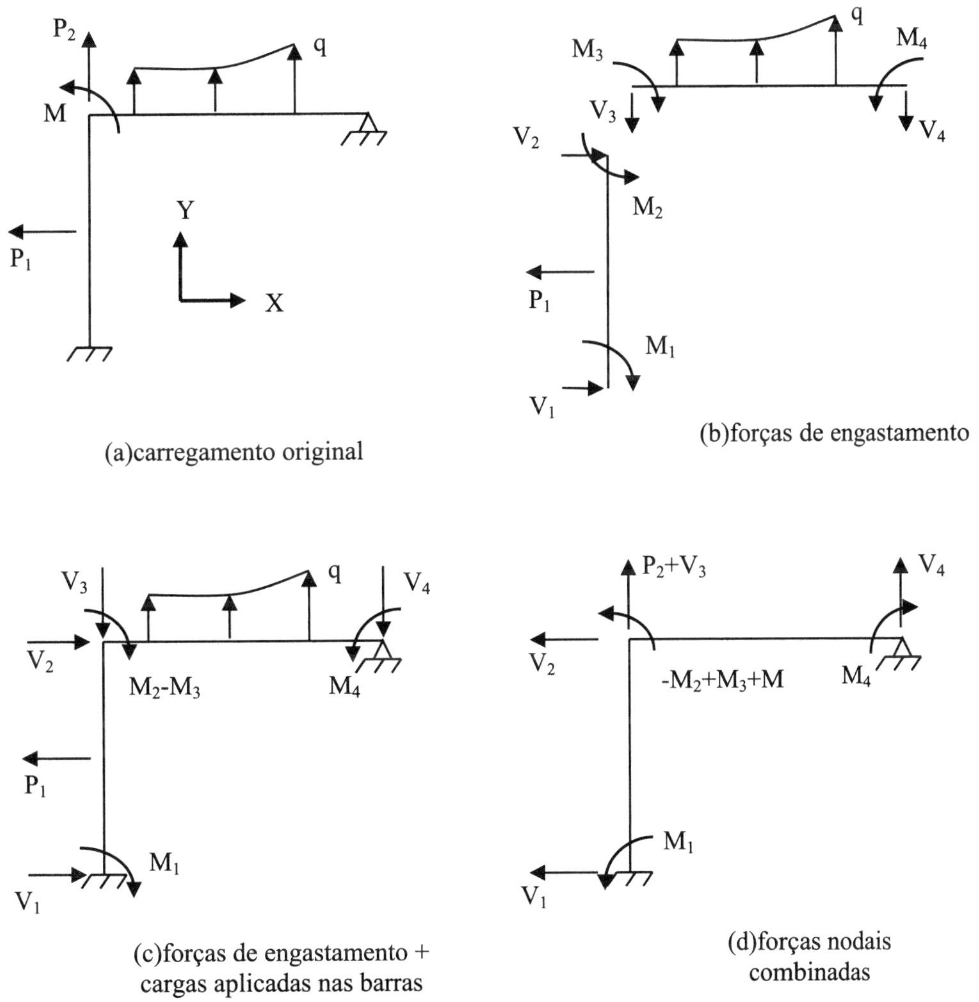

Figura 1.6.1 – Forças nodais combinadas.

Na figura 1.6.1b estão representadas as forças de engastamento perfeito. Entende-se por forças de engastamento perfeito, àquelas que aplicadas nas extremidades do elemento, considerando um conjunto de cargas ou ações aplicadas ao mesmo, anulam os deslocamentos das extremidades do elemento. Estas podem ser obtidas, a exemplo da matriz de rigidez, de forma direta pelo método das forças.

Seja o elemento de pórtico plano mostrado na figura 1.6.2, onde q_x e q_y representam forças distribuídas na direção x e y, respectivamente, e $\bar{\underset{\sim}{f}}$ o vetor com as forças de engastamento perfeito.

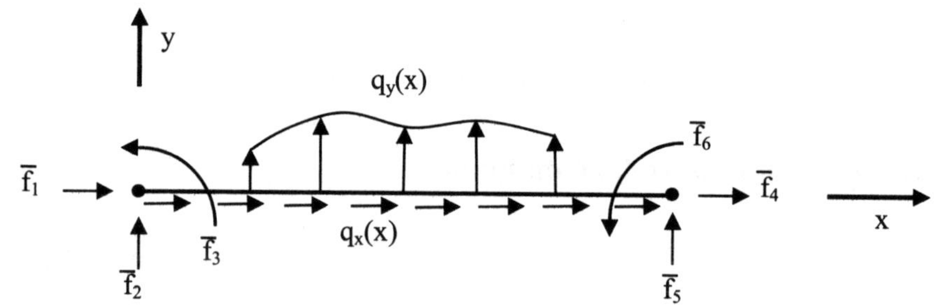

Figura 1.6.2 – Forças aplicadas e de engastamento perfeito.

Considerando as mesmas funções de interpolação da equação 1.5.11 escreve-se, as forças nodais equivalentes para barra de seção constante:

$$\bar{\underset{\sim L}{f}}^{e} = \int_0^L \underset{\sim}{N}^T \underset{\sim}{q}\, dx = \int_0^L \begin{bmatrix} N_1 & 0 & 0 & N_2 & 0 & 0 \\ 0 & N_3 & N_4 & 0 & N_5 & N_6 \end{bmatrix}^T \begin{Bmatrix} q_x \\ q_y \end{Bmatrix} dx =$$

$$= \int_0^L \begin{Bmatrix} \left(1 - \frac{x}{L}\right) q_x \\ \left\{ 2\left(\frac{x}{L}\right)^3 - 3\left(\frac{x}{L}\right)^2 + 1 \right\} q_y \\ \left\{ \frac{x^3}{L^2} - \frac{2x^2}{L} + x \right\} q_y \\ \frac{x}{L} q_x \\ \left\{ -2\left(\frac{x}{L}\right)^3 + 3\left(\frac{x}{L}\right)^2 \right\} q_y \\ \left\{ \frac{x^3}{L^2} - \frac{x^2}{L} \right\} q_y \end{Bmatrix}_L dx \qquad \text{(Equação 1.6.1)}$$

Considerando q_x e q_y constantes ao longo da barra, tem-se:

$$\bar{\underset{\sim L}{f}}^{e} = \begin{Bmatrix} q_x \dfrac{L}{2} \\ q_y \dfrac{L}{2} \\ q_y \dfrac{L^2}{12} \\ q_x \dfrac{L}{2} \\ q_y \dfrac{L}{2} \\ -q_y \dfrac{L^2}{12} \end{Bmatrix} \qquad \text{(Equação 1.6.2)}$$

Na figura 1.6.3 estão representadas as forças nodais equivalentes, para força uniforme aplicada em toda a barra.

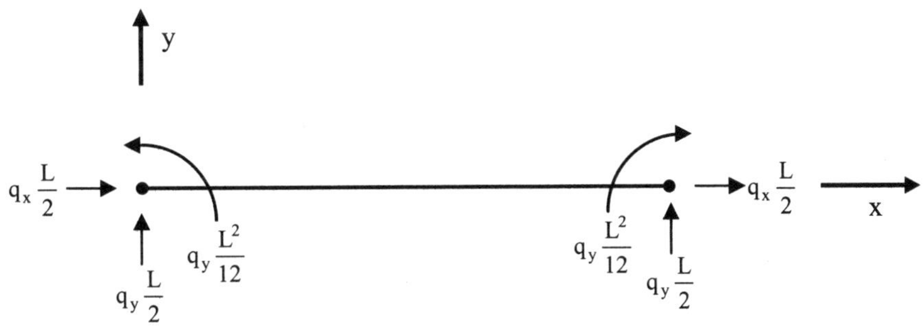

Figura 1.6.3 – Forças nodais equivalentes para força uniforme aplicada ao longo da barra.

Determinando, com o uso do método das forças, as forças de engastamento perfeito e comparando, para o mesmo carregamento, com as forças nodais equivalentes, verifica-se que uma é igual a outra com os sentidos invertidos. Assim, as forças nodais equivalentes são facilmente obtidas a partir das forças de engastamento perfeito. Na tabela 1.6.1 estão as forças de engastamento perfeito, para barra com seção constante, devidas as ações mais comuns.

Retornando à estrutura da figura 1.6.1, na parte "b" estão as forças de engastamento perfeito e na "c" a estrutura carregada com as forças aplicadas nas barras, juntamente com as respectivas forças de engastamento perfeito. Nota-se que nesta situação tem-se um sistema autoequilibrado com deslocamentos nodais nulos. Na parte "d", tem-se a estrutura carregada com as chamadas forças nodais combinadas, que são a soma das forças diretamente aplicadas aos nós com as forças nodais equivalentes. Somando-se as forças da parte "c" com as da parte "d", recupera-se a situação da parte "a", que representa o carregamento original. Logo, pode-se afirmar que, somando os deslocamentos nodais da parte "c" com os da parte "d" obtém-se os deslocamentos nodais para o carregamento original. Mas os deslocamentos nodais da parte "c" são nulos, portanto, os deslocamentos da estrutura para o carregamento original são iguais aos da estrutura carregada com as forças nodais combinadas. A mesma afirmação pode ser feita para as reações de apoio. Como as forças de extremidade de barra da parte "c" são iguais às forças de engastamento perfeito, as forças de extremidade para o carregamento original, são obtidas somando as forças de extremidade da parte "d" com as forças de engastamento, parte "b". Este raciocínio demonstra que as forças diretamente aplicadas às barras podem ser substituídas pelas forças nodais equivalentes. No caso de ações impostas como temperatura, recalque ou deformação prévia, estas também podem ser substituídas pelas respectivas forças nodais equivalentes.

Exercícios Propostos:

E.1 – Determine as cargas nodais combinadas para o pórtico plano mostrado na figura E.1.

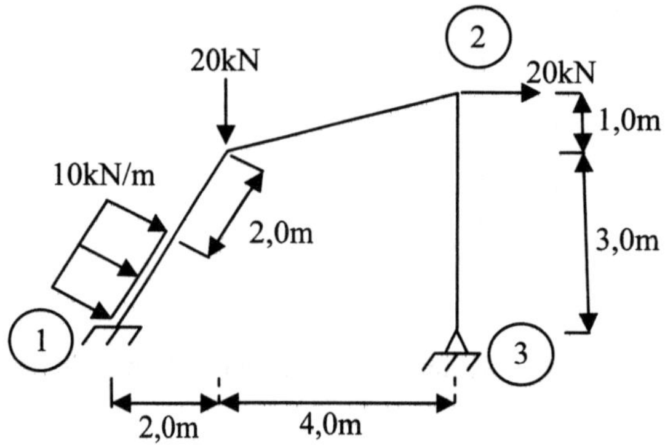

Figura E.1

E.2 – Determine a matriz de rigidez para o elemento da viga com variação do momento de inércia mostrada na figura E2. Adote E = 30,0 GPa, L = 5,0m e I = 2,10 x 10^{-3} m^4.

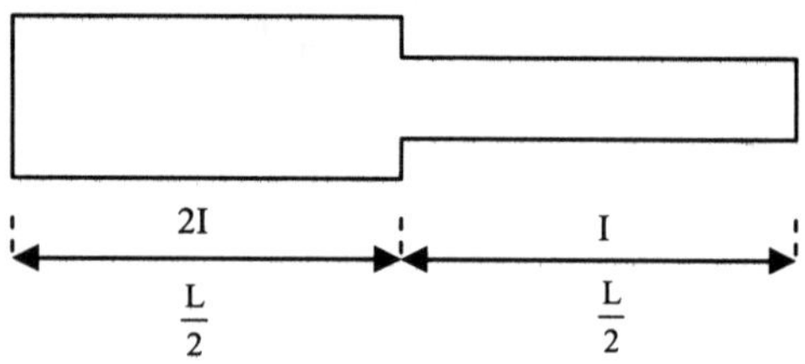

Figura E.2

E.3 – Determine a matriz de rigidez da treliça plana da figura E.3. Considere módulo de elasticidade E 205,0 GPa e barra com seção transversal com área A 150,0 cm^2.

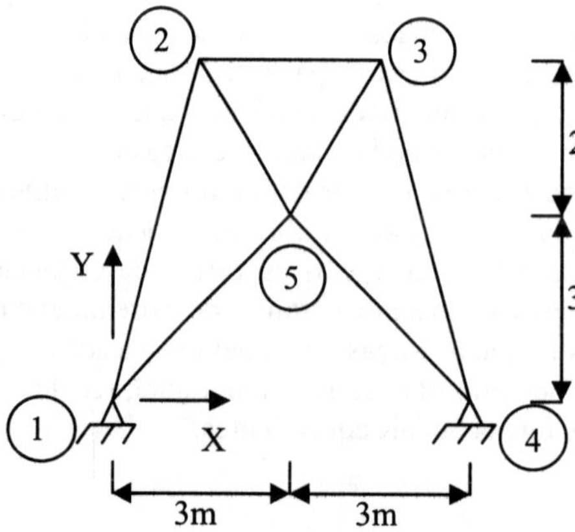

Figura E.3

E.4 – Considerando uma barra de pórtico plano com seção transversal com área 380,0 cm^2, área de cisalhamento 105,0 cm^2, momento de inércia 215.000,0 cm^4 e comprimento de 5,0m e sendo o módulo de elasticidade do material 30,0 GPa, pode-se a matriz de rigidez no sistema local.

E.5 – Determine as forças nodais equivalente para o carregamento mostrado na figura E.5, considerando a barra com propriedades constantes.

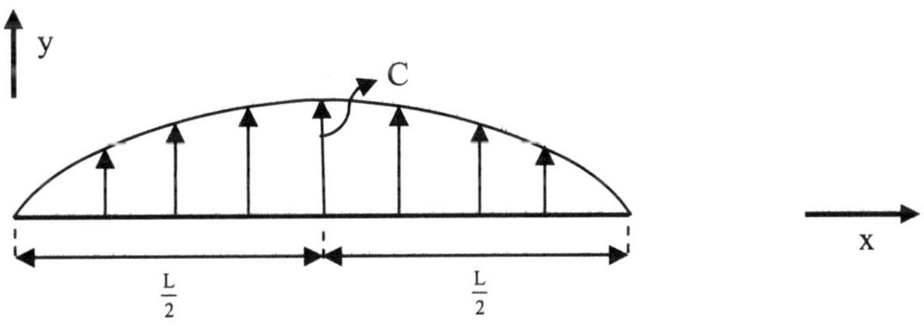

Figura E.5

Tabela 1.6.1 – Forças de engastamento perfeito para barra de seção constante

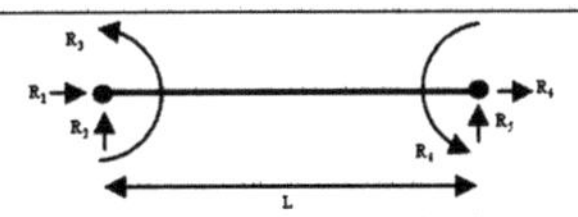

Tipo de ação	R_1	R_2	R_3	R_4	R_5	R_6
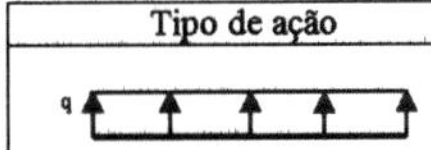	0	$-\frac{qL}{2}$	$-\frac{qL^2}{12}$	0	$-\frac{qL}{2}$	$\frac{qL^2}{12}$
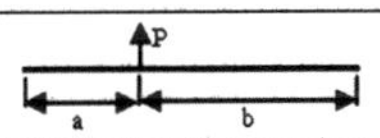	0	$-\frac{Pb^2(3a+b)}{L^3}$	$-\frac{Pab^2}{L^2}$	0	$-\frac{Pa^2(a+3b)}{L^3}$	$\frac{Pa^2b}{L^2}$
	0	$-\frac{3qL}{20}$	$-\frac{qL^2}{30}$	0	$-\frac{7qL}{20}$	$\frac{qL^2}{20}$
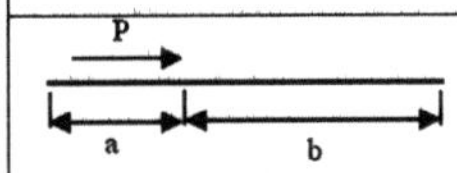	$-\frac{Pb}{L}$	0	0	$-\frac{Pa}{L}$	0	0
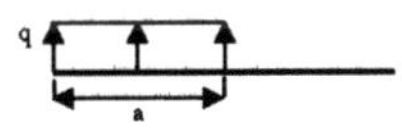	0	$-\frac{qa}{2L^3}(2L^3-2a^2L+a^3)$	$-\frac{qa^2}{12L^2}(6L^2-8aL+3a^2)$	0	$-\frac{qa^3}{2L^3}(2L-a)$	$\frac{qa^3}{12L^2}(4L-3a)$
Temperatura uniforme T α = Coef. Dilatação térmica E = módulo de elasticidade A = área da seção transversal	$EA\alpha T$	0	0	$-EA\alpha T$	0	0
Gradiente de temperatura T_1 ——— T_2 I = momento de inércia h = altura da seção	0	0	$-\frac{\alpha EI(T_1-T_2)}{h}$	0	0	$\frac{\alpha EI(T_1-T_2)}{h}$
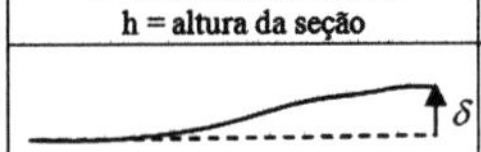	0	$-\frac{12EI}{L^3}\delta$	$-\frac{6EI}{L^2}\delta$	0	$\frac{12EI}{L^3}\delta$	$-\frac{6EI}{L^2}\delta$
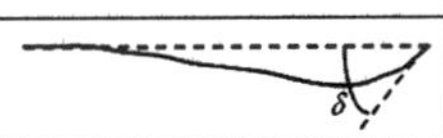	0	$\frac{6EI}{L^2}\delta$	$\frac{2EI}{L}\delta$	0	$-\frac{6EI}{L^2}\delta$	$\frac{4EI}{L}\delta$
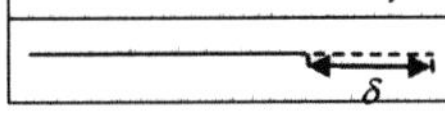	$-\frac{EA}{L}\delta$	0	0	$+\frac{EA}{L}\delta$	0	0

2

O MÉTODO DOS DESLOCAMENTOS

1 – Formulação Básica

Seja a estrutura mostrada na figura 2.1.1, juntamente com a numeração dos nós, barras e deslocamentos, estes segundo o referencial global:

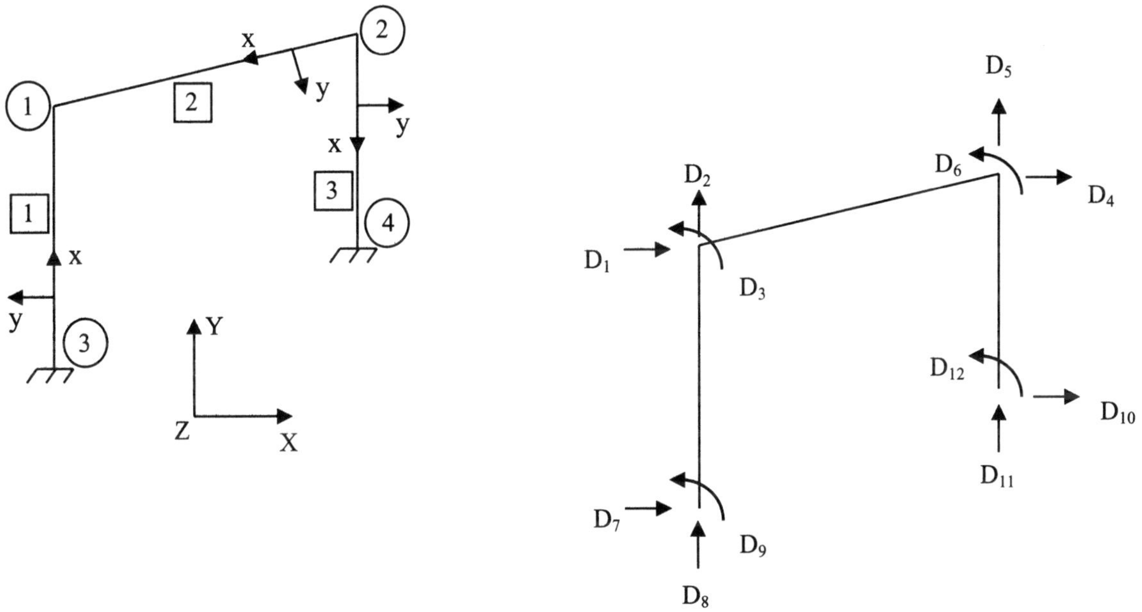

(a) Estrutura original.

(b) Numeração global dos deslocamentos.

Figura 2.1.1 – Modelo estrutural.

As direções D_1 até D_6 são livres para se deslocarem e seus deslocamentos são chamados de graus de liberdade. Já as direções D_7 até D_{12} são impedidas de se deslocarem, sendo chamadas de direções prescritas.
Na figura 2.1.2 estão representadas as forças nodais combinadas, também escritas na forma de vetor, na equação 2.1.2, onde $\underset{\sim}{F}_{L}$ e $\underset{\sim}{F}_{P}$ representam as forças nas direções livres e prescritas, respectivamente. As forças F_7 ... F_{12} por serem forças em direções prescritas incluem as reações de apoio. Assim, exemplificando com a direção 10, tem-se:

$$F_{10} = f_{10} + R_{10} \qquad \text{(Equação 2.1.1)}$$

Representando f_{10} a soma entre a força diretamente aplicada ao nó com a força nodal equivalente e R_{10} a reação de apoio.

De forma semelhante ao vetor de forças, o vetor com os deslocamentos $\underset{\sim}{D}$ da estrutura, mostrado na equação 2.1.4, é subdividido em $\underset{\sim L}{D}$ e $\underset{\sim P}{D}$ representando, respectivamente, os deslocamentos nas direções livres e prescritas.

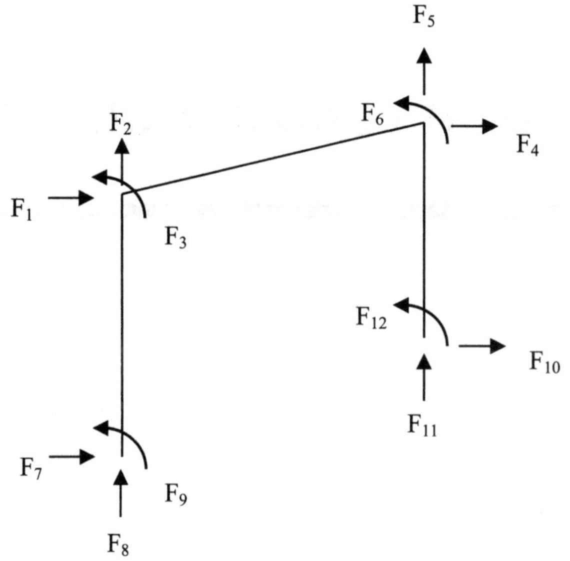

Figura 2.1.2 Forças nodais combinadas.

$$\underset{\sim}{F} = \begin{Bmatrix} F_1 \\ F_2 \\ F_3 \\ F_4 \\ F_5 \\ F_6 \\ F_7 \\ F_8 \\ F_9 \\ F_{10} \\ F_{11} \\ F_{12} \end{Bmatrix} = \begin{Bmatrix} \underset{\sim L}{F} \\ \underset{\sim P}{F} \end{Bmatrix} \qquad \text{(Equação 2.1.2)}$$

Impedindo todos os deslocamentos livres da estrutura, conforme mostrado na figura 2.1.3, obtém-se um sistema em que todos os deslocamentos nodais são nulos, também chamado sistema principal do método dos deslocamentos.

Atribuindo deslocamentos unitários a cada uma das direções do modelo (uma por vez), tem-se no sistema principal as forças restritivas elásticas, mostradas na figura 2.1.4 para deslocamento unitário aplicado na direção 6 do modelo. $K_{i,j}$ é o coeficiente de rigidez (i,j) representando a força que aparece na direção i quando da imposição de um deslocamento unitário na direção j. Repetindo o processo para toda as direções, obtém-se todos os coeficientes de rigidez $K_{i,j}$.

Considerando a imposição simultânea de todos os deslocamentos ao sistema principal, não mais unitários mas com seus valores reais $\underset{\sim}{D}$, e escrevendo para cada direção sua condição de equilíbrio, tem-se (exemplificando com direção 6):

$$K_{6,1}D_1 + K_{6,2}D_2 + K_{6,3}D_3 + ... + K_{6,6}D_6 = F_6 \qquad \text{(Equação 2.1.3)}$$

$$\underset{\sim}{D} = \begin{Bmatrix} D_1 \\ D_2 \\ D_3 \\ D_4 \\ D_5 \\ D_6 \\ D_7 \\ D_8 \\ D_9 \\ D_{10} \\ D_{11} \\ D_{12} \end{Bmatrix} = \begin{Bmatrix} \underset{\sim}{D}_L \\ \underset{\sim}{D}_P \end{Bmatrix} \qquad \text{(Equação 2.1.4)}$$

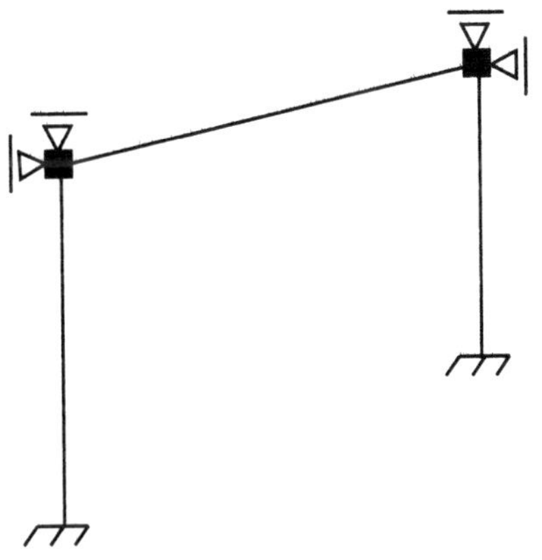

Figura 2.1.3 – Estrutura com todos os deslocamentos nodais impedidos

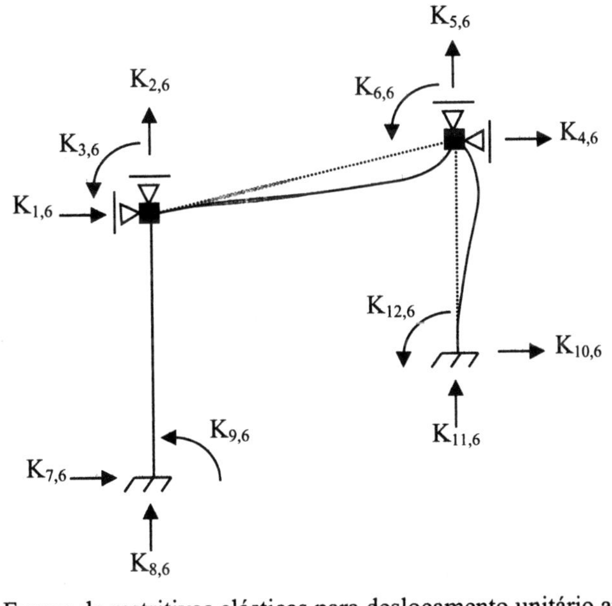

Figura 2.1.4– Forças de restritivas elásticas para deslocamento unitário aplicado na direção 6

Considerando todas as direções obtém-se o sistema de equações de equilíbrio da estrutura, escrito em formato matricial na equação 2.1.5, sendo $\underset{\sim}{K}$ a matriz de rigidez da estrutura, $\underset{\sim}{D}$ e $\underset{\sim}{F}$ os vetores de deslocamento e força nodal, respectivamente.

$$\begin{bmatrix} K_{1,1} & K_{1,2} & .. & K_{1,12} \\ . & . & .. & . \\ K_{6,1} & K_{6,2} & .. & K_{6,12} \\ . & . & .. & . \\ K_{12,1} & K_{12,2} & .. & K_{12,12} \end{bmatrix} \begin{Bmatrix} D_1 \\ . \\ D_6 \\ . \\ D_{12} \end{Bmatrix} = \begin{Bmatrix} F_1 \\ . \\ F_6 \\ . \\ F_{12} \end{Bmatrix} \quad \text{(Equação 2.1.5)}$$

O sistema de equações anterior pode ser reescrito na forma:

$$\begin{bmatrix} \underset{\sim LL}{K} & \underset{\sim LP}{K} \\ \underset{\sim PL}{K} & \underset{\sim PP}{K} \end{bmatrix} \begin{Bmatrix} \underset{\sim L}{D} \\ \underset{\sim P}{D} \end{Bmatrix} = \begin{Bmatrix} \underset{\sim L}{F} \\ \underset{\sim P}{F} \end{Bmatrix} \quad \text{(Equação 2.1.6)}$$

Devido a simetria da matriz de rigidez tem-se que $\underset{\sim PL}{K} = \underset{\sim LP}{K^T}$. As submatrizes $\underset{\sim LL}{K}$ e $\underset{\sim PP}{K}$ **estão associadas aos** deslocamentos livres e prescritos, respectivamente. A submatriz $\underset{\sim LP}{K}$ contém os **coeficientes de influência dos** deslocamentos das direções prescritas nas forças das direções livres, já a submatriz $\underset{\sim PL}{K}$ **contém os coeficientes de** influência dos deslocamentos das direções livres nas forças das direções prescritas.

Considerando a equação 2.1.6 escreve-se:

$$\underset{\sim LL}{K}\,\underset{\sim L}{D} + \underset{\sim LP}{K}\,\underset{\sim P}{D} = \underset{\sim L}{F} \quad \text{(Equação 2.1.7a)}$$

$$\underset{\sim PL}{K}\,\underset{\sim L}{D} + \underset{\sim PP}{K}\,\underset{\sim P}{D} = \underset{\sim P}{F} \quad \text{(Equação 2.1.7b)}$$

Os deslocamentos das direções livres são obtidos com a equação 2.1.8a, que levados à equação 2.1.8b **fornecem as** forças nas direções prescritas.

$$\underset{\sim L}{D} = \underset{\sim LL}{K^{-1}}(\underset{\sim L}{F} - \underset{\sim LP}{K}\,\underset{\sim P}{D}) \quad \text{(Equação 2.1.8a)}$$

$$\underset{\sim P}{F} = \underset{\sim PL}{K}\,\underset{\sim L}{D} + \underset{\sim PP}{K}\,\underset{\sim P}{D} \quad \text{(Equação 2.1.8a)}$$

Na equação 2.1.8a $\underset{\sim LL}{K^{-1}}$ indica inversa da matriz. Entretanto, $\underset{\sim LL}{K}$ só terá inversa se a estrutura estiver convenientemente vinculada, isto é, não possuir deslocamentos de corpo rígido.

Os coeficientes de rigidez da estrutura são obtidos a partir dos coeficientes de rigidez dos elementos que a constituem, como exemplificado na figura 2.1.5, para a direção 3.

Por observação da figura 2.1.5 os coeficientes de rigidez $K_{i,3}$ são escritos na forma da equação 2.1.9. Adotando procedimento semelhante para todas as outras direções, todos os coeficientes são obtidos.

$$\begin{aligned} K_{3,3} &= k_{3,3}^{1G} + k_{3,3}^{2G} \\ K_{5,3} &= k_{5,3}^{2G} + k_{5,3}^{3G} \\ K_{10,3} &= k_{10,3}^{3G} \end{aligned} \quad \text{(Equação 2.1.9)}$$

Nas figuras 2.1.6, 2.1.7 e 2.1.8 são mostrados, dentro de retângulo(s), os coeficientes da matriz de rigidez da estrutura da figura 2.1.1, que recebem contribuições dos elementos 1, 2 e 3, respectivamente.

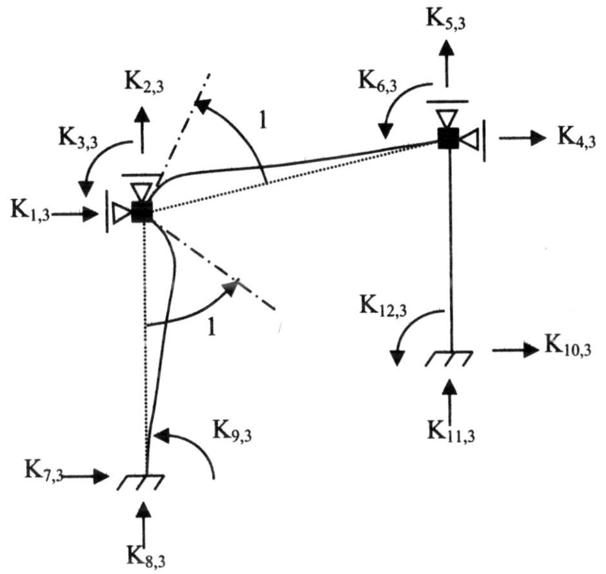

(a) Deslocamento unitário na direção 3.

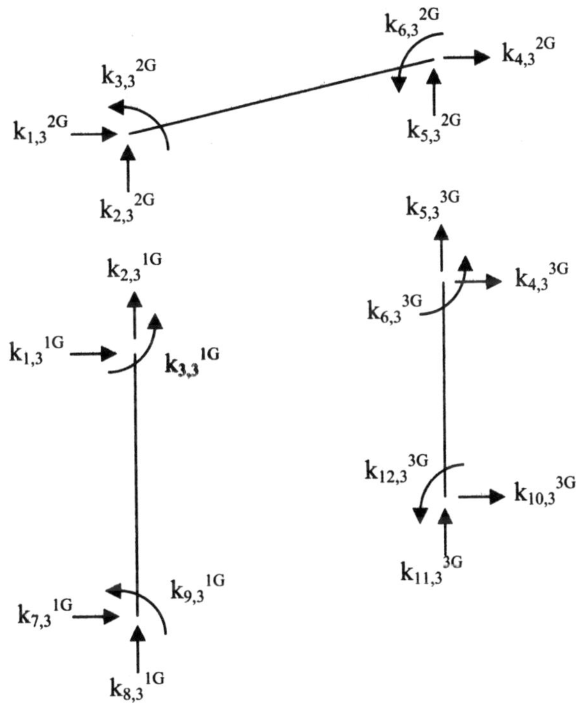

(b) Contribuições dos elementos.

Figura 2.1.5 – Determinação dos coeficientes de rigidez.

$$\begin{bmatrix}
K_{1,1} & K_{1,2} & K_{1,3} & K_{1,4} & K_{1,5} & K_{1,6} & K_{1,7} & K_{1,8} & K_{1,9} & K_{1,10} & K_{1,11} & K_{1,12} \\
K_{2,1} & K_{2,2} & K_{2,3} & K_{2,4} & K_{2,5} & K_{2,6} & K_{2,7} & K_{2,8} & K_{2,9} & K_{2,10} & K_{2,11} & K_{2,12} \\
K_{3,1} & K_{3,2} & K_{3,3} & K_{3,4} & K_{3,5} & K_{3,6} & K_{3,7} & K_{3,8} & K_{3,9} & K_{3,10} & K_{3,11} & K_{3,12} \\
K_{4,1} & K_{4,2} & K_{4,3} & K_{4,4} & K_{4,5} & K_{4,6} & K_{4,7} & K_{4,8} & K_{4,9} & K_{4,10} & K_{4,11} & K_{4,12} \\
K_{5,1} & K_{5,2} & K_{5,3} & K_{5,4} & K_{5,5} & K_{5,6} & K_{5,7} & K_{5,8} & K_{5,9} & K_{5,10} & K_{5,11} & K_{5,12} \\
K_{6,1} & K_{6,2} & K_{6,3} & K_{6,4} & K_{6,5} & K_{6,6} & K_{6,7} & K_{6,8} & K_{6,9} & K_{6,10} & K_{6,11} & K_{6,12} \\
K_{7,1} & K_{7,2} & K_{7,3} & K_{7,4} & K_{7,5} & K_{7,6} & K_{7,7} & K_{7,8} & K_{7,9} & K_{7,10} & K_{7,11} & K_{7,12} \\
K_{8,1} & K_{8,2} & K_{8,3} & K_{8,4} & K_{8,5} & K_{8,6} & K_{8,7} & K_{8,8} & K_{8,9} & K_{8,10} & K_{8,11} & K_{8,12} \\
K_{9,1} & K_{9,2} & K_{9,3} & K_{9,4} & K_{9,5} & K_{9,6} & K_{9,7} & K_{9,8} & K_{9,9} & K_{9,10} & K_{9,11} & K_{9,12} \\
K_{10,1} & K_{10,2} & K_{10,3} & K_{10,4} & K_{10,5} & K_{10,6} & K_{10,7} & K_{10,8} & K_{10,9} & K_{10,10} & K_{10,11} & K_{10,12} \\
K_{11,1} & K_{11,2} & K_{11,3} & K_{11,4} & K_{11,5} & K_{11,6} & K_{11,7} & K_{11,8} & K_{11,9} & K_{11,10} & K_{11,11} & K_{11,12} \\
K_{12,1} & K_{12,2} & K_{12,3} & K_{12,4} & K_{12,5} & K_{12,6} & K_{12,7} & K_{12,8} & K_{12,9} & K_{12,10} & K_{12,11} & K_{12,12}
\end{bmatrix}$$

Figura 2.1.6 – Contribuições do elemento 1 na matriz de rigidez da estrutura.

$$\begin{bmatrix}
K_{1,1} & K_{1,2} & K_{1,3} & K_{1,4} & K_{1,5} & K_{1,6} & K_{1,7} & K_{1,8} & K_{1,9} & K_{1,10} & K_{1,11} & K_{1,12} \\
K_{2,1} & K_{2,2} & K_{2,3} & K_{2,4} & K_{2,5} & K_{2,6} & K_{2,7} & K_{2,8} & K_{2,9} & K_{2,10} & K_{2,11} & K_{2,12} \\
K_{3,1} & K_{3,2} & K_{3,3} & K_{3,4} & K_{3,5} & K_{3,6} & K_{3,7} & K_{3,8} & K_{3,9} & K_{3,10} & K_{3,11} & K_{3,12} \\
K_{4,1} & K_{4,2} & K_{4,3} & K_{4,4} & K_{4,5} & K_{4,6} & K_{4,7} & K_{4,8} & K_{4,9} & K_{4,10} & K_{4,11} & K_{4,12} \\
K_{5,1} & K_{5,2} & K_{5,3} & K_{5,4} & K_{5,5} & K_{5,6} & K_{5,7} & K_{5,8} & K_{5,9} & K_{5,10} & K_{5,11} & K_{5,12} \\
K_{6,1} & K_{6,2} & K_{6,3} & K_{6,4} & K_{6,5} & K_{6,6} & K_{6,7} & K_{6,8} & K_{6,9} & K_{6,10} & K_{6,11} & K_{6,12} \\
K_{7,1} & K_{7,2} & K_{7,3} & K_{7,4} & K_{7,5} & K_{7,6} & K_{7,7} & K_{7,8} & K_{7,9} & K_{7,10} & K_{7,11} & K_{7,12} \\
K_{8,1} & K_{8,2} & K_{8,3} & K_{8,4} & K_{8,5} & K_{8,6} & K_{8,7} & K_{8,8} & K_{8,9} & K_{8,10} & K_{8,11} & K_{8,12} \\
K_{9,1} & K_{9,2} & K_{9,3} & K_{9,4} & K_{9,5} & K_{9,6} & K_{9,7} & K_{9,8} & K_{9,9} & K_{9,10} & K_{9,11} & K_{9,12} \\
K_{10,1} & K_{10,2} & K_{10,3} & K_{10,4} & K_{10,5} & K_{10,6} & K_{10,7} & K_{10,8} & K_{10,9} & K_{10,10} & K_{10,11} & K_{10,12} \\
K_{11,1} & K_{11,2} & K_{11,3} & K_{11,4} & K_{11,5} & K_{11,6} & K_{11,7} & K_{11,8} & K_{11,9} & K_{11,10} & K_{11,11} & K_{11,12} \\
K_{12,1} & K_{12,2} & K_{12,3} & K_{12,4} & K_{12,5} & K_{12,6} & K_{12,7} & K_{12,8} & K_{12,9} & K_{12,10} & K_{12,11} & K_{12,12}
\end{bmatrix}$$

Figura 2.1.7 – Contribuições do elemento 2 na matriz de rigidez da estrutura.

$$\begin{bmatrix}
K_{1,1} & K_{1,2} & K_{1,3} & K_{1,4} & K_{1,5} & K_{1,6} & K_{1,7} & K_{1,8} & K_{1,9} & K_{1,10} & K_{1,11} & K_{1,12} \\
K_{2,1} & K_{2,2} & K_{2,3} & K_{2,4} & K_{2,5} & K_{2,6} & K_{2,7} & K_{2,8} & K_{2,9} & K_{2,10} & K_{2,11} & K_{2,12} \\
K_{3,1} & K_{3,2} & K_{3,3} & K_{3,4} & K_{3,5} & K_{3,6} & K_{3,7} & K_{3,8} & K_{3,9} & K_{3,10} & K_{3,11} & K_{3,12} \\
K_{4,1} & K_{4,2} & K_{4,3} & K_{4,4} & K_{4,5} & K_{4,6} & K_{4,7} & K_{4,8} & K_{4,9} & K_{4,10} & K_{4,11} & K_{4,12} \\
K_{5,1} & K_{5,2} & K_{5,3} & K_{5,4} & K_{5,5} & K_{5,6} & K_{5,7} & K_{5,8} & K_{5,9} & K_{5,10} & K_{5,11} & K_{5,12} \\
K_{6,1} & K_{6,2} & K_{6,3} & K_{6,4} & K_{6,5} & K_{6,6} & K_{6,7} & K_{6,8} & K_{6,9} & K_{6,10} & K_{6,11} & K_{6,12} \\
K_{7,1} & K_{7,2} & K_{7,3} & K_{7,4} & K_{7,5} & K_{7,6} & K_{7,7} & K_{7,8} & K_{7,9} & K_{7,10} & K_{7,11} & K_{7,12} \\
K_{8,1} & K_{8,2} & K_{8,3} & K_{8,4} & K_{8,5} & K_{8,6} & K_{8,7} & K_{8,8} & K_{8,9} & K_{8,10} & K_{8,11} & K_{8,12} \\
K_{9,1} & K_{9,2} & K_{9,3} & K_{9,4} & K_{9,5} & K_{9,6} & K_{9,7} & K_{9,8} & K_{9,9} & K_{9,10} & K_{9,11} & K_{9,12} \\
K_{10,1} & K_{10,2} & K_{10,3} & K_{10,4} & K_{10,5} & K_{10,6} & K_{10,7} & K_{10,8} & K_{10,9} & K_{10,10} & K_{10,11} & K_{10,12} \\
K_{11,1} & K_{11,2} & K_{11,3} & K_{11,4} & K_{11,5} & K_{11,6} & K_{11,7} & K_{11,8} & K_{11,9} & K_{11,10} & K_{11,11} & K_{11,12} \\
K_{12,1} & K_{12,2} & K_{12,3} & K_{12,4} & K_{12,5} & K_{12,6} & K_{12,7} & K_{12,8} & K_{12,9} & K_{12,10} & K_{12,11} & K_{12,12}
\end{bmatrix}$$

Figura 2.1.8 – Contribuições do elemento 3 na matriz de rigidez da estrutura.

Exemplo 1: Calcular os deslocamentos nodais, forças nas extremidades dos elementos e as reações de apoio da viga contínua mostrada na figura E.1a. Considere para módulo de elasticidade do material E=30,0 GPa e para momento de inércia da seção transversal I=0,025 m^4. Os números dentro de círculo indicam o número do nó e os entre colchetes número de elemento. Também estão indicados os eixos global e os locais a serem utilizados.

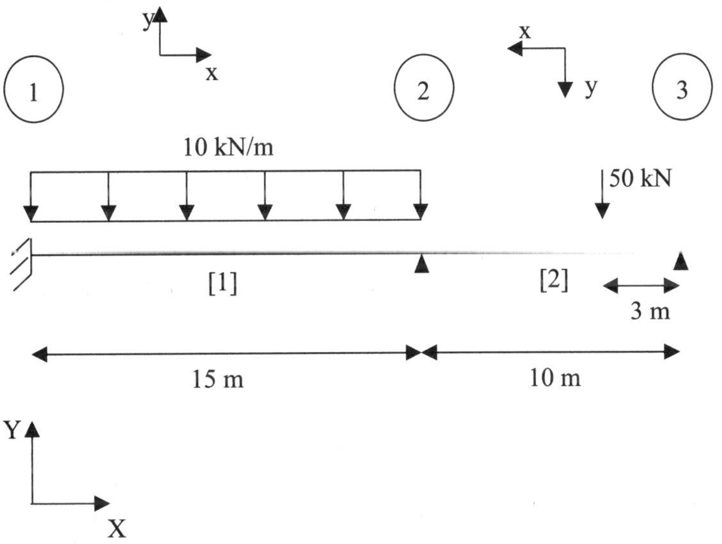

Figura E.1a – Viga contínua do exemplo 1.

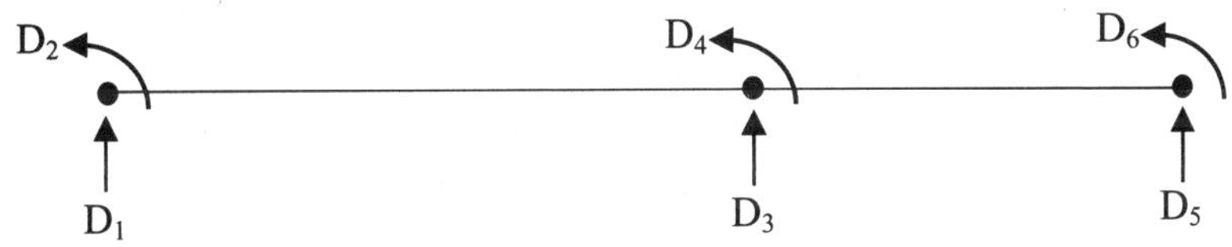

Figura E.1b –Numeração global dos deslocamentos.

Solução:

Na figura E.1b é mostrada a numeração global dos deslocamentos da estrutura, consistente com a numeração nodal adotada e segundo a regra de numeração apresentada no Capítulo 1, na figura E.1c são mostradas as numerações locais dos deslocamentos para os elementos. Para cada um dos elementos as matrizes de rotação $\underset{\sim}{R}$, de rigidez no sistema local $\underset{\sim}{k}_L$, de rigidez no sistema global $\underset{\sim}{k}_G$, vetores com as forças de engastamento perfeito no sistema local $\underset{\sim}{\bar{f}}_L$, no sistema global $\underset{\sim}{\bar{f}}_G$ e de forças nodais equivalente no sistema global $\underset{\sim}{\bar{f}}{}^{e}_G$ são calculadas.

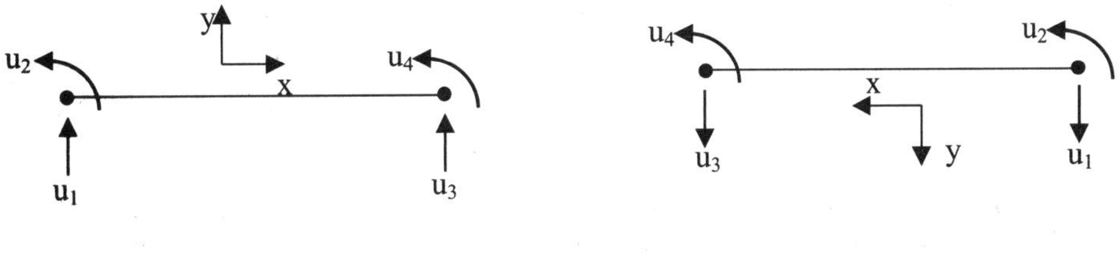

(a)Elemento 1 (b)Elemento 2

Figura E.1c – Numeração local dos deslocamentos.

Elemento 1:

$$\underset{\sim}{R}=\begin{bmatrix}1&0&0&0\\0&1&0&0\\0&0&1&0\\0&0&0&1\end{bmatrix}\qquad \underset{\sim L}{k}=EI\begin{bmatrix}3{,}556\cdot10^{-3}&&&\text{Simétrica}\\2{,}667\cdot10^{-2}&2{,}667\cdot10^{-1}&&\\-3{,}556\cdot10^{-3}&-2{,}667\cdot10^{-2}&3{,}556\cdot10^{-3}&\\2{,}667\cdot10^{-2}&1{,}333\cdot10^{-1}&-2{,}667\cdot10^{-2}&2{,}667\cdot10^{-1}\end{bmatrix}$$

$$\underset{\sim G}{k}=\underset{\sim}{R}^T\underset{\sim L}{k}\,\underset{\sim}{R}=EI\begin{bmatrix}3{,}556\cdot10^{-3}&&&\text{Simétrica}\\2{,}667\cdot10^{-2}&2{,}667\cdot10^{-1}&&\\-3{,}556\cdot10^{-3}&-2{,}667\cdot10^{-2}&3{,}556\cdot10^{-3}&\\2{,}667\cdot10^{-2}&1{,}333\cdot10^{-1}&-2{,}667\cdot10^{-2}&2{,}667\cdot10^{-2}\end{bmatrix}$$

$$\underset{\sim L}{\bar{f}}=\begin{Bmatrix}75{,}0\\187{,}5\\75{,}0\\-187{,}5\end{Bmatrix}\qquad \underset{\sim G}{\bar{f}}=\underset{\sim}{R}^T\underset{\sim L}{\bar{f}}=\begin{Bmatrix}75{,}0\\187{,}5\\75{,}0\\-187{,}5\end{Bmatrix}\qquad \underset{\sim G}{\bar{f}^e}=\begin{Bmatrix}-75{,}0\\-187{,}5\\-75{,}0\\187{,}5\end{Bmatrix}$$

Elemento 2:

$$\underset{\sim}{R}=\begin{bmatrix}-1&0&0&0\\0&1&0&0\\0&0&-1&0\\0&0&0&1\end{bmatrix}\qquad \underset{\sim L}{k}=EI\begin{bmatrix}1{,}200\cdot10^{-2}&&&\text{Simétrica}\\6{,}000\cdot10^{-2}&4{,}000\cdot10^{-1}&&\\-1{,}200\cdot10^{-2}&-6{,}000\cdot10^{-2}&1{,}200\cdot10^{-2}&\\6{,}000\cdot10^{-2}&2{,}000\cdot10^{-1}&-6{,}000\cdot10^{-2}&4{,}000\cdot10^{-1}\end{bmatrix}$$

$$\underset{\sim G}{k}=\underset{\sim}{R}^T\underset{\sim L}{k}\,\underset{\sim}{R}=EI\begin{bmatrix}1{,}200\cdot10^{-2}&&&\text{Simétrica}\\-6{,}000\cdot10^{-2}&4{,}000\cdot10^{-1}&&\\-1{,}200\cdot10^{-2}&6{,}000\cdot10^{-2}&1{,}200\cdot10^{-2}&\\-6{,}000\cdot10^{-2}&2{,}000\cdot10^{-1}&6{,}000\cdot10^{-2}&4{,}000\cdot10^{-1}\end{bmatrix}$$

$$\underset{\sim L}{\bar{f}}=\begin{Bmatrix}-39{,}2\\-73{,}5\\-10{,}8\\31{,}5\end{Bmatrix}\qquad \underset{\sim G}{\bar{f}}=\underset{\sim}{R}^T\underset{\sim L}{\bar{f}}=\begin{Bmatrix}39{,}2\\-73{,}5\\10{,}8\\31{,}5\end{Bmatrix}\qquad \underset{\sim G}{\bar{f}^e}=\begin{Bmatrix}-39{,}2\\73{,}5\\-10{,}8\\-31{,}5\end{Bmatrix}$$

As forças nodais combinadas estão mostradas na figura E.1d, onde R_1, R_2, R_3 e R_5 representam as reações de apoio nas direções 1, 2, 3 e 5, respectivamente. As forças nodais combinadas nas direções livres do modelo são conhecidas, mas as nas direções prescritas, devido a presença das reações de apoio, só serão determinadas depois de calculados os valores dos deslocamentos nas direções livres.

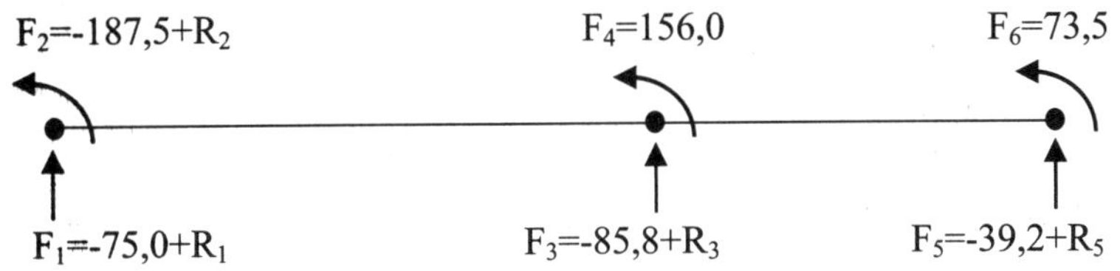

Figura E.1d – Forças nodais combinadas.

O vetor de forças nodais combinadas é representado por:

$$\underset{\sim}{F} = \begin{Bmatrix} F_1 \\ F_2 \\ F_3 \\ 156{,}0 \\ F_5 \\ 73{,}5 \end{Bmatrix}$$

Com as matrizes de rigidez dos elementos determinadas, a matriz de rigidez da estrutura é obtida sendo dada por:

$$\underset{\sim}{K} = EI \begin{bmatrix} 3{,}556\cdot 10^{-3} & & & & \text{Simétrica} & \\ 2{,}667\cdot 10^{-2} & 2{,}667\cdot 10^{-1} & & & & \\ -3.556\cdot 10^{-3} & -2{,}667\cdot 10^{-2} & 1{,}556\cdot 10^{-2} & & & \\ 2{,}667\cdot 10^{-2} & 1{,}333\cdot 10^{-1} & 3{,}333\cdot 10^{-2} & 6{,}667\cdot 10^{-1} & & \\ 0 & 0 & -1{,}200\cdot 10^{-2} & -6{,}000\cdot 10^{-2} & 1{,}200\cdot 10^{-2} & \\ 0 & 0 & 6{,}000\cdot 10^{-2} & 2{,}000\cdot 10^{-2} & -6{,}000\cdot 10^{-2} & 4{,}000\cdot 10^{-1} \end{bmatrix}$$

Para que os deslocamentos livres possam ser determinados, o sistema de equações deve ser colocado na forma da equação 2.1.6, onde as equações correspondentes às direções livres agrupadas em primeiro lugar, seguidas das equações correspondentes às direções prescritas, numa operação chamada de reordenação do sistema. Esta operação equivale a introduzir as condições de contorno no sistema de equações. No presente exemplo as direções livres são a 4 e 6. Portanto, as duas equações correspondentes a estas direções deverão ser as primeiras, não importando a ordem entre elas. A operação de reordenação pode ser feita facilmente com a utilização de uma matriz de transformação $\underset{\sim}{T}^{Re}$, obtida a partir da matriz identidade com a troca de posição das colunas que se deseja mover. Para o exemplo atual, a matriz identidade é uma matriz com seis linhas e seis colunas e, considerando colocar a equação da direção 4 como sendo a primeira e a da direção 6 como a segunda, numa troca da primeira linha com a quarta e da segunda com a sexta, a matriz de transformação toma a forma de:

$$\underset{\sim}{T}^{Re} = \begin{bmatrix} 0 & 0 & 0 & 1 & 0 & 0 \\ 0 & 0 & 0 & 0 & 0 & 1 \\ 0 & 0 & 1 & 0 & 0 & 0 \\ 1 & 0 & 0 & 0 & 0 & 0 \\ 0 & 0 & 0 & 0 & 1 & 0 \\ 0 & 1 & 0 & 0 & 0 & 0 \end{bmatrix}$$

A matriz de rigidez e os vetores de deslocamentos e força nodal reordenados são:

$$\underset{\sim}{K}^{Re} = \underset{\sim}{T}^{Re}\underset{\sim}{K}\,\underset{\sim}{T}^{Re} = EI\begin{bmatrix} 6{,}667\cdot10^{-1} & & & & & \text{Simétrica} \\ 2{,}000\cdot10^{-1} & 4{,}000\cdot10^{-1} & & & & \\ 3{,}333\cdot10^{-2} & 6{,}000\cdot10^{-2} & 1{,}556\cdot10^{-2} & & & \\ 2{,}667\cdot10^{-2} & 0 & -3{,}556\cdot10^{-3} & 3{,}556\cdot10^{-3} & & \\ -6{,}000\cdot10^{-2} & -6{,}000\cdot10^{-2} & -1{,}200\cdot10^{-2} & 0 & 1{,}200\cdot10^{-2} & \\ 1{,}333\cdot10^{-1} & 0 & -2{,}667\cdot10^{-2} & 2{,}667\cdot10^{-2} & 0 & 2{,}667\cdot10^{-1} \end{bmatrix}$$

$$\underset{\sim}{D}^{Re} = \underset{\sim}{T}^{Re}\underset{\sim}{D} = \begin{Bmatrix} D_4 \\ D_6 \\ D_3 \\ D_1 \\ D_5 \\ D_2 \end{Bmatrix} \qquad \underset{\sim}{F}^{Re} = \underset{\sim}{T}^{Re}\underset{\sim}{F} = \begin{Bmatrix} 156{,}0 \\ 73{,}5 \\ F_3 \\ F_1 \\ F_5 \\ F_2 \end{Bmatrix}$$

Tem-se portanto:

$$\underset{\sim LL}{K} = EI\begin{bmatrix} 6{,}667\cdot10^{-1} & 2{,}000\cdot10^{-1} \\ 2{,}000\cdot10^{-1} & 4{,}000\cdot10^{-1} \end{bmatrix}, \quad \underset{\sim L}{D} = \begin{Bmatrix} D_4 \\ D_6 \end{Bmatrix}, \quad \underset{\sim L}{F} = \begin{Bmatrix} 156{,}0 \\ 73{,}5 \end{Bmatrix},$$

$$\underset{\sim PP}{K} = EI\begin{bmatrix} 1{,}556\cdot10^{-2} & & \text{Simétrica} & \\ -3{,}556\cdot10^{-3} & 3{,}556\cdot10^{-3} & & \\ -1{,}200\cdot10^{-2} & 0 & 1{,}200\cdot10^{-2} & \\ -2{,}667\cdot10^{-2} & 2{,}667\cdot10^{-2} & 0 & 2{,}667\cdot10^{-1} \end{bmatrix}, \quad \underset{\sim P}{D} = \begin{Bmatrix} 0 \\ 0 \\ 0 \\ 0 \end{Bmatrix}, \quad \underset{\sim P}{F} = \begin{Bmatrix} F_3 \\ F_1 \\ F_5 \\ F_2 \end{Bmatrix},$$

$$\underset{\sim LP}{K} = \underset{\sim PL}{K}^{T} = EI\begin{bmatrix} 3{,}333\cdot10^{-2} & 2{,}667\cdot10^{-2} & -6{,}000\cdot10^{-2} & 1{,}333\cdot10^{-1} \\ 6{,}000\cdot10^{-2} & 0 & -6{,}000\cdot10^{-2} & 0 \end{bmatrix}$$

Resolvendo para os deslocamentos livres conforme a equação 2.1.8a obtém-se:

$$\underset{\sim L}{D} = \begin{Bmatrix} 2{,}806\cdot10^{-4} \\ 1{,}047\cdot10^{-4} \end{Bmatrix}$$

Que colocado na equação 2.1.8b fornece para as forças nas direções prescritas:

$$\underset{\sim P}{F} = \begin{Bmatrix} 11{,}726 \\ 5{,}612 \\ -17{,}338 \\ 28{,}059 \end{Bmatrix}$$

Considerando a figura E.1d as forças nas direções prescritas podem ser escritas como:

$$\underset{\sim P}{F} = \begin{Bmatrix} -85{,}8 + R_3 \\ -75{,}0 + R_1 \\ -39{,}2 + R_5 \\ -187{,}5 + R_2 \end{Bmatrix} = \begin{Bmatrix} 11{,}726 \\ 5{,}612 \\ -17{,}338 \\ 28{,}059 \end{Bmatrix}$$

Que permite escrever a equação:

$$\begin{Bmatrix} R_3 \\ R_1 \\ R_5 \\ R_2 \end{Bmatrix} + \begin{Bmatrix} -85{,}8 \\ -75{,}0 \\ -39{,}2 \\ -187{,}5 \end{Bmatrix} = \begin{Bmatrix} 11{,}726 \\ 5{,}612 \\ -17{,}338 \\ 28{,}059 \end{Bmatrix}$$

Fornecendo para as reações de apoio:

$$\begin{Bmatrix} R_1 \\ R_2 \\ R_3 \\ R_5 \end{Bmatrix} = \begin{Bmatrix} 80{,}612 \\ 215{,}559 \\ 97{,}526 \\ 21{,}862 \end{Bmatrix}$$

As forças nas extremidades do elemento são calculadas somando as forças de extremidade devidas aos deslocamentos com as forças de engastamento perfeito, conforme apresentado no item 6 do Capítulo 1, assim tem-se:

$$\underset{\sim L}{f^e} = \underset{\sim L}{k}\,\underset{\sim L}{u} + \underset{\sim L}{\bar{f}} \qquad \text{(Equação 2.1.10)}$$

Sendo $\underset{\sim L}{f^e}$, $\underset{\sim L}{u}$ e $\underset{\sim L}{\bar{f}}$ os vetores de forças de extremidade, deslocamentos de extremidade e forças de engastamento do elemento.

Elemento 1:

Os deslocamentos de extremidade nos sistemas global e local são:

$$\underset{\sim G}{u} = \begin{Bmatrix} D_1 \\ D_2 \\ D_3 \\ D_4 \end{Bmatrix} = \begin{Bmatrix} 0 \\ 0 \\ 0 \\ 2{,}806 \cdot 10^{-4} \end{Bmatrix} \quad \text{e} \quad \underset{\sim L}{u} = \underset{\sim}{R}\,\underset{\sim G}{u} = \begin{Bmatrix} 0 \\ 0 \\ 0 \\ 2{,}806 \cdot 10^{-4} \end{Bmatrix}$$

As forças de extremidade obtidas pela equação 2.1.10 são:

$$\underset{\sim L}{f^e} = \begin{Bmatrix} 80{,}612 \\ 215{,}559 \\ 69{,}388 \\ -131{,}382 \end{Bmatrix}$$

Elemento 2:

Os deslocamentos de extremidade nos sistemas global e local são:

$$\underset{\sim G}{u} = \begin{Bmatrix} D_5 \\ D_6 \\ D_3 \\ D_4 \end{Bmatrix} = \begin{Bmatrix} 0 \\ 1{,}047 \cdot 10^{-4} \\ 0 \\ 2{,}806 \cdot 10^{-4} \end{Bmatrix} \qquad \underset{\sim L}{u} = \underset{\sim}{R}\,\underset{\sim G}{u} = \begin{Bmatrix} 0 \\ 1{,}047 \cdot 10^{-4} \\ 0 \\ 2{,}806 \cdot 10^{-4} \end{Bmatrix}$$

As forças de extremidade obtidas pela equação 2.1.10 são:

$$\underset{\sim L}{f^e} = \begin{Bmatrix} -21.862 \\ 0 \\ -28,138 \\ 131,582 \end{Bmatrix}$$

Exemplo 2: Considerar que a viga do exemplo 1 experimente no apoio central um recalque de -0.02m (direção Y do sistema global), calcule os deslocamentos nodais.

Solução:

O vetor de forças nodais combinadas é representado por:

$$\begin{Bmatrix} F_1 \\ F_2 \\ F_3 \\ F_4 \\ F_5 \\ F_6 \end{Bmatrix} = \begin{Bmatrix} R_1 \\ R_2 \\ R_3 \\ 0 \\ R_5 \\ 0 \end{Bmatrix}$$

Reordenando na mesma ordem usada no exemplo anterior, obtém-se:

$$\underset{\sim L}{F} = \begin{Bmatrix} 0 \\ 0 \end{Bmatrix} \qquad \underset{\sim P}{F} = \begin{Bmatrix} R_3 \\ R_1 \\ R_5 \\ R_2 \end{Bmatrix}$$

O vetor com os deslocamentos nas direções prescritas é representado por:

$$\underset{\sim P}{D} = \begin{Bmatrix} -0,02 \\ 0 \\ 0 \\ 0 \end{Bmatrix}$$

Substituindo os vetores $\underset{\sim L}{F}$ e $\underset{\sim P}{D}$ nas equações 2.1.8 obtém-se os deslocamentos livres e as forças nodais combinadas nas direções prescritas, que neste caso são iguais as reações de apoio, dadas por:

$$\underset{\sim L}{D} = \begin{Bmatrix} 1,177 \cdot 10^{-4} \\ 2,941 \cdot 10^{-3} \end{Bmatrix} \qquad \underset{\sim P}{F} = \begin{Bmatrix} -98,039 \\ 55,686 \\ 42,353 \\ 411,765 \end{Bmatrix}$$

A solução também pode ser obtida determinando forças nodais equivalentes à ação do recalque e aplicando-as como forças. O vetor de forças de engastamento perfeito para a ação do recalque pode ser calculado, para cada elemento, pelo produto de sua matriz de rigidez pelo vetor de deslocamentos impostos (recalques). Os vetores de deslocamentos e de forças de engastamento perfeito, nos sistemas global e local, e de forças nodais equivalentes no sistema global, para os elementos são apresentadas a seguir.

Elemento 1:

$$\underset{\sim G}{u} = \begin{Bmatrix} 0 \\ 0 \\ -0{,}02 \\ 0 \end{Bmatrix} \qquad \underset{\sim L}{u} = \underset{\sim}{R}\,\underset{\sim G}{u} = \begin{Bmatrix} 0 \\ 0 \\ -0{,}02 \\ 0 \end{Bmatrix}$$

$$\underset{\sim L}{\bar{f}} = \underset{\sim L}{k}\,\underset{\sim L}{u} = \begin{Bmatrix} 53{,}333 \\ 400{,}0 \\ -53{,}333 \\ 400{,}0 \end{Bmatrix} \qquad \underset{\sim G}{\bar{f}} = \underset{\sim}{R}^T \underset{\sim L}{\bar{f}} = \begin{Bmatrix} 53{,}333 \\ 400{,}0 \\ -53{,}333 \\ 400{,}0 \end{Bmatrix} \qquad \underset{\sim G}{\bar{f}^e} = \begin{Bmatrix} -53{,}333 \\ -400{,}0 \\ 53{,}333 \\ -400{,}0 \end{Bmatrix}$$

Elemento 2:

$$\underset{\sim G}{u} = \begin{Bmatrix} 0 \\ 0 \\ -0{,}02 \\ 0 \end{Bmatrix} \qquad \underset{\sim L}{u} = \underset{\sim}{R}\,\underset{\sim G}{u} = \begin{Bmatrix} 0 \\ 0 \\ 0{,}02 \\ 0 \end{Bmatrix}$$

$$\underset{\sim L}{\bar{f}} = \underset{\sim L}{k}\,\underset{\sim L}{u} = \begin{Bmatrix} -180{,}0 \\ -900{,}0 \\ 180{,}0 \\ -900{,}0 \end{Bmatrix} \qquad \underset{\sim G}{\bar{f}} = \underset{\sim}{R}^T \underset{\sim L}{\bar{f}} = \begin{Bmatrix} 180{,}0 \\ -900{,}0 \\ -180{,}0 \\ -900{,}0 \end{Bmatrix} \qquad \underset{\sim G}{\bar{f}^e} = \begin{Bmatrix} -180{,}0 \\ 900{,}0 \\ 180{,}0 \\ 900{,}0 \end{Bmatrix}$$

O vetor de forças nodais combinadas é representado por:

$$\underset{\sim}{F} = \begin{Bmatrix} -53{,}333 \\ -400{,}0 \\ 233{,}333 \\ 500{,}0 \\ -180{,}0 \\ 900{,}0 \end{Bmatrix}$$

Resolvendo para os deslocamentos livres obtém-se o mesmo resultado obtido anteriormente:

$$\underset{\sim L}{D} = \begin{Bmatrix} 1{,}177 \cdot 10^{-4} \\ 2{,}941 \cdot 10^{-3} \end{Bmatrix}$$

2 – Articulação em Elemento

Articulação é um dispositivo que impede a transmissão de determinado esforço, resultando em descontinuidade nos deslocamentos na seção contendo a articulação. A rótula é uma articulação de momento, mas articulações podem ser idealizadas para qualquer tipo de esforço. Na figura 2.2.1 encontram-se alguns símbolos normalmente utilizados para a representação de articulação.

(a) força cortante (b) momento fletor (c) força normal (d) momento de torção

Figura 2.2.1 – Símbolos usualmente utilizados na representação de articulação.

Articulações podem ser definidas em qualquer seção do elemento, entretanto é mais prático defini-las nas extremidades. A matriz de rigidez de um elemento com articulação e as forças de engastamento perfeito, podem ser facilmente obtidas a partir do método das forças, da mesma forma para elemento sem articulação. Considere os elementos de viga mostrados na figura 2.2.2, onde a e b definem a seção contendo a articulação e E, I e L são o módulo de elasticidade, o momento de inércia e o comprimento do elemento. As matrizes de rigidez são respectivamente:

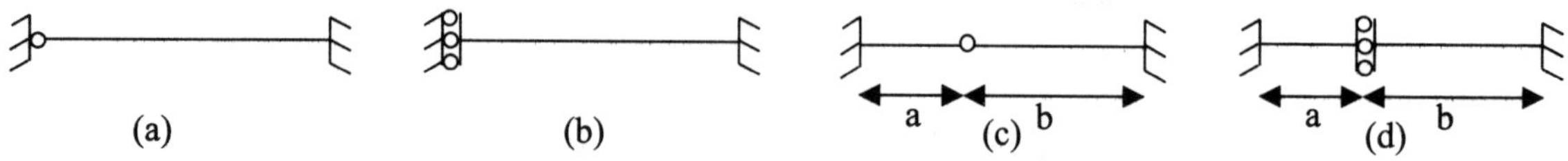

(a) (b) (c) (d)

Figura 2.2.2 – Articulações em elemento de viga.

$$\underset{\sim L}{k} = \begin{bmatrix} 3EI/L^3 & & \text{Simétrica} & \\ 0 & 0 & & \\ -3EI/L^3 & 0 & 3EI/L^3 & \\ 3EI/L^2 & 0 & -3EI/L^2 & 3EI/L \end{bmatrix} \qquad \text{(Equação 2.2.1a)}$$

$$\underset{\sim L}{k} = \begin{bmatrix} 0 & & \text{Simétrica} & \\ 0 & 3EI/L & & \\ 0 & 0 & 0 & \\ 0 & -3EI/L & 0 & 3EI/L \end{bmatrix} \qquad \text{(Equação 2.2.1b)}$$

$$\underset{\sim L}{k} = \frac{3EI}{a^3 + b^3} \begin{bmatrix} 1 & & \text{Simétrica} & \\ a & a^2 & & \\ -1 & -a & 1 & \\ b & ab & -b & b^2 \end{bmatrix} \qquad \text{(Equação 2.2.1c)}$$

$$\underset{\sim L}{k} = \begin{bmatrix} 0 & & \text{Simétrica} & \\ 0 & EI/L & & \\ 0 & 0 & 0 & \\ 0 & -EI/L & 0 & EI/L \end{bmatrix} \qquad \text{(Equação 2.2.1d)}$$

A matriz de rigidez e o vetor de forças de engastamento perfeito do elemento com articulação, podem ser obtidos diretamente da matriz e vetor de forças do elemento sem articulação. Para tanto, considere o sistema de equação de equilíbrio do elemento:

$$\underset{\sim L}{f^e} = \underset{\sim L}{k}\,\underset{\sim L}{u} + \underset{\sim L}{\bar{f}} \qquad \text{(Equação 2.2.2)}$$

Supondo as articulações apenas nas extremidades do elemento e reordenando o sistema, de forma que as direções com articulações sejam as últimas, têm-se:

$$\begin{Bmatrix} \underset{\sim r}{f^e} \\ \underset{\sim}{0} \end{Bmatrix}_L = \begin{bmatrix} \underset{\sim rr}{k} & \underset{\sim ra}{k} \\ \underset{\sim ar}{k} & \underset{\sim aa}{k} \end{bmatrix}_L \begin{Bmatrix} \underset{\sim r}{u} \\ \underset{\sim a}{u} \end{Bmatrix}_L + \begin{Bmatrix} \underset{\sim r}{\bar{f}} \\ \underset{\sim a}{\bar{f}} \end{Bmatrix}_L \qquad \text{(Equação 2.2.3)}$$

Os índices r e a, na equação 2.2.3, significam direção sem e com articulação, respectivamente. Observa-se que direções com articulação o esforço final é nulo.
Da equação anterior obtém-se para o sistema local do elemento:

$$\underset{\sim r}{f^e} = \underset{\sim rr}{k}\,\underset{\sim r}{u} + \underset{\sim ra}{k}\,\underset{\sim a}{u} + \underset{\sim r}{\bar{f}} \qquad \text{(Equação 2.2.4a)}$$

$$\underset{\sim}{0} = \underset{\sim ar}{k}\,\underset{\sim r}{u} + \underset{\sim aa}{k}\,\underset{\sim a}{u} + \underset{\sim a}{\bar{f}} \qquad \text{(Equação 2.2.4b)}$$

Resolvendo a equação 2.2.4b para $\underset{\sim r}{u}$ e substituindo na equação 2.2.4a obtém-se:

$$\underset{\sim r}{f^e} = \underset{\sim rr}{k^a}\,\underset{\sim r}{u} + \underset{\sim r}{\bar{f}^a} \qquad \text{(Equação 2.2.5)}$$

Sendo:

$$\underset{\sim rr}{k^a} = \underset{\sim rr}{k} - \underset{\sim ra}{k}\,\underset{\sim aa}{k^{-1}}\,\underset{\sim ar}{k} \qquad \text{(Equação 2.2.6a)}$$

$$\underset{\sim r}{\bar{f}^a} = \underset{\sim r}{\bar{f}} - \underset{\sim ra}{k}\,\underset{\sim aa}{k^{-1}}\,\underset{\sim a}{\bar{f}} \qquad \text{(Equação 2.2.6b)}$$

A equação 2.2.3 pode então ser escrita como:

$$\begin{Bmatrix} \underset{\sim r}{f^e} \\ \underset{\sim}{0} \end{Bmatrix}_L = \begin{bmatrix} \underset{\sim rr}{k^a} & \underset{\sim}{0} \\ \underset{\sim}{0} & \underset{\sim}{0} \end{bmatrix}_L \begin{Bmatrix} \underset{\sim r}{u} \\ \underset{\sim a}{u} \end{Bmatrix}_L + \begin{Bmatrix} \underset{\sim r}{\bar{f}^a} \\ \underset{\sim}{0} \end{Bmatrix}_L \qquad \text{(Equação 2.2.7)}$$

O sistema 2.2.7 deve ser retornado para a ordem inicial dos deslocamentos. Ao especificar articulações, uma atenção deve ser dada ao fato de não ser criado um mecanismo (barra hipostática), o que levaria singularidade à matriz $\underset{\sim aa}{k}$ impossibilitando a avaliação das equações 2.2.6.

Exemplo 3: Obter a matriz de rigidez do elemento de viga, mostrado na figura E.3a, considerando módulo de elasticidade do material E=30,0 GPa, momento de inércia da seção transversal I=0,025 m^4 e comprimento L=15,0 m. Na figura E.3b são mostrados o sistema de referência local e a numeração local dos deslocamentos.

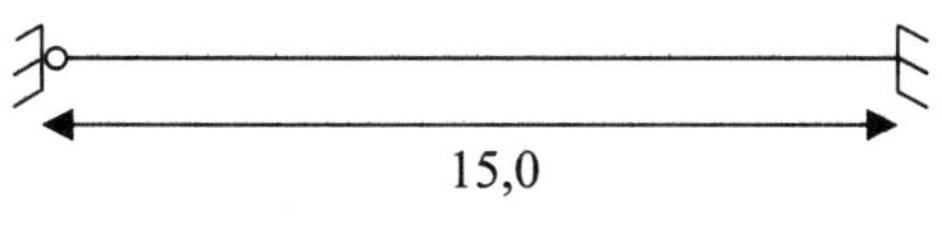

Figura E.3a – Elemento com articulação.

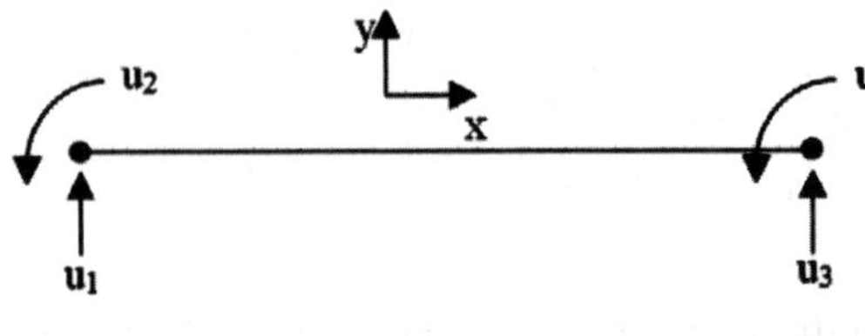

Figura E.3b – Numeração local dos deslocamentos.

Solução:

A matriz de rigidez sem a consideração da articulação, já calculada no exemplo 1 é:

$$\underset{\sim L}{k} = EI\begin{bmatrix} 3{,}556\cdot10^{-3} & & \text{Simétrica} & \\ 2{,}667\cdot10^{-2} & 2{,}667\cdot10^{-1} & & \\ -3{,}556\cdot10^{-3} & -2{,}667\cdot10^{-2} & 3{,}556\cdot10^{-3} & \\ 2{,}667\cdot10^{-2} & 1{,}333\cdot10^{-1} & -2{,}667\cdot10^{-2} & 2{,}667\cdot10^{-1} \end{bmatrix}$$

A articulação encontra-se na direção 2, portanto, é necessário fazer a reordenação do sistema de forma que a referida direção seja posicionada como a última. Trocando a segunda linha com a quarta, e também as respectivas colunas, as matrizes de reordenação correspondente e de rigidez já reordenada são dadas por:

$$\underset{\sim}{T}^{Re} = \begin{bmatrix} 1 & 0 & 0 & 0 \\ 0 & 0 & 0 & 1 \\ 0 & 0 & 1 & 0 \\ 0 & 1 & 0 & 0 \end{bmatrix}$$

$$\underset{\sim L}{k}^{Re} = \underset{\sim}{T}^{Re}\,\underset{\sim L}{k}\,\underset{\sim}{T}^{Re} = EI\begin{bmatrix} 3{,}556\cdot10^{-3} & & \text{Simétrica} & \\ 2{,}667\cdot10^{-2} & 2{,}667\cdot10^{-1} & & \\ -3{,}556\cdot10^{-3} & -2{,}667\cdot10^{-2} & 3{,}556\cdot10^{-3} & \\ 2{,}667\cdot10^{-2} & 1{,}333\cdot10^{-1} & -2{,}667\cdot10^{-2} & 2{,}667\cdot10^{-1} \end{bmatrix}$$

Com a matriz reordenada e com o auxílio da equação 2.2.3 escreve-se:

$$\underset{\sim rr}{k} = EI\begin{bmatrix} 3{,}556\cdot10^{-3} & \text{Simétrica} & \\ 2{,}667\cdot10^{-2} & 2{,}667\cdot10^{-1} & \\ -3{,}5569\cdot10^{-3} & -2{,}667\cdot10^{-2} & 3{,}556\cdot10^{-3} \end{bmatrix} \qquad \underset{\sim aa}{k} = EI\left[2{,}667\cdot10^{-1}\right]$$

$$\underset{\sim ra}{k} = \underset{\sim ar}{k}^{T} = EI\begin{bmatrix} 2{,}667\cdot10^{-2} \\ 1{,}333\cdot10^{-1} \\ -2{,}667\cdot10^{-2} \end{bmatrix} \qquad \underset{\sim rr}{k}^{a} = EI\begin{bmatrix} 8{,}889\cdot10^{-4} & \text{Simétrica} & \\ 1{,}333\cdot10^{-2} & 2{,}000\cdot10^{-1} & \\ -8{,}889\cdot10^{-4} & -1{,}333\cdot10^{-2} & 8{,}889\cdot10^{-4} \end{bmatrix}$$

Substituindo as matrizes anteriores na equação 2.2.6a obtém-se a matriz $\underset{\sim rr}{k}^{a}$ que substituída na equação 2.2.7 e depois de retornada para a numeração original fornece a matriz de rigidez do elemento com consideração da articulação de momento no nó inicial, a qual é dada por:

$$\underset{\sim L}{k} = EI\begin{bmatrix} 8,889\cdot 10^{-4} & & \text{Simétrica} & \\ 0 & 0 & & \\ -8,889\cdot 10^{-4} & 0 & 8,889\cdot 10^{-4} & \\ 1,333\cdot 10^{-2} & 0 & -1,333\cdot 10^{-2} & 2,000\cdot 10^{-1} \end{bmatrix}$$

A introdução de uma articulação por vez elimina a necessidade de reordenação do sistema, apresentando-se como uma alternativa ao procedimento anterior. Considerando a equação de ordem j do sistema de equações de equilíbrio do elemento, equação 2.2.2 agora reescrita sem o índice L de local, tem-se:

$$f_j^e = \sum_{m=1}^{g} k_{j,m} u_m + \bar{f}_j \qquad \text{(Equação 2.2.8)}$$

Onde o índice g representa o número total de deslocamentos do elemento. Sendo n o número do deslocamento a ser liberado, correspondendo à direção com a articulação a ser considerada, e particularizando a equação 2.2.8 para esta direção, tem-se:

$$0 = \sum_{m=1}^{n-1} k_{n,m} u_m + k_{n,n} u_n + \sum_{m=n+1}^{g} k_{n,m} u_m + \bar{f}_n \qquad \text{(Equação 2.2.9)}$$

O termo direito da equação anterior é nulo por corresponder a equação a uma direção com articulação, sendo portanto, a força nesta direção nula. Para o valor de u_n a equação 2.2.9 fornece:

$$u_n = -\frac{1}{k_{n,n}}\left(\sum_{m=1}^{n-1} k_{n,m} u_m + \sum_{m=n+1}^{g} k_{n,m} u_m + \bar{f}_n\right) \qquad \text{(Equação 2.2.10)}$$

Substituindo a equação 2.2.10 na 2.2.8, para $j \neq n$ tem-se:

$$f_j^e = \sum_{m=1}^{n-1} k_{j,m}^a u_m + \sum_{m=n+1}^{g} k_{j,m}^a u_m + \bar{f}_j^a \qquad \text{(Equação 2.2.11)}$$

Sendo $k_{j,m}^a$ os coeficientes genéricos da matriz de rigidez do elemento e $\bar{f}_j^a$ as forças de engastamento perfeito com a consideração da articulação na direção n, sendo dados por:

$$k_{j,m}^a = k_{j,m} - \frac{k_{j,n}}{k_{n,n}} k_{n,m} \qquad \text{(Equação 2.2.12a)}$$

$$\bar{f}_j^a = \bar{f}_j - \frac{k_{j,n}}{k_{n,n}} \bar{f}_n \qquad \text{(Equação 2.2.12b)}$$

O procedimento deve ser aplicado sucessivamente até que todas as articulações no elemento tenham sido consideradas. A rotina a seguir introduz, uma por vez, na matriz de rigidez do elemento, as articulações.

```
procedure IntroduzArticulacaoNaMatrizdeRigidezDoElemento(var k:TMatrizDeElemento;DirecaoDaArticulacao:integer);
var k:TMatrizDeElemento;DirecaoDaArticulacao:integer);
 var
  j,m:integer;
  A,
  Fator:real;
 begin
  if (DirecaoDaArticulacao>2*NDesNo)or(DirecaoDaArticulacao<=0) then exit;
```

```
for j:=1 to 2*NDesNo do
begin
 if j<>DirecaoDaArticulacao
 then begin
      A:=k[DirecaoDaArticulacao,DirecaoDaArticulacao];
      Fator:=k[j,DirecaoDaArticulacao]/k[DirecaoDaArticulacao,DirecaoDaArticulacao];
      for m:=1 to 2*NDesNo do k[j,m]:=k[j,m]-Fator;
     end;
 end;{for j}
 for m:=1 to 2*NDesNo do k[DirecaoDaArticulacao,m]:=0.0;
end;
```

3 – Dependência entre Deslocamentos

Sejam os nós i e i^m, mostrados na figura 2.3.1, cujos deslocamentos se relacionam segundo lei de corpo rígido. Considerando o nó i^m como primário ou mestre os deslocamentos do nó i, chamado de nó secundário ou escravo, em relação aos do mestre são escritos como:

$$u_1 = u_1^m + (Z - Z_m)u_5^m - (Y - Y_m)u_6^m \quad \text{(Equação 2.3.1a)}$$

$$u_2 = u_2^m - (Z - Z_m)u_4^m + (X - X_m)u_6^m \quad \text{(Equação 2.3.1b)}$$

$$u_3 = u_3^m + (Y - Y_m)u_4^m - (X - X_m)u_5^m \quad \text{(Equação 2.3.1c)}$$

$$u_4 = u_4^m \quad \text{(Equação 2.3.1d)}$$

$$u_5 = u_5^m \quad \text{(Equação 2.3.1e)}$$

$$u_6 = u_6^m \quad \text{(Equação 2.3.1f)}$$

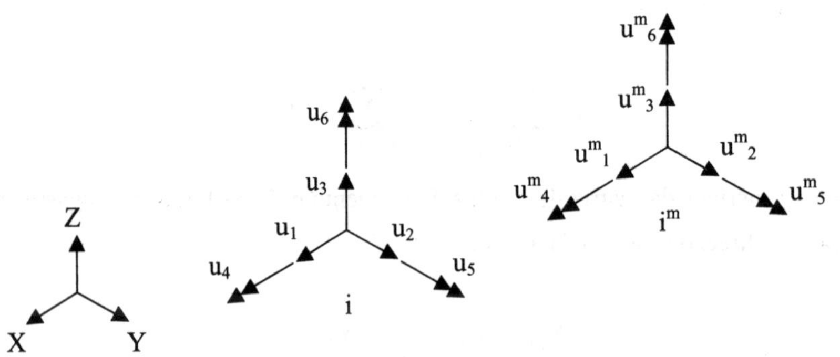

Figura 2.3.1 – Deslocamentos dependentes.

Ou em formato matricial:

$$\begin{Bmatrix} u_1 \\ u_2 \\ u_3 \\ u_4 \\ u_5 \\ u_6 \end{Bmatrix} = \begin{bmatrix} 1 & 0 & 0 & 0 & (Z-Z_m) & -(Y-Y_m) \\ 0 & 1 & 0 & -(Z-Z_m) & 0 & (X-X_m) \\ 0 & 0 & 1 & (Y-Y_m) & -(X-X_m) & 0 \\ 0 & 0 & 0 & 1 & 0 & 0 \\ 0 & 0 & 0 & 0 & 1 & 0 \\ 0 & 0 & 0 & 0 & 0 & 1 \end{bmatrix} \begin{Bmatrix} u_1^m \\ u_2^m \\ u_3^m \\ u_4^m \\ u_5^m \\ u_6^m \end{Bmatrix} \quad \text{(Equação 2.3.2)}$$

Onde X_m, Y_m e Z_m e X, Y, Z representam as coordenadas dos nós mestre e escravo, respectivamente.
Particularizando para o modelo de pórtico plano, no plano XY, tem-se:

$$\begin{Bmatrix} u_1 \\ u_2 \\ u_3 \end{Bmatrix} = \begin{bmatrix} 1 & 0 & -(Y-Y_m) \\ 0 & 1 & (X-X_m) \\ 0 & 0 & 1 \end{bmatrix} \begin{Bmatrix} u_1^m \\ u_2^m \\ u_3^m \end{Bmatrix} \qquad \text{(Equação 2.3.3)}$$

Ou em forma compacta:

$$\underset{\sim i}{u} = \underset{\sim Dep}{T} \; \underset{\sim i^m}{u} \qquad \text{(Equação 2.3.4)}$$

Sendo $\underset{\sim Dep}{T}$ a matriz de transferência, também chamada de matriz de dependência, que relaciona os deslocamentos do nó i com os do nó i^m.
Considerando o elemento de pórtico plano, mostrado na figura 2.3.2, em que os nós de extremidade i e j apresentam ligações rígidas com os nós i^m e j^m, respectivamente, os deslocamentos de extremidade do elemento, nós i e j, são escritos em relação aos nós i^m e j^m, no sistema local, como:

$$\begin{Bmatrix} u_1 \\ u_2 \\ u_3 \\ u_4 \\ u_5 \\ u_6 \end{Bmatrix} = \begin{bmatrix} 1 & 0 & -(Y^i - Y^i_m) & 0 & 0 & 0 \\ 0 & 1 & (X^i - X^i_m) & 0 & 0 & 0 \\ 0 & 0 & 1 & 0 & 0 & 0 \\ 0 & 0 & 0 & 1 & 0 & -(Y^j - Y^j_m) \\ 0 & 0 & 0 & 0 & 1 & (X^j - X^j_m) \\ 0 & 0 & 0 & 0 & 0 & 1 \end{bmatrix} \begin{Bmatrix} u_1^m \\ u_2^m \\ u_3^m \\ u_4^m \\ u_5^m \\ u_6^m \end{Bmatrix} \qquad \text{(Equação 2.3.5)}$$

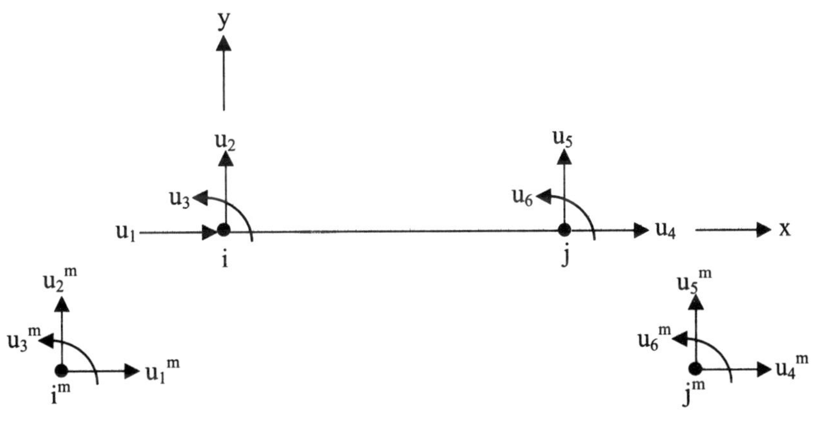

Figura 2.3.2 – Dependência de deslocamentos para modelo pórtico plano.

Sendo X^i, Y^i, Z^i e X^j, Y^j, Z^j as coordenadas dos nós i e j, respectivamente, e X^i_m, Y^i_m, Z^i_m e X^j_m, Y^j_m, Z^j_m dos nós i^m e j^m, nós mestres dos nós i e j, conforme mostrado na figura 2.3.2.
Reescrevendo a equação 2.3.5 na forma compacta tem-se:

$$\underset{\sim L}{u} = \underset{\sim Dep}{T} \; \underset{\sim L}{u^m} \qquad \text{(Equação 2.3.6)}$$

Em que $\underset{\sim}{T}_{Dep}$ representa a matriz de dependência do elemento e o índice L refere-se ao sistema local. Considerando que aos deslocamentos virtuais quaisquer $\delta \underset{\sim}{u}_L$ correspondam deslocamentos virtuais $\delta \underset{\sim}{u}_L^m$, tem-se pelo princípio dos deslocamentos virtuais:

$$\underset{\sim}{f}_L^{e^m\,T}\,\delta \underset{\sim}{u}_L^m = \underset{\sim}{f}_L^{e\,T}\,\delta \underset{\sim}{u}_L \qquad \text{(Equação 2.3.7)}$$

Onde $\underset{\sim}{f}_L^{e^m}$ e $\underset{\sim}{f}_L^{e}$ representam as forças associadas aos deslocamentos $\underset{\sim}{u}_L^m$ e $\underset{\sim}{u}_L$ e o índice T indica transposição. Substituindo a equação 2.3.6 na equação 2.3.7 obtém-se:

$$\underset{\sim}{f}_L^{e^m} = \underset{\sim}{T}_{Dep}^T\,\underset{\sim}{f}_L^{e} \qquad \text{(Equação 2.3.8)}$$

Seja a relação força-deslocamento para o elemento escrita na forma:

$$\underset{\sim}{k}_L\,\underset{\sim}{u}_L = \underset{\sim}{f}_L^{e} \qquad \text{(Equação 2.3.9)}$$

Substituindo a equação 2.3.6 na equação 2.3.9 e pré-multiplicando ambos os termos da nova equação por $\underset{\sim}{T}_{Dep}^T$, tem-se:

$$\underset{\sim}{T}_{Dep}^T\,\underset{\sim}{k}_L\,\underset{\sim}{T}_{Dep}\,\underset{\sim}{u}_L^m = \underset{\sim}{T}_{Dep}^T\,\underset{\sim}{f}_L^{e} \qquad \text{(Equação 2.3.10)}$$

Ou ainda:

$$\underset{\sim}{k}_L^m\,\underset{\sim}{u}_L^m = \underset{\sim}{f}_L^{e^m} \qquad \text{(Equação 2.3.11)}$$

Onde $\underset{\sim}{k}_L^m$ representa a matriz de rigidez do elemento em seu referencial local, mas cujas grandezas, deslocamentos e forças de extremidade, referem-se aos nós i^m e j^m.

4 – Apoio Inclinado

Quando a direção liberada de um nó com condição de contorno não é paralela a nenhuma das direções do sistema de referência global, conforme mostrado na figura 2.4.1, é necessário definir um sistema de referência para o nó, e escrever as equações de equilíbrio neste sistema.

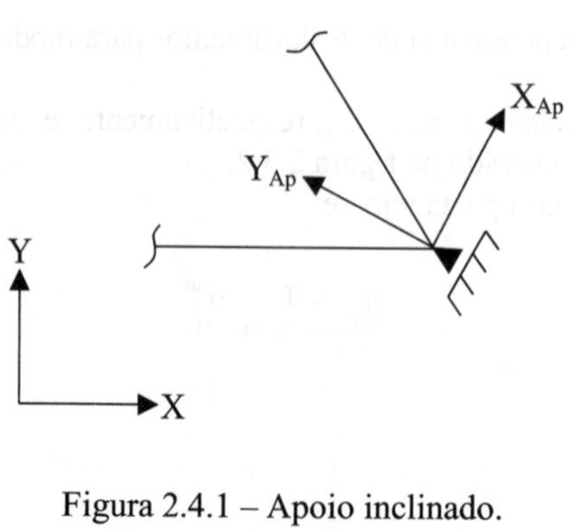

Figura 2.4.1 – Apoio inclinado.

Seja o sistema de referência, representado por seus eixos x_{Ap} y_{Ap}, mostrado na figura 2.4. Considerando que um elemento ligado ao nó tenha, por exemplo, como nó final o nó com apoio inclinado, seus deslocamentos de extremidade podem ser escritos como:

$$\begin{Bmatrix} \underset{\sim G}{u^i} \\ \underset{\sim Ap}{u^j} \end{Bmatrix} = \begin{bmatrix} \underset{\sim}{I} & \underset{\sim}{O} \\ \underset{\sim}{O} & \underset{\sim Ap}{\bar{R}} \end{bmatrix} \begin{Bmatrix} \underset{\sim G}{u^i} \\ \underset{\sim G}{u^j} \end{Bmatrix} \qquad \text{(Equação 2.4.1)}$$

Onde $\underset{\sim G}{u^i}$ e $\underset{\sim G}{u^j}$ representam os deslocamentos dos nós inicial e final no sistema de referência global e $\underset{\sim Ap}{u^i}$ os deslocamentos do nó final no sistema de referência particular do apoio inclinado. $\underset{\sim Ap}{\bar{R}}$ é a matriz de rotação para o apoio inclinado, obtida de forma semelhante ao apresentado no capítulo 1, $\underset{\sim}{I}$ representa a matriz identidade.

A equação 2.4.1 pode ser escrita em forma compacta como:

$$\underset{\sim G}{u^{Ap}} = \underset{\sim Ap}{R} \; \underset{\sim G}{u} \qquad \text{(Equação 2.4.2)}$$

De forma semelhante as forças de extremidade de elemento podem ser escritas como:

$$\underset{\sim G}{f^{e^{Ap}}} = \underset{\sim Ap}{R} \; \underset{\sim G}{f^{e}} \qquad \text{(Equação 2.4.3)}$$

O sistema de equações de equilíbrio do elemento fica:

$$\underset{\sim G}{k^{Ap}} \; \underset{\sim G}{u^{Ap}} = \underset{\sim G}{f^{e^{Ap}}} \qquad \text{(Equação 2.4.4)}$$

$$\underset{\sim G}{k^{Ap}} = \underset{\sim Ap}{R} \; \underset{\sim G}{k} \; \underset{\sim Ap}{R^{T}} \qquad \text{(Equação 2.4.5)}$$

A matriz $\underset{\sim G}{k^{Ap}}$ e o vetor $\underset{\sim G}{f^{e^{Ap}}}$ representam a matriz de rigidez e o vetor de forças de extremidade do elemento, no sistema global, mas considerando a existência de apoios inclinados.

5 – Ligação Elástica

A ligação do elemento com seus nós, em geral, pode ser rígida ou articulada, esta última vista no item 2. Entretanto, situações existem em que esta ligação tem uma rigidez intermediária, neste caso, diz-se que o elemento tem ligações elásticas em suas extremidades. Seja o elemento com ligações elásticas em suas extremidades, conforme mostrado na figura 2.5.1, onde r_i representa a rigidez da ligação genérica i.

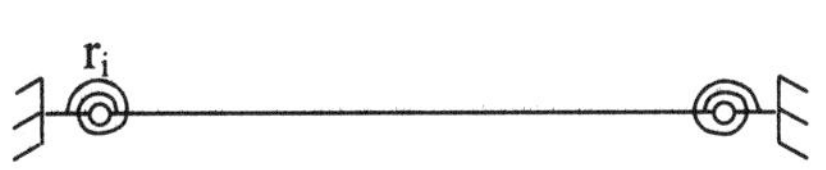

Figura 2.5.1 – Elemento com ligações elásticas.

Escrevendo os deslocamentos nodais $\underset{\sim}{u}_L$, como a soma das contribuições dos deslocamento $\underset{\sim}{\bar{u}}_L$ nas extremidades da barra, ambos segundo o sistema local do elemento, na seção imediatamente antes da ligação, mais as deformações $\underset{\sim}{\phi}$ das ligações, tem-se:

$$\underset{\sim}{u}_L = \underset{\sim}{\bar{u}}_L + \underset{\sim}{\phi} \qquad \text{(Equação 2.5.1)}$$

ou

$$\underset{\sim}{\bar{u}}_L = \underset{\sim}{u}_L - \underset{\sim}{\phi} \qquad \text{(Equação 2.5.2)}$$

A deformação da ligação genérica de ordem i do elemento, é determinada pela divisão da força na ligação pela correspondente rigidez, assim sendo $\underset{\sim}{f}^e$ as forças de extremidade no elemento com as ligações elásticas, têm-se que:

$$\underset{\sim}{\phi} = \begin{bmatrix} \cdot & & & \\ & \frac{1}{r_i} & & \\ & & \cdot & \\ & & & \cdot \end{bmatrix} \underset{\sim}{f}^e \qquad \text{(Equação 2.5.3)}$$

Note que a matriz relacionando os dois vetores na equação 2.5.3 é diagonal, sendo os termos da diagonal principal iguais aos inversos das rigidezes das respectivas ligações elásticas. Seja o sistema de equações de equilíbrio da barra, escrito para os deslocamentos $\underset{\sim}{\bar{u}}$, como:

$$\underset{\sim}{f}^e_L = \underset{\sim}{k}_L \underset{\sim}{\bar{u}}_L + \underset{\sim}{\bar{f}}_L \qquad \text{(Equação 2.5.4)}$$

Substituindo a equação 2.5.2 na equação 2.5.4 e considerando a relação dada pela equação 2.5.3, a equação 2.5.4 é reescrita como:

$$\underset{\sim}{f}^e_L = \underset{\sim}{k}^E_L \underset{\sim}{\bar{u}}_L + \underset{\sim}{\bar{f}}^E_L \qquad \text{(Equação 2.5.4)}$$

Sendo $\underset{\sim}{k}^E_L$ e $\underset{\sim}{\bar{f}}^E_L$ a matriz de rigidez e o vetor de forças de engastamento perfeito, no sistema local do elemento, que leva em consideração as ligações elásticas, sendo dados por:

$$\underset{\sim}{k}^E_L = \underset{\sim}{T}^{-1}_E \underset{\sim}{k}_L \qquad \text{(Equação 2.5.5a)}$$

$$\bar{\underset{\sim L}{f}}^{E} = \underset{\sim E}{T}^{-1} \bar{\underset{\sim L}{f}} \qquad \text{(Equação 2.5.5b)}$$

Em que $\underset{\sim E}{T}$ é a matriz de transformação para ligações elásticas sendo dada por:

$$\underset{\sim E}{T} = \underset{\sim}{I} + \underset{\sim L}{k} \begin{bmatrix} \cdot & & & \\ & \frac{1}{r_i} & & \\ & & \cdot & \\ & & & \cdot \end{bmatrix} \qquad \text{(Equação 2.5.6)}$$

Onde $\underset{\sim}{I}$ representa a matriz de identidade. A matriz $\underset{\sim L}{k}$ e o vetor $\bar{\underset{\sim L}{f}}$ são respectivamente, a matriz de rigidez e o vetor de forças de engastamento perfeito do elemento, sem a consideração das ligações elásticas. Articulações, como as desenvolvidas no item 2 também podem ser modeladas com a abordagem atual, bastando considerar ligação elástica sem rigidez. Para isto, pode-se adotar um valor muito pequeno para r_i na direção com articulação.

Exemplo 4: Calcular os deslocamentos nodais do pórtico plano mostrado na figura E4a, onde todos os elementos tem seção transversal com área A=0,12 m^2 e momento de inércia I=0,0036 m^4 e o material módulo de elasticidade E=30 GPa. O elemento 2, na extremidade junto ao nó 1, tem uma ligação elástica na direção do momento fletor com rigidez r=15.000 kNm/rad. Na figura E4a também é mostrada as numerações dos nós, números dentro de círculos, dos elementos, números entre colchetes, e os eixos global e local utilizados.

Solução:
Na figura E4b está indicada a numeração global dos deslocamentos, sendo os deslocamentos D_1, D_2, D_3, D_6, D_7 e D_9 os deslocamentos livres.
A matriz de rigidez local do elemento 1 é a própria matriz do elemento com as extremidades biengastadas, uma vez que o elemento não possui articulações, trechos rígidos ou ligações elásticas. Assim, para este elemento a matriz de rigidez é:

$$\underset{\sim L}{k} = \begin{bmatrix} 9{,}000\cdot10^5 & & & & & \text{Simétrica} \\ 0 & 2{,}025\cdot10^4 & & & & \\ 0 & 4{,}050\cdot10^4 & 1{,}080\cdot10^5 & & & \\ -9{,}000\cdot10^5 & 0 & 0 & 9{,}000\cdot10^5 & & \\ 0 & -2{,}025\cdot10^4 & -4{,}050\cdot10^4 & 0 & 2{,}025\cdot10^4 & \\ 0 & 4{,}050\cdot10^4 & 5{,}400\cdot10^4 & 0 & -4{,}050\cdot10^4 & 1{,}080\cdot10^5 \end{bmatrix}$$

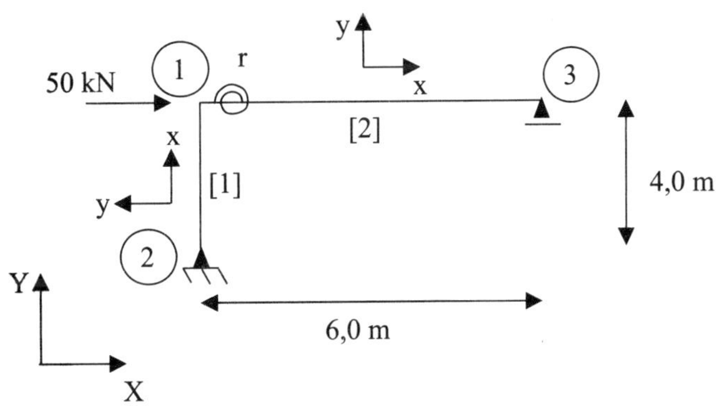

Figura E4a – Pórtico plano do exemplo 4.

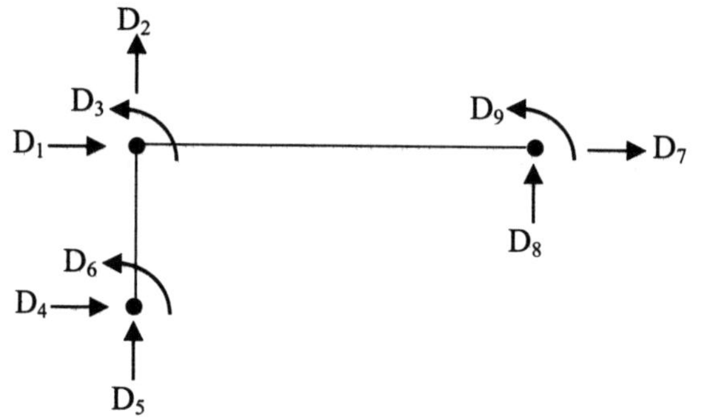

Figura E4b – Numeração global dos deslocamentos.

O elemento 2 possui uma ligação elástica na direção do momento fletor e em sua extremidade inicial. Sua matriz de rigidez é obtida a partir da matriz de rigidez do elemento com consideração das extremidades serem biengastadas e utilizando a transformação da equação 2.5.5a, sendo a matriz de transformação $\underset{\sim E}{T}$ igual a:

$$\underset{\sim E}{T} = \underset{\sim}{I} + \underset{\sim L}{k} \begin{bmatrix} 0 & & & & & \\ & 0 & & & & \\ & & \frac{1}{15000} & & & \\ & & & 0 & & \\ & & & & 0 & \\ & & & & & 0 \end{bmatrix}$$

Onde $\underset{\sim L}{k}$ é a matriz de rigidez do elemento biengastado. A matriz de rigidez final do elemento com a consideração da ligação elástica é:

$$\underset{\sim L}{k}^{E} = \begin{bmatrix} 6.000 \cdot 10^5 & & & & \text{Simétrica} & \\ 0 & 6{,}000 \cdot 10^3 & & & & \\ 0 & 1{,}800 \cdot 10^4 & 7{,}200 \cdot 10^4 & & & \\ -6{,}000 \cdot 10^5 & 0 & 0 & 6{,}000 \cdot 10^5 & & \\ 0 & -6{,}000 \cdot 10^3 & -1{,}800 \cdot 10^4 & 0 & 6{,}000 \cdot 10^3 & \\ 0 & 1{,}800 \cdot 10^4 & 3{,}600 \cdot 10^4 & 0 & -1{,}800 \cdot 10^4 & 7{,}200 \cdot 10^4 \end{bmatrix}$$

Transformadas para o sistema global, as matrizes de rigidez anteriores são usadas na montagem da matriz de rigidez da estrutura, nos moldes já apresentados, sendo igual à:

$$
\underset{\sim}{K} = \begin{bmatrix}
6{,}196\cdot 10^{5} & & & & & & & & \text{Simétrica} \\
0 & 9{,}014\cdot 10^{5} & & & & & & & \\
4{,}050\cdot 10^{4} & 3{,}103\cdot 10^{3} & 1{,}204\cdot 10^{5} & & & & & & \\
-2{,}025\cdot 10^{4} & 0 & -4{,}050\cdot 10^{4} & 2{,}025\cdot 10^{4} & & & & & \\
0 & -8{,}991\cdot 10^{5} & 0 & 0 & 8{,}891\cdot 10^{5} & & & & \\
4{,}050\cdot 10^{4} & 0 & 5{,}399\cdot 10^{4} & -4{,}050\cdot 10^{4} & 0 & 1{,}080\cdot 10^{5} & & & \\
-5{,}994\cdot 10^{5} & 0 & 0 & 0 & 0 & 0 & 5{,}994\cdot 10^{5} & & \\
0 & -2{,}276\cdot 10^{3} & -3{,}103\cdot 10^{3} & 0 & 0 & 0 & 0 & 2{,}276\cdot 10^{3} & \\
0 & 1{,}055\cdot 10^{4} & 6{,}207\cdot 10^{3} & 0 & 0 & 0 & 0 & -1{,}055\cdot 10^{4} & 5{,}710\cdot 10^{4}
\end{bmatrix}
$$

O vetor de forças nodais combinadas, em que F4, F5 e F8 são as forças nas direções prescritas, é igual à:

$$
\underset{\sim}{F} = \begin{Bmatrix} 50{,}0 \\ 0 \\ 0 \\ F_4 \\ F_5 \\ 0 \\ 0 \\ F_8 \\ 0 \end{Bmatrix}
$$

Reordenando o sistema para a consideração das condições de contorno e resolvendo para os deslocamentos livres, conforme anteriormente mostrado, obtém-se para o vetor de deslocamentos:

$$
\underset{\sim}{D} = \begin{Bmatrix} 7{,}805\cdot 10^{-2} \\ 3{,}707\cdot 10^{5} \\ -1{,}704\cdot 10^{-2} \\ 0 \\ 0 \\ -2{,}075\cdot 10^{-2} \\ 7{,}805\cdot 10^{-2} \\ 0 \\ 1{,}846\cdot 10^{-3} \end{Bmatrix}
$$

Com os deslocamentos calculados, as forças de extremidade nos elementos e as reações de apoio também podem ser determinadas.

6 – Apoio Elástico

Os apoios podem ser do tipo deformável quando são chamados de apoios elásticos e sua influência na matriz de rigidez da estrutura deve ser considerada. Seja, por exemplo, a viga sobre apoios elásticos mostrada na figura 2.6.1, para a qual se deseja determinar a matriz de rigidez. Considerando a direção genérica i, ao se dar um deslocamento unitário na direção i coincidente com o apoio elástico, mantendo todas as outras direções fixas, a força na referida direção será composta pela contribuição dos elementos conectados ao nó ao qual a direção pertence, acrescida da contribuição da mola, esta última igual a km_i. Assim o coeficiente de rigidez da matriz de rigidez da estrutura será igual a:

$$\underset{\sim}{K}_{i,i} = \underset{\sim}{K}^{0}_{i,i} + km_i \qquad \text{(Equação 2.6.1)}$$

Onde $\underset{\sim}{K}^{0}_{i,i}$ representa o coeficiente de rigidez diagonal da direção i, com apenas as contribuições dos elementos e km_i a rigidez do apoio elástico. Portanto, para a consideração de um apoio elástico, basta acrescentar sua rigidez ao termo correspondente da diagonal principal da matriz da estrutura e considerar a direção como livre.

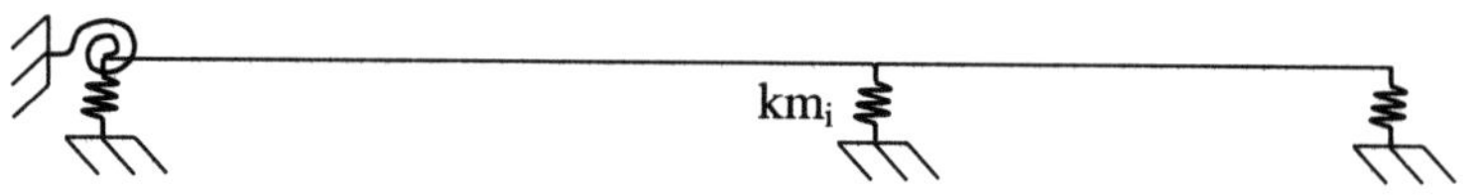

Figura 2.6.1 – Viga com apoios elásticos.

Exemplo 5: Calcular os deslocamentos nodais e reações de apoio da viga contínua do exemplo 1, considerando que o apoio do nó 2, direção vertical, seja elástico com rigidez km=15000 kN/m.

Solução:
A matriz de rigidez da estrutura é obtida da matriz de rigidez da estrutura do exemplo 1 somando ao termo da diagonal principal relativa à direção 3 a rigidez da mola. Assim tem-se para a matriz de rigidez:

$$\underset{\sim}{K} = \begin{bmatrix} 2{,}667\cdot10^{3} & & & & \text{Simétrica} & \\ 2{,}000\cdot10^{4} & 2{,}000\cdot10^{5} & & & & \\ -2{,}667\cdot10^{3} & -2{,}000\cdot10^{4} & 2{,}667\cdot10^{4} & & & \\ 2{,}000\cdot10^{4} & 1{,}000\cdot10^{5} & 2{,}500\cdot10^{4} & 5{,}000\cdot10^{5} & & \\ 0 & 0 & -9{,}000\cdot10^{3} & -4{,}500\cdot10^{4} & 9{,}000\cdot10^{3} & \\ 0 & 0 & 4{,}500\cdot10^{4} & 1{,}500\cdot10^{5} & -4{,}500\cdot10^{4} & 3{,}000\cdot10^{5} \end{bmatrix}$$

A reação no apoio elástico é determinada multiplicando a rigidez do apoio pelo deslocamento em sua direção e invertendo o sentido, que no caso fornece:

$$R_3 = -(-4{,}900\cdot10^{-3})\cdot15000{,}0 = 73{,}505\text{kN}$$

Os deslocamentos livres e as reações de apoio são portanto:

$$\underset{\sim}{D} = \begin{Bmatrix} D_3 \\ D_4 \\ D_6 \end{Bmatrix} = \begin{Bmatrix} -4{,}900\cdot10^{-3} \\ 3{,}094\cdot10^{-4} \\ 8{,}253\cdot10^{-4} \end{Bmatrix} \qquad \begin{Bmatrix} R_1 \\ R_2 \\ R_3 \\ R_5 \end{Bmatrix} = \begin{Bmatrix} 94{,}256 \\ 316.239 \\ 73{,}505 \\ 32{,}239 \end{Bmatrix}$$

7 – Condições de Contorno

A consideração das condições de contorno por reordenação do sistema de equações não é eficiente, em especial quando da análise de estruturas que levam a sistemas com muitas equações. Por isso, esta sistemática deve ser evitada. Um outro procedimento consiste em modificar o sistema de equações de forma a considerar os valores dos deslocamentos conhecidos. Para o desenvolvimento suponha-se que a direção de ordem j tenha deslocamento prescrito, portanto conhecido, igual a $\bar{D}_j$. Logo os termos com este deslocamento nas outras equações, podem ser incorporados ao termo independente daquelas na forma:

$$\begin{bmatrix} K_{1,1} & K_{1,2} & .. & 0 & .. & . & K_{1,n} \\ K_{2,1} & K_{2,2} & .. & 0 & .. & . & K_{2,n} \\ . & . & .. & . & .. & . & . \\ 0 & 0 & .. & 1 & .. & 0 & 0 \\ . & . & .. & . & .. & . & . \\ . & . & .. & & .. & . & . \\ K_{n,1} & K_{n,2} & .. & 0 & .. & . & K_{n,n} \end{bmatrix} \begin{Bmatrix} D_1 \\ D_2 \\ . \\ D_j \\ . \\ . \\ D_n \end{Bmatrix} = \begin{Bmatrix} F_1 - K_{1,j}\bar{D}_j \\ F_2 - K_{2,j}\bar{D}_j \\ . \\ \bar{D}_j \\ . \\ . \\ F_n - K_{n,j}\bar{D}_j \end{Bmatrix} \qquad \text{(Equação 2.7.1)}$$

Note-se que os termos da linha e coluna j ficam nulos a menos do termo $K_{j,j}$, termo da diagonal principal que se torna unitário. Ainda observando a equação 2.7.1 verifica-se que o sistema fornece $D_j = \bar{D}_j$, conforme desejado. Depois de introduzidas todas as condições de contorno, sendo o sistema de apoio capaz de eliminar os descolamentos de corpo rígido, a matriz $\underset{\sim}{K}$ modificada fica não singular e o sistema com as n equações pode ser resolvido, fornecendo os deslocamentos. Este procedimento é conhecido como *Técnica do Zero e Um*.

Um procedimento muito eficiente e largamente utilizado, consiste em considerar apoios elásticos com grande rigidez nas direções prescritas. Seja novamente a direção de ordem j com deslocamento prescrito igual a $\bar{D}_j$. Supondo nesta direção um apoio elástico com rigidez muito grande, por exemplo NG, e considerando o apresentado no item anterior, o sistema de equações fica como:

$$\begin{bmatrix} K_{1,1} & K_{1,2} & .. & K_{1,j} & .. & . & K_{1,n} \\ K_{2,1} & K_{2,2} & .. & K_{2,j} & .. & . & K_{2,n} \\ . & . & .. & . & .. & . & . \\ K_{j,1} & K_{j,2} & .. & (K_{j,j}+NG) & .. & . & K_{j,n} \\ . & . & .. & . & .. & . & . \\ . & . & .. & & .. & . & . \\ K_{n,1} & K_{n,2} & .. & K_{n,j} & .. & . & K_{n,n} \end{bmatrix} \begin{Bmatrix} D_1 \\ D_2 \\ . \\ D_j \\ . \\ . \\ D_n \end{Bmatrix} = \begin{Bmatrix} F_1 - K_{1,j}\bar{D}_j \\ F_2 - K_{2,j}\bar{D}_j \\ \\ NG \cdot \bar{D}_j \\ \\ \\ F_n - K_{n,j}\bar{D}_j \end{Bmatrix} \qquad \text{(Equação 2.7.2)}$$

Escrevendo a equação de ordem j, tem-se:

$$K_{j,1}D_1 + K_{j,2}D_2 + ... + (K_{j,j} + NG)D_j + ... + K_{j,n-1}D_{n-1} + K_{j,n}D_n = F_j + NG \cdot \bar{D}_j \qquad \text{(Equação 2.7.3)}$$

Ou ainda:

$$\sum_{k=1}^{j-1} K_{j,k}D_k + (K_{j,j} + NG)D_j + \sum_{k=j+1}^{n} K_{j,k}D_k = F_j + NG \cdot \bar{D}_j \qquad \text{(Equação 2.7.4)}$$

Sendo NG muito grande em relação aos coeficientes de rigidez, a influência dos somatórios no lado esquerdo da equação 1.7.4 se perde e, de forma semelhante, ao ser feita a soma de $K_{j,j}$ com NG. O mesmo acontece com o lado direito da equação, resultando em:

$$NG \cdot D_j \cong NG \cdot \bar{D}_j \qquad \text{(Equação 2.7.5)}$$

Que fornece, conforme o desejado:

$$D_j \cong \bar{D}_j \qquad \text{(Equação 2.7.6)}$$

Para eficiência e exatidão do procedimento, NG deve ser grande em relação aos coeficientes de rigidez, exigindo uma calibragem para cada problema. Entretanto, esta calibragem pode ser feita de forma automática, tomando-se a média entre os termos da diagonal principal e multiplicando esta média por um número grande, por exemplo 10^{10}, e adotando este produto como o número grande do problema, assim sendo $\bar{K}$ a média dos termos da diagonal principal tem-se.

$$NG = 10^{10} \cdot \bar{K} \qquad \text{(Equação 2.7.7)}$$

Este procedimento é conhecido como *Técnica do Número Grande.*

Se o deslocamento prescrito $\bar{D}_j$ não for nulo, podem acontecer dificuldades numéricas que inviabilizem a aplicação do procedimento. Entretanto, isto pode ser evitado transformando o deslocamento prescrito em carga nodal equivalente. Isto consiste em identificar todos os elementos ligados ao nó com deslocamento prescrito não nulo e calcular, para cada um destes elementos as cargas nodais equivalentes e aplicá-las aos nós do modelo e, a partir daí, considerar os deslocamentos prescritos como nulos. Resolvido o sistema de equações e encontrados os deslocamentos, nas direções prescritas os deslocamentos prescritos serão nulos não tendo, no entanto, significado físico. Os deslocamentos reais, naquelas direções, são iguais aos que foram usados no cálculo das cargas nodais equivalentes.

Exemplo 6: Considerar que a viga contínua do exemplo1 experimente um recalque em seu apoio intermediário, de 1,5cm para baixo. Determinar os deslocamentos e reações de apoio. Utilizar a técnica do número grande para considerar as condições de contorno.

Solução:
A matriz de rigidez da estrutura, dos elementos e de rotação, já foram obtidas na solução do exemplo 1. Na figura E6a é mostrada a situação de imposição do recalque no sistema principal.

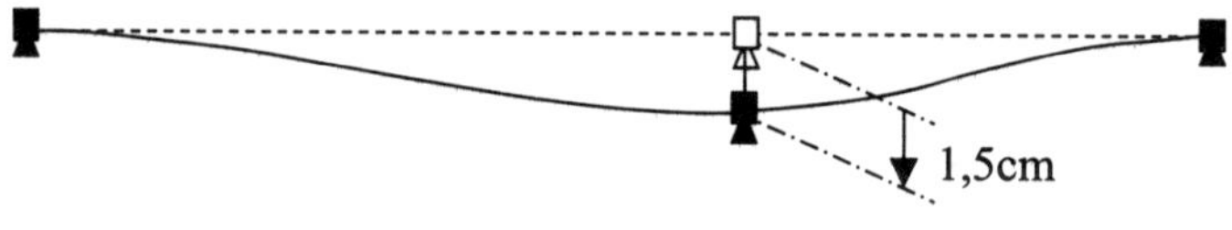

Figura E6a – Viga com recalque do exemplo 6.

É necessário calcular as forças de engastamento perfeito, para os elementos ligados ao nó central, decorrentes do deslocamento imposto. Isto é facilmente feito multiplicando a matriz de rigidez do elemento pelo vetor de deslocamento de extremidade, assim tem-se:

Elemento 1:

Vetor de deslocamento de extremidade no sistema global:

$$\underset{\sim G}{u} = \begin{Bmatrix} 0 \\ 0 \\ -0{,}015 \\ 0 \end{Bmatrix}$$

Matriz de rigidez no sistema global:

$$\underset{\sim G}{k} = \underset{\sim}{R}^T \underset{\sim L}{k} \underset{\sim}{R} = \begin{bmatrix} 2{,}667 \cdot 10^3 & & \text{Simétrica} & \\ 2{,}000 \cdot 10^4 & 2{,}000 \cdot 10^5 & & \\ -2{,}667 \cdot 10^3 & -2{,}000 \cdot 10^4 & 2{,}667 \cdot 10^3 & \\ 2{,}000 \cdot 10^4 & 1{,}000 \cdot 10^5 & -2{,}000 \cdot 10^4 & 2{,}000 \cdot 10^5 \end{bmatrix}$$

Vetor de forças de engastamento perfeito no sistema global:

$$\underset{\sim G}{\bar{f}} = \underset{\sim G}{k} \underset{\sim G}{u} = \begin{Bmatrix} 40{,}0 \\ 300{,}0 \\ -40{,}0 \\ 300{,}0 \end{Bmatrix}$$

Elemento 2:

Vetor de deslocamento de extremidade no sistema global:

$$\underset{\sim G}{u} = \begin{Bmatrix} 0 \\ 0 \\ -0{,}015 \\ 0 \end{Bmatrix}$$

Matriz de rigidez no sistema global:

$$\underset{\sim G}{k} = \underset{\sim}{R}^T \underset{\sim L}{k} \underset{\sim}{R} = \begin{bmatrix} 9{,}000 \cdot 10^3 & & \text{Simétrica} & \\ -4{,}500 \cdot 10^4 & 3{,}000 \cdot 10^5 & & \\ -9{,}000 \cdot 10^3 & 4{,}500 \cdot 10^4 & 9{,}000 \cdot 10^3 & \\ -4{,}500 \cdot 10^4 & 1{,}500 \cdot 10^5 & 4{,}500 \cdot 10^4 & 3{,}000 \cdot 10^5 \end{bmatrix}$$

Vetor de forças de engastamento perfeito no sistema global:

$$\underset{\sim G}{\bar{f}} = \underset{\sim G}{k} \underset{\sim G}{u} = \begin{Bmatrix} 135{,}0 \\ -675{,}0 \\ -135{,}0 \\ -675{,}0 \end{Bmatrix}$$

O vetor de forças nodais combinadas, conforme já anteriormente mostrado, é obtido a partir das cargas nodais equivalentes, sendo igual a:

$$\underset{\sim}{F} = \begin{Bmatrix} -40{,}0 \\ -300{,}0 \\ -95{,}0 \\ 375{,}0 \\ 675{,}0 \\ 135{,}0 \end{Bmatrix}$$

A média dos termos da diagonal principal da matriz de rigidez da estrutura, antes da adição do número grande, é $\bar{K} = 1{,}706 \cdot 10^5$, logo da equação 2.7.7 obtém-se $NG = 1{,}706 \cdot 10^{15}$, que fornece para a matriz de rigidez com as condições de contorno:

$$\underset{\sim NG}{K} = \begin{bmatrix} 1{,}706 \cdot 10^{15} & & & & & \text{Simétrica} \\ 2{,}000 \cdot 10^3 & 1{,}706 \cdot 10^{15} & & & & \\ -2{,}667 \cdot 10^3 & -2{,}000 \cdot 10^4 & 1{,}706 \cdot 10^{15} & & & \\ 2{,}000 \cdot 10^4 & 1{,}000 \cdot 10^5 & 2{,}500 \cdot 10^4 & 5{,}000 \cdot 10^5 & & \\ 0 & 0 & -9{,}000 \cdot 10^3 & -4{,}500 \cdot 10^4 & 1{,}706 \cdot 10^{15} & \\ 0 & 0 & 4{,}500 \cdot 10^4 & 1{,}500 \cdot 10^5 & -4{,}500 \cdot 10^4 & 3{,}000 \cdot 10^5 \end{bmatrix}$$

A resolução do sistema fornece os deslocamentos:

$$\underset{\sim}{D} = \begin{Bmatrix} D_1 \\ D_2 \\ D_3 \\ D_4 \\ D_5 \\ D_6 \end{Bmatrix} = \begin{Bmatrix} -2{,}4487 \cdot 10^{-14} \\ -1{,}8107 \cdot 10^{-13} \\ 4{,}3112 \cdot 10^{-14} \\ 8{,}8235 \cdot 10^{-5} \\ -1{,}8624 \cdot 10^{-14} \\ 2{,}2059 \cdot 10^{-3} \end{Bmatrix}$$

Entretanto, na direção 3, direção do deslocamento prescrito, o deslocamento real é de -1,5cm. As reações de apoio são determinadas multiplicando os deslocamentos nas direções prescritas, obtidos da resolução do sistema de equações, pelo número grande e invertendo o sinal, assim tem-se:

$$\begin{Bmatrix} R_1 \\ R_2 \\ R_3 \\ R_5 \end{Bmatrix} = -NG \cdot \begin{Bmatrix} D_1 \\ D_2 \\ D_3 \\ D_5 \end{Bmatrix} = \begin{Bmatrix} 41{,}764 \\ 308{,}824 \\ -75{,}528 \\ 31.765 \end{Bmatrix}$$

8 – Reações de Apoio

As reações de apoio podem ser calculadas fazendo diretamente o equilíbrio de forças no nó. Para isto as forças de extremidade dos elementos que se ligam ao nó devem ser calculadas e projetadas no sistema de referência global, ou do nó se o apoio for inclinado. Somando as componentes e invertendo o sentido as reações são obtidas.

Exemplo 7: Calcular as reações de apoio da estrutura, mostrada na figura E7, considerando que todos os elementos tenham a mesma seção transversal com área A=27,2cm^2 e momento de inércia I=3.776,0cm^4. Adotar para módulo de elasticidade do material E=205GPa. A orientação dos eixos locais, eixos globais, numerações dos nós e elementos adotados são os mostrados na figura E7a. A numeração global dos deslocamentos é mostrada na figura E7b.

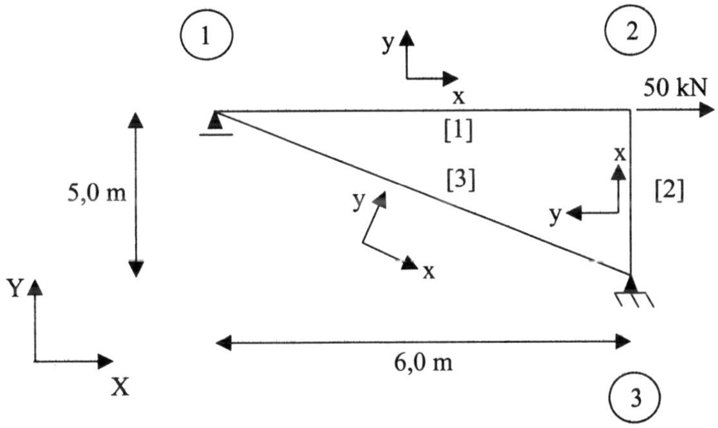

Figura E7a – Pórtico plano do exemplo 7.

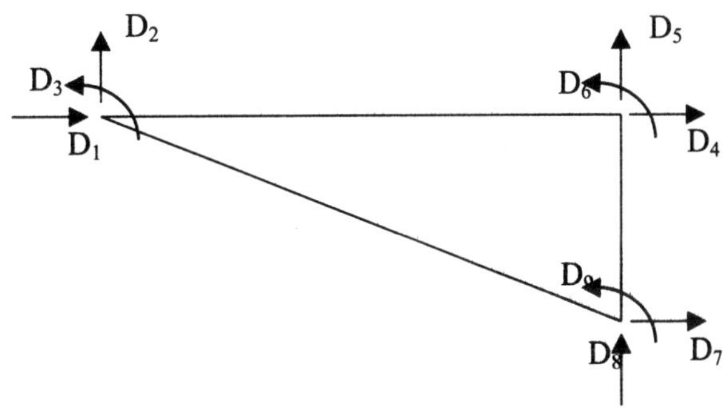

Figura E7b– Numeração global dos deslocamentos.

Solução:

Elemento 1:

Matriz de rigidez no sistema local:

$$\underset{\sim}{k}_L = \begin{bmatrix} 9{,}293\cdot10^4 & & & & & \text{Simétrica} \\ 0 & 4{,}300\cdot10^2 & & & & \\ 0 & 1{,}290\cdot10^3 & 5{,}161\cdot10^3 & & & \\ -9{,}293\cdot10^4 & 0 & 0 & 9{,}293\cdot10^4 & & \\ 0 & -4{,}300\cdot10^2 & -1{,}290\cdot10^3 & 0 & 4{,}300\cdot10^2 & \\ 0 & 1{,}290\cdot10^3 & 2{,}580\cdot10^3 & 0 & -1{,}290\cdot10^3 & 5{,}161\cdot10^3 \end{bmatrix}$$

Matriz de rotação:

$$\underset{\sim}{R} = \begin{bmatrix} 1 & 0 & 0 & 0 & 0 & 0 \\ 0 & 1 & 0 & 0 & 0 & 0 \\ 0 & 0 & 1 & 0 & 0 & 0 \\ 0 & 0 & 0 & 1 & 0 & 0 \\ 0 & 0 & 0 & 0 & 1 & 0 \\ 0 & 0 & 0 & 0 & 0 & 1 \end{bmatrix}$$

Elemento 2:

Matriz de rigidez no sistema local:

$$\underset{\sim}{k}_L = \begin{bmatrix} 1{,}115 \cdot 10^5 & & & & & \text{Simétrica} \\ 0 & 7{,}431 \cdot 10^2 & & & & \\ 0 & 1{,}858 \cdot 10^3 & 6{,}193 \cdot 10^3 & & & \\ -1{,}115 \cdot 10^5 & 0 & 0 & 1{,}115 \cdot 10^5 & & \\ 0 & -7{,}431 \cdot 10^2 & -1{,}858 \cdot 10^3 & 0 & 7{,}431 \cdot 10^2 & \\ 0 & 1{,}858 \cdot 10^3 & 3{,}096 \cdot 10^3 & 0 & -1{,}858 \cdot 10^3 & 6{,}193 \cdot 10^3 \end{bmatrix}$$

Matriz de rotação:

$$\underset{\sim}{R} = \begin{bmatrix} 0 & 1 & 0 & 0 & 0 & 0 \\ -1 & 0 & 0 & 0 & 0 & 0 \\ 0 & 0 & 1 & 0 & 0 & 0 \\ 0 & 0 & 0 & 0 & 1 & 0 \\ 0 & 0 & 0 & -1 & 0 & 0 \\ 0 & 0 & 0 & 0 & 0 & 1 \end{bmatrix}$$

Elemento 3:

Matriz de rigidez no sistema local:

$$\underset{\sim}{k}_L = \begin{bmatrix} 7{,}139 \cdot 10^4 & & & & & \text{Simétrica} \\ 0 & 1{,}950 \cdot 10^2 & & & & \\ 0 & 7{,}614 \cdot 10^2 & 3{,}964 \cdot 10^3 & & & \\ -7{,}139 \cdot 10^4 & 0 & 0 & 7{,}139 \cdot 10^4 & & \\ 0 & -1{,}950 \cdot 10^2 & -7{,}614 \cdot 10^2 & 0 & 1{,}950 \cdot 10^2 & \\ 0 & 7{,}614 \cdot 10^2 & 1{,}982 \cdot 10^3 & 0 & -7{,}614 \cdot 10^2 & 3{,}964 \cdot 10^3 \end{bmatrix}$$

Matriz de rotação:

$$\underset{\sim}{R} = \begin{bmatrix} 0{,}7682 & -0{,}6402 & 0 & 0 & 0 & 0 \\ 0{,}6402 & 0{,}7682 & 0 & 0 & 0 & 0 \\ 0 & 0 & 1{,}0000 & 0 & 0 & 0 \\ 0 & 0 & 0 & 0{,}7682 & -0{,}6402 & 0 \\ 0 & 0 & 0 & 0{,}6402 & 0{,}7682 & 0 \\ 0 & 0 & 0 & 0 & 0 & 1{,}0000 \end{bmatrix}$$

Vetor de forças nodais combinadas:

$$\underset{\sim}{F} = \begin{Bmatrix} 0 \\ R_2 \\ 0 \\ 50{,}0 \\ 0 \\ 0 \\ R_7 \\ R_8 \\ 0 \end{Bmatrix}$$

Matriz de rigidez da estrutura:

$$\underset{\sim}{K} = \begin{bmatrix} 1{,}351 \cdot 10^5 & & & & & & & & \text{Simétrica} \\ -3{,}502 \cdot 10^4 & 2{,}980 \cdot 10^4 & & & & & & & \\ 4{,}874 \cdot 10^2 & 1{,}875 \cdot 10^3 & 9{,}125 \cdot 10^3 & & & & & & \\ -9{,}293 \cdot 10_4 & 0 & 0 & 9{,}368 \cdot 10^4 & & & & & \\ 0 & -4{,}300 \cdot 10^2 & -1{,}290 \cdot 10^3 & 0 & 1{,}120 \cdot 10^5 & & & & \\ 0 & 1{,}290 \cdot 10^3 & 2{,}580 \cdot 10^3 & 1{,}858 \cdot 10^3 & -1{,}290 \cdot 10^3 & 1{,}135 \cdot 10^4 & & & \\ -4{,}221 \cdot 10^4 & 3{,}502 \cdot 10^4 & -4{,}874 \cdot 10^2 & -7{,}431 \cdot 10^2 & 0 & -1{,}858 \cdot 10^3 & 4{,}296 \cdot 10^4 & & \\ 3{,}502 \cdot 10^4 & -2{,}937 \cdot 10^4 & -5{,}849 \cdot 10^2 & 0 & -1{,}115 \cdot 10^5 & 0 & -3{,}502 \cdot 10^4 & 1{,}409 \cdot 10^5 & \\ 4{,}874 \cdot 10^2 & 5{,}849 \cdot 10^2 & 1{,}982 \cdot 10^3 & 1{,}858 \cdot 10^3 & 0 & 3{,}096 \cdot 10^3 & -2{,}345 \cdot 10^3 & -5{,}849 \cdot 10^2 & 1{,}016 \cdot 10^4 \end{bmatrix}$$

A média dos elementos da diagonal principal é $\bar{K} = 6{,}501 \cdot 10^4$ o que fornece, pela equação 2.7.7, $NG = 6{,}501 \cdot 10^{14}$ ficando a matriz de rigidez da estrutura com as condições de contorno introduzidas, como:

$$\underset{\sim}{K}_{NG} = \begin{bmatrix} 1{,}351 \cdot 10^5 & & & & & & & & \text{Simétrica} \\ -3{,}502 \cdot 10^4 & 6{,}501 \cdot 10^{14} & & & & & & & \\ 4{,}874 \cdot 10^2 & 1{,}875 \cdot 10^3 & 9{,}125 \cdot 10^3 & & & & & & \\ -9{,}293 \cdot 10_4 & 0 & 0 & 9{,}368 \cdot 10^4 & & & & & \\ 0 & -4{,}300 \cdot 10^2 & -1{,}290 \cdot 10^3 & 0 & 1{,}120 \cdot 10^5 & & & & \\ 0 & 1{,}290 \cdot 10^3 & 2{,}580 \cdot 10^3 & 1{,}858 \cdot 10^3 & -1{,}290 \cdot 10^3 & 1{,}135 \cdot 10^4 & & & \\ -4{,}221 \cdot 10^4 & 3{,}502 \cdot 10^4 & -4{,}874 \cdot 10^2 & -7{,}431 \cdot 10^2 & 0 & -1{,}858 \cdot 10^3 & 6{,}501 \cdot 10^{14} & & \\ 3{,}502 \cdot 10^4 & -2{,}937 \cdot 10^4 & -5{,}849 \cdot 10^2 & 0 & -1{,}115 \cdot 10^5 & 0 & -3{,}502 \cdot 10^4 & 6{,}501 \cdot 10^{14} & \\ 4{,}874 \cdot 10^2 & 5{,}849 \cdot 10^2 & 1{,}982 \cdot 10^3 & 1{,}858 \cdot 10^3 & 0 & 3{,}096 \cdot 10^3 & -2{,}345 \cdot 10^3 & -5{,}849 \cdot 10^2 & 1{,}016 \cdot 10^4 \end{bmatrix}$$

Resolvendo o sistema de equações obtém-se os deslocamentos:

$$\underset{\sim}{D} = \begin{Bmatrix} 1{,}1804 \cdot 10^{-3} \\ 6{,}4096 \cdot 10^{-14} \\ 6{,}5084 \cdot 10^{-5} \\ 1{,}7153 \cdot 10^{-3} \\ -1{,}6530 \cdot 10^{-6} \\ -2{,}0852 \cdot 10^{-4} \\ 7{,}6915 \cdot 10^{-14} \\ -6{,}4096 \cdot 10^{-14} \\ -3{,}1952 \cdot 10^{-4} \end{Bmatrix}$$

Para calcular as reações de apoio utilizando as forças de extremidade de elementos, para cada elemento determina-se as respectivas forças no sistema global, assim tem-se:

Elemento 1:

O vetor de deslocamentos de extremidade e de forças de extremidade, ambos no sistema global, são respectivamente:

$$\underset{\sim G}{u} = \begin{Bmatrix} 1{,}1804 \cdot 10^{-3} \\ 6{,}4096 \cdot 10^{-14} \\ 6{,}5084 \cdot 10^{-5} \\ 1{,}7153 \cdot 10^{-3} \\ -1{,}6530 \cdot 10^{-6} \\ -2{,}0852 \cdot 10^{-4} \end{Bmatrix} \qquad \underset{\sim G}{f^e} = \underset{\sim G}{k}\,\underset{\sim G}{u} = \underset{\sim}{R}^T \underset{\sim L}{k}\,\underset{\sim}{R} = \begin{Bmatrix} -49{,}706 \\ -0{,}184 \\ -0{,}200 \\ 49{,}706 \\ 0{,}184 \\ -0{,}906 \end{Bmatrix}$$

Elemento 2:

O vetor de deslocamentos de extremidade e de forças de extremidade, ambos no sistema global, são respectivamente:

$$\underset{\sim G}{u} = \begin{Bmatrix} 7{,}6915 \cdot 10^{-14} \\ -6{,}4096 \cdot 10^{-14} \\ -3{,}1952 \cdot 10^{-4} \\ 1{,}7153 \cdot 10^{-3} \\ -1{,}6530 \cdot 10^{-6} \\ -2{,}0852 \cdot 10^{-4} \end{Bmatrix} \qquad \underset{\sim G}{f^e} = \underset{\sim G}{k}\,\underset{\sim G}{u} = \underset{\sim}{R}^T \underset{\sim L}{k}\,\underset{\sim}{R} = \begin{Bmatrix} -0{,}294 \\ 0{,}184 \\ 0{,}562 \\ 0{,}294 \\ -0{,}184 \\ 0{,}906 \end{Bmatrix}$$

Elemento 3:

O vetor de deslocamentos de extremidade e de forças de extremidade, ambos no sistema global, são respectivamente:

$$\underset{\sim G}{u} = \begin{Bmatrix} 1{,}1804 \cdot 10^{-3} \\ -6{,}4096 \cdot 10^{-14} \\ 6{,}5084 \cdot 10^{-5} \\ 7{,}6915 \cdot 10^{-14} \\ -6{,}4096 \cdot 10^{-14} \\ -3{,}1952 \cdot 10^{-4} \end{Bmatrix} \qquad \underset{\sim G}{f^e} = \underset{\sim G}{k}\,\underset{\sim G}{u} = \underset{\sim}{R}^T \underset{\sim L}{k}\,\underset{\sim}{R} = \begin{Bmatrix} 49{,}706 \\ -41{,}482 \\ 0{,}200 \\ -49{,}706 \\ 41{,}482 \\ -0{,}562 \end{Bmatrix}$$

A reação no apoio 1 é obtida somando as forças de extremidade correspondentes aos nós iniciais dos elementos 1 e 3, assim tem-se:

$$\begin{Bmatrix} 0 \\ R_2 \\ 0 \end{Bmatrix} = \begin{Bmatrix} -49{,}706 \\ -0{,}184 \\ -0{,}200 \end{Bmatrix} + \begin{Bmatrix} 49{,}706 \\ -41{,}482 \\ 0{,}200 \end{Bmatrix} = \begin{Bmatrix} 0 \\ -41{,}666 \\ 0 \end{Bmatrix}$$

Note-se que nas direções sem restrição a reação é nula, conforme o esperado.
Para o nó 3 a reação é obtida pela soma das forças de extremidade no nó inicial do elemento 2 com as do nó final do elemento 3, assim tem-se:

$$\begin{Bmatrix} R_7 \\ R_8 \\ 0 \end{Bmatrix} = \begin{Bmatrix} -0{,}294 \\ 0{,}184 \\ 0{,}562 \end{Bmatrix} + \begin{Bmatrix} -49{,}706 \\ 41{,}482 \\ -0{,}562 \end{Bmatrix} = \begin{Bmatrix} -50{,}000 \\ 41{,}666 \\ 0 \end{Bmatrix}$$

9 - Forças e Deslocamentos em Seções Intermediárias do Elemento

Determinados os deslocamentos nodais vários métodos podem ser utilizados para o cálculo das forças e deslocamentos em seções intermediárias do elemento. As forças podem ser determinadas considerando o elemento como corpo livre sujeito às cargas eventualmente nele aplicadas diretamente, mais as forças de extremidade. Os deslocamentos podem ser calculados, por exemplo, com utilização das integrais de Mohr. Outra abordagem, chamada de submodelação, consiste em fazer uma análise localizada da barra, considerando os deslocamentos de suas extremidades, obtidos na análise da estrutura completa, como deslocamentos impostos. A barra é subdividida em tantos elementos quantos se queira.
Exemplo 8: Para o elemento 1 da estrutura do exemplo 1, calcular os deslocamentos da seção distante 5,0m do nó 1. Na figura E8a encontra-se a representação do elemento, agora subdividido em dois, de forma a se ter um nó coincidente com a seção de interesse, a nova numeração nodal, e eixos global e local. Na figura E8b é mostrada a numeração global dos deslocamentos.

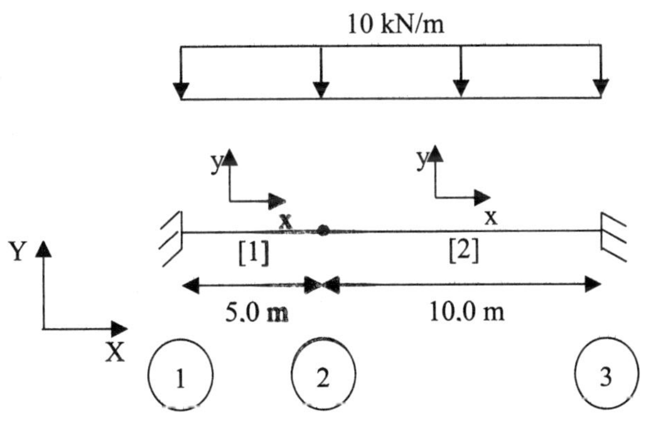

Figura E8a – Viga do exemplo 8.

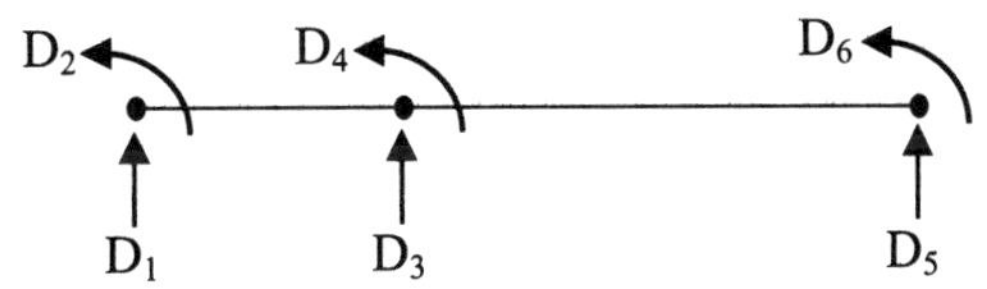

Figura E8b – Numeração global dos deslocamentos.

A matriz de rigidez da estrutura é dada por:

$$\underset{\sim}{K} = EI\begin{bmatrix} 9{,}600\cdot 10^{-2} & & & & & \text{Simétrica} \\ 2{,}400\cdot 10^{-1} & 8{,}000\cdot 10^{-1} & & & & \\ -9{,}600\cdot 10^{-2} & -2{,}400\cdot 10^{-1} & 1{,}080\cdot 10^{-1} & & & \\ 2{,}400\cdot 10^{-1} & 4{,}000\cdot 10^{-1} & -1{,}800\cdot 10^{-1} & 1{,}200 & & \\ 0 & 0 & -1{,}200\cdot 10^{-2} & -6{,}000\cdot 10^{-2} & 1{,}200\cdot 10^{-2} & \\ 0 & 0 & 6{,}000\cdot 10^{-2} & 2{,}000\cdot 10^{-1} & -6{,}000\cdot 10^{-2} & 4{,}000\cdot 10^{-1} \end{bmatrix}$$

Os deslocamentos das direções referentes aos nós 1 e 3, são conhecidos e obtidos na análise da estrutura completa, feita no exemplo 1. Esses deslocamentos entram como deslocamentos prescritos o que fornece, por hora, para o vetor deslocamentos:

$$\underset{\sim}{D} = \begin{Bmatrix} 0 \\ 0 \\ D_3 \\ D_4 \\ 0 \\ 2{,}806\cdot 10^{-4} \end{Bmatrix}$$

Resolvendo para os deslocamentos livres, que são os deslocamentos da seção a 5,0m do nó 1, obtém-se:

$$\underset{\sim L}{D} = \begin{Bmatrix} D_3 \\ D_4 \end{Bmatrix} = \begin{Bmatrix} -1{,}701\cdot 10^{-3} \\ -3{,}713\cdot 10^{-4} \end{Bmatrix}$$

Com os deslocamentos determinados, as forças de extremidade nos elementos são determinadas conforme mostrado anteriormente.

Uma outra abordagem utiliza matizes de transferência, para as forças e para os deslocamentos, para as seções intermediárias da barra. O cálculo é desenvolvido em duas etapas, na primeira considera-se que as extremidades dos elementos tenham todos os deslocamentos impedidos determinando-se as forças/deslocamentos decorrentes das ações diretamente aplicadas ao elemento. Na segunda etapa são determinados as forças/deslocamentos adicionais decorrentes dos deslocamentos de extremidade do elemento, obtidos da resolução da estrutura.

A) Cálculo das Forças:

A.1) Primeira Etapa – Forças Decorrentes das Ações Diretamente Aplicadas ao Elemento:

Seja um elemento de viga com carregamento concentrado aplicado em seção intermediária, conforme mostrado na figura 2.9.1, onde P e M representam força e momento concentrados, respectivamente, e $\bar{f}_1$, $\bar{f}_2$, $\bar{f}_3$ e $\bar{f}_4$ as forças de engastamento perfeito para as cargas aplicadas ao elemento.

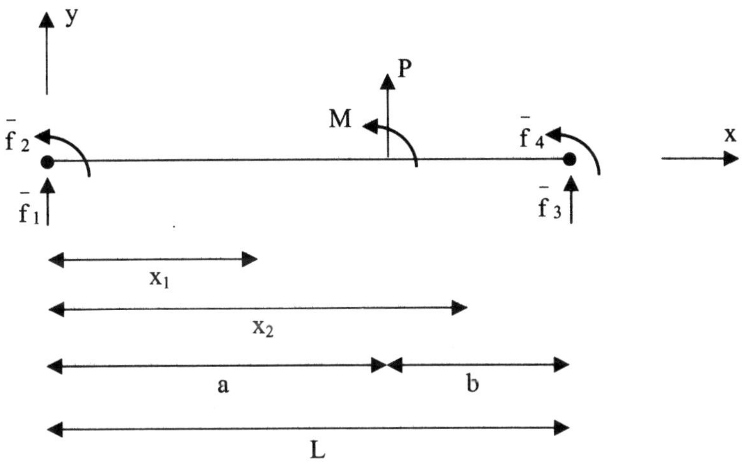

Figura 2.9.1 – Elemento de viga com carregamento concentrado.

Considerando a seção à esquerda daquela em que o carregamento é aplicado, portanto a seção distante x_1 do nó inicial da barra, as forças nela atuante, escritas em termos das forças de engastamento do nó inicial e no referencial local do elemento, são:

$$\underset{\sim L}{f}^{x_1} = \begin{bmatrix} -1 & 0 & 0 & 0 \\ x_1 & -1 & 0 & 0 \end{bmatrix} \begin{Bmatrix} \bar{f}_1 \\ \bar{f}_2 \\ \bar{f}_3 \\ \bar{f}_4 \end{Bmatrix}_L \quad \text{válido para } x_1 \leq a \qquad \text{(Equação 2.9.1)}$$

Da mesma forma, considerando a seção à direita daquela em que o carregamento é aplicado e as forças de engastamento no nó final, tem-se:

$$\underset{\sim L}{f}^{x_2} = \begin{bmatrix} 0 & 0 & -1 & 0 \\ 0 & 0 & x_2 - L & -1 \end{bmatrix} \begin{Bmatrix} \bar{f}_1 \\ \bar{f}_2 \\ \bar{f}_3 \\ \bar{f}_4 \end{Bmatrix}_L \quad \text{válido para } x_2 \geq a \qquad \text{(Equação 2.9.2)}$$

As equações 2.9.1 e 2.9.2 podem ser combinadas obtendo-se a matriz de cálculo das forças em seções da barra mostrada na equação 2.9.3, sendo $x_1 \leq a$ e $x_2 \geq a$. A matriz $\underset{\sim x}{T}$ é uma matriz que fornece as forças na seção a partir das forças de engastamento perfeito, para carregamento concentrado.

$$\underset{\sim L}{f}^{x} = \begin{bmatrix} -1 & 0 & 0 & 0 \\ x_1 & -1 & 0 & 0 \\ 0 & 0 & -1 & 0 \\ 0 & 0 & x_2 - L & -1 \end{bmatrix} \begin{Bmatrix} \bar{f}_1 \\ \bar{f}_2 \\ \bar{f}_3 \\ \bar{f}_4 \end{Bmatrix}_L = \underset{\sim x}{T} \, \underset{\sim L}{\bar{f}} \qquad \text{(Equação 2.9.3)}$$

O vetor de forças de engastamento perfeito para carregamento concentrado pode ser escrito em função da carga como:

$$\underset{\sim L}{\bar{f}} = \begin{bmatrix} -\dfrac{b^2\cdot(3a+b)}{L^3} & \dfrac{6ab}{L^3} \\ -\dfrac{ab^3}{L^2} & \dfrac{b\cdot(2a-b)}{L^2} \\ -\dfrac{a^2\cdot(a+3b)}{L^3} & -\dfrac{6ab}{L^3} \\ \dfrac{a^2b}{L^2} & \dfrac{a\cdot(2b-a)}{L^2} \end{bmatrix} \begin{Bmatrix} P \\ M \end{Bmatrix} = \underset{\sim}{\bar{T}} \cdot \begin{Bmatrix} P \\ M \end{Bmatrix} \qquad \text{(Equação 2.9.4)}$$

Onde $\underset{\sim}{\bar{T}}$ é a matriz para cálculo das forças de engastamento perfeito para carga concentrada aplicada no elemento. Substituindo a equação 2.9.4 na equação 2.9.3 obtém-se:

$$\underset{\sim L}{f^x} = \underset{\sim x}{T}\ \underset{\sim}{\bar{T}} \cdot \begin{Bmatrix} P \\ M \end{Bmatrix} = \underset{\sim f}{T} \cdot \begin{Bmatrix} P \\ M \end{Bmatrix} \qquad \text{(Equação 2.9.5)}$$

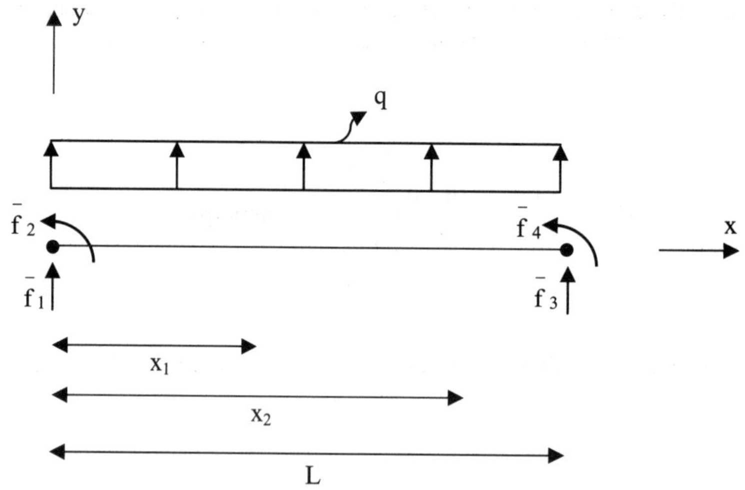

Figura 2.9.2 – Elemento de viga com carregamento distribuído uniforme total.

Em que a matriz $\underset{\sim f}{T}$ é a matriz de transferência de forças para seções posicionadas em lados opostos da seção de aplicação da carga concentrada.

Seja agora o elemento de viga com carregamento distribuído uniforme total, conforme mostrado na figura 2.9.2, as forças na seção distante x1 do nó inicial em função das forças de engastamento perfeito do nó inicial e no referencial do elemento são:

$$\underset{\sim L}{f^{x_1}} = \begin{bmatrix} 2x_1 - 1 & 0 & 0 & 0 \\ \dfrac{Lx_1 - x_1^2}{L} & -1 & 0 & 0 \end{bmatrix} \begin{Bmatrix} \bar{f}_1 \\ \bar{f}_2 \\ \bar{f}_3 \\ \bar{f}_4 \end{Bmatrix}_L \qquad \text{(Equação 2.9.6)}$$

De forma semelhante para a seção distante x2 no inicial e considerando as forças de engastamento do nó final, chega-se à:

$$\underset{\sim L}{f}^{x_2} = \begin{bmatrix} 0 & 0 & -\dfrac{2x_2}{L}+1 & 0 \\ 0 & 0 & \dfrac{2x_2^2 - x_2}{L} & -1 \end{bmatrix} \begin{Bmatrix} \bar{f}_1 \\ \bar{f}_2 \\ \bar{f}_3 \\ \bar{f}_4 \end{Bmatrix}_L \qquad \text{(Equação 2.9.7)}$$

Combinando as equações 2.9.6 e 2.9.7 obtém-se:

$$\underset{\sim L}{f}^{x} = \begin{bmatrix} 2x_1 - 1 & 0 & 0 & 0 \\ \dfrac{Lx_1 - x_1^2}{L} & -1 & 0 & 0 \\ 0 & 0 & -\dfrac{2x_2}{L}+1 & 0 \\ 0 & 0 & \dfrac{2x_2^2 - x_2}{L} & -1 \end{bmatrix} \begin{Bmatrix} \bar{f}_1 \\ \bar{f}_2 \\ \bar{f}_3 \\ \bar{f}_4 \end{Bmatrix}_L = \underset{\sim x}{T}\,\underset{\sim L}{\bar{f}} \qquad \text{(Equação 2.9.8)}$$

Neste caso $\underset{\sim x}{T}$ é a matriz que fornece as forças na seção a partir das forças de engastamento perfeito, para carga distribuída uniforme total. As forças de engastamento podem ser escritas como:

$$\underset{\sim L}{\bar{f}} = \begin{Bmatrix} -\dfrac{L}{2} \\ -\dfrac{L^2}{12} \\ -\dfrac{L}{2} \\ \dfrac{L^2}{12} \end{Bmatrix} q = \underset{\sim}{\bar{T}}\,q \qquad \text{(Equação 2.9.9)}$$

Que fornece a partir da equação 2.9.8:

$$\underset{\sim L}{f}^{x} = \underset{\sim x}{T}\,\underset{\sim}{\bar{T}}\,q = \underset{\sim f}{T}\,q \qquad \text{(Equação 2.9.10)}$$

Em que neste caso $\underset{\sim f}{T}$ representa a matriz de transferência de forças para seções intermediárias do elemento para carga distribuída uniforme.

A.2) Segunda Etapa– Forças Decorrentes dos Deslocamentos das Extremidades do Elemento:

Nesta etapa são calculadas as forças na seção devidas aos deslocamentos de extremidade do elemento. As forças de extremidade no sistema local do elemento, devidas aos deslocamentos são determinadas pelo produto da matriz de rigidez $\underset{\sim L}{k}$ do elemento pelo vetor de deslocamentos $\underset{\sim L}{u}$, assim tem-se:

$$\underset{\sim L}{\bar{f}}^{e} = \underset{\sim L}{k}\,\underset{\sim L}{u} \qquad \text{(Equação 2.9.11)}$$

Onde $\underset{\sim L}{\bar{f}}^{e}$ representa as forças de extremidade no sistema local do elemento devidas aos deslocamentos de extremidade. Determinadas as forças de extremidade as forças nas seção são determinadas por:

$$\underset{\sim L}{f}^{D_x} = \underset{\sim x}{T}\,\underset{\sim L}{k}\,\underset{\sim L}{u} \qquad \text{(Equação 2.9.12)}$$

Sendo $\underset{\sim x}{T}$ a mesma matriz mostrada na equação 2.9.3.

As forças finais são obtidas somando os efeitos das duas etapas, assim tem-se:

$$\underset{\sim \text{Final}_L}{f^x} = \underset{\sim L}{f^x} + \underset{\sim L}{f^{D_x}} \qquad \text{(Equação 2.9.13)}$$

B) Cálculo dos Deslocamentos:

B.1) Primeira Etapa – Deslocamentos Decorrentes das Ações Diretamente Aplicadas ao Elemento:

Seja um elemento de viga com carregamento concentrado aplicado em seção intermediária, conforme mostrado na figura 2.9.3, onde P e M representam força e momento concentrados, respectivamente, e $\bar{f}_1$, $\bar{f}_2$, $\bar{f}_3$ e $\bar{f}_4$ as forças de engastamento perfeito. Os deslocamentos para seção intermediária do elemento em função da força de extremidade são dados por:

$$\underset{\sim L}{u^x} = \begin{bmatrix} \dfrac{x_1^3}{6EI} & -\dfrac{x_1^2}{2EI} & 0 & 0 \\ \dfrac{x_1^2}{2EI} & -\dfrac{x_1}{EI} & 0 & 0 \\ 0 & 0 & \dfrac{(L-x_2)^3}{6EI} & \dfrac{(L-x_2)^2}{2EI} \\ 0 & 0 & -\dfrac{(L-x_2)^2}{2EI} & -\dfrac{(L-x_2)}{EI} \end{bmatrix} \begin{Bmatrix} \bar{f}_1 \\ \bar{f}_2 \\ \bar{f}_3 \\ \bar{f}_4 \end{Bmatrix}_L = \underset{\sim u_x}{T}\ \underset{\sim L}{\bar{f}} \qquad \text{(Equação 2.9.14)}$$

A matriz $\underset{\sim u_x}{T}$ é a matriz de transferência para deslocamentos de seção intermediária do elemento, observando-se que deve-se ter $x_1 \le a$ e $x_2 \ge a$.

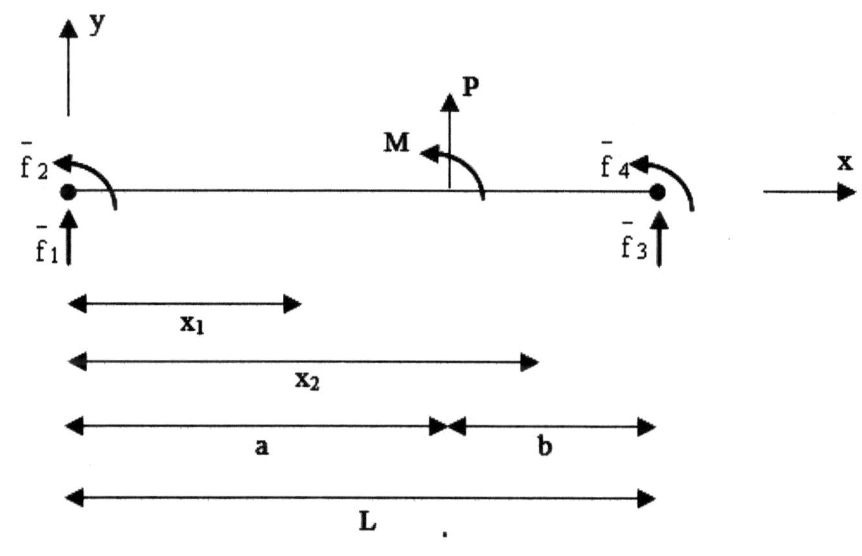

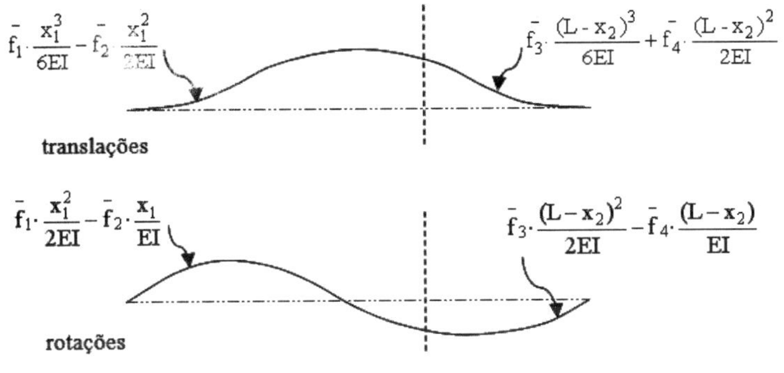

Figura 2.9.3 –Deslocamento em seção de elemento.

Considerando carga distribuída uniforme total tem-se para a matriz $\underset{\sim u_x}{T}$:

$$\underset{\sim u_x}{T} = \frac{1}{EI}\begin{bmatrix} -\frac{x_1^4}{12L}+\frac{x_1^3}{6} & -\frac{x_1^2}{2} & 0 & 0 \\ -\frac{x_1^3}{3L}+\frac{x_1^2}{2} & -x_1 & 0 & 0 \\ 0 & 0 & -\frac{(L-x_2)^4}{12L}+\frac{(L-x_2)^3}{6} & \frac{(L-x_2)^2}{2} \\ 0 & 0 & \frac{(L-x_2)^3}{3L}-\frac{(L-x_2)^2}{L} & -(L-x_2) \end{bmatrix} \quad \text{(Equação 2.9.15)}$$

A equação 2.9.14 permanece válida desde que se utilize as forcas de engastamento perfeito para carga distribuída uniforme total.

B.2) Segunda Etapa– Deslocamentos da Seção Devido aos Deslocamentos das Extremidades do Elemento:

Os deslocamentos da seção, nesta etapa, podem ser obtidos somando os deslocamentos das extremidades do elemento como corpo rígido, com os deslocamentos da seção em relação a tangente à curva elástica, nas extremidades do elemento, qualquer extremidade pode ser utilizada como referência.

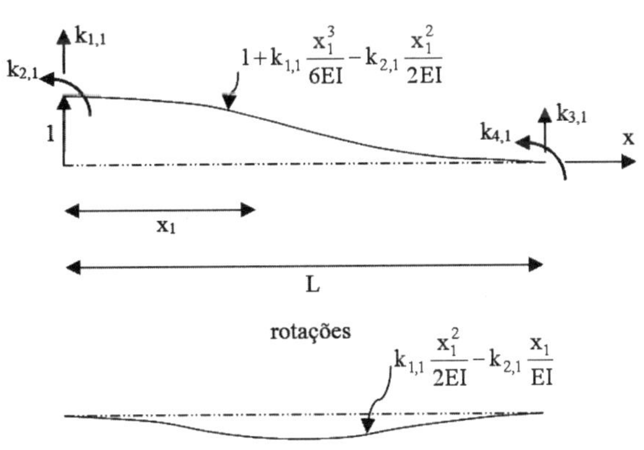

Figura 2.9.4 –Deslocamentos de seção devido à translação unitária da extremidade.

Nas figuras 2.9.4 e 2.9.5 são mostrados os deslocamentos de seção devido à translação unitária e ao deslocamento de corpo rígido das extremidades, respectivamente. Os deslocamentos devido aos deslocamentos de extremidade são dados por:

$$\underset{\sim L}{u}^{DE_x} = \underset{\sim u_x}{T}\,\underset{\sim L}{k}\,\underset{\sim L}{u} \qquad \text{(Equação 2.9.16)}$$

Sendo a matriz $\underset{\sim u_x}{T}$ a mesma dada pela equação 2.9.14.

Os deslocamentos de corpo rígido, considerando a figura 2.9.5, são escritos como:

$$\underset{\sim L}{u}^{CR_x} = \underset{\sim}{T}^{CR}\,\underset{\sim L}{u} \qquad \text{(Equação 2.9.17)}$$

Em que a matriz $\underset{\sim}{T}^{CR}$ obtida, considerando a figura 2.95, é dada por:

$$\underset{\sim}{T}^{CR} = \begin{bmatrix} 1 & x_1 & 0 & 0 \\ 0 & 1 & 0 & 0 \\ 0 & 0 & 1 & -(L-x_2) \\ 0 & 0 & 0 & 1 \end{bmatrix} \qquad \text{(Equação 2.9.18)}$$

Resumindo a segunda etapa tem-se:

$$\underset{\sim L}{u}^{D} = (\underset{\sim}{T}^{CR} + \underset{\sim u_x}{T}\,\underset{\sim L}{k})\,\underset{\sim L}{u} \qquad \text{(Equação 2.9.19)}$$

Os deslocamentos finais são obtidos somando os efeitos das duas etapas, assim tem-se:

$$\underset{\sim Final_L}{u}^{x} = \underset{\sim L}{u}^{x} + \underset{\sim L}{u}^{D} \qquad \text{(Equação 2.9.20)}$$

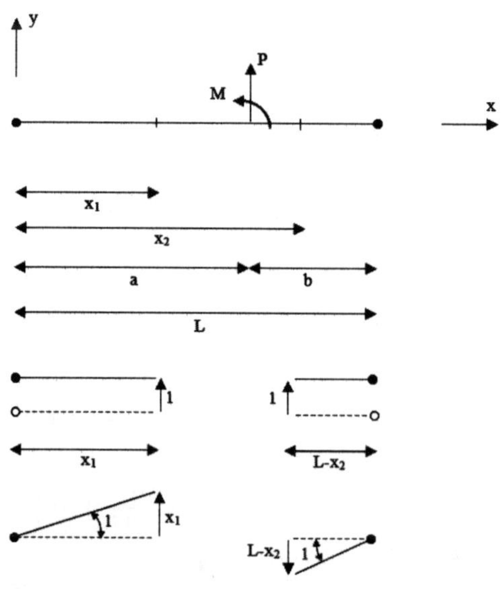

Figura 2.9.5 –Deslocamentos de corpo rígido.

Exemplo 9: Calcular os deslocamentos da seção de aplicação da carga concentrada, do elemento 2 da viga contínua do exemplo 1.

Solução:

Os deslocamentos de extremidade do elemento e forças de engastamento perfeito, ambas no sistema local, obtidos da solução do exemplo 1, são respectivamente:

$$\underset{\sim L}{u} = \begin{Bmatrix} 0 \\ 1{,}047 \cdot 10^{-4} \\ 0 \\ 2{,}806 \cdot 10^{-4} \end{Bmatrix} \qquad \underset{\sim L}{\bar{f}} = \begin{Bmatrix} -39{,}2 \\ -73{,}5 \\ -10{,}8 \\ 31{,}5 \end{Bmatrix}$$

Considerando nas equações 2.9.1.14 e 2.9.1.18 $x_1 = x_2 = 3{,}0$ m obtém-se respectivamente:

$$\underset{\sim u_x}{T} = \frac{1}{EI}\begin{bmatrix} 4{,}5 & -4{,}5 & 0 & 0 \\ 4{,}5 & -3{,}0 & 0 & 0 \\ 0 & 0 & 57{,}167 & 25{,}5 \\ 0 & 0 & -24{,}5 & -7{,}0 \end{bmatrix} \qquad \underset{\sim}{T^{CR}} = \begin{bmatrix} 1 & 3{,}0 & 0 & 0 \\ 0 & 1 & 0 & 0 \\ 0 & 0 & 1 & -7{,}0 \\ 0 & 0 & 0 & 1 \end{bmatrix}$$

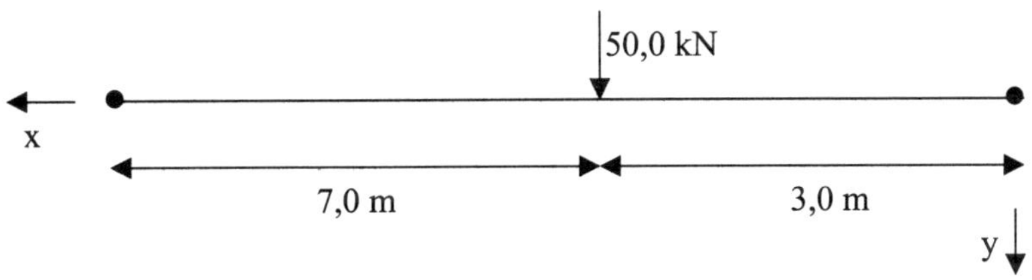

Figura E9a – Seção para cálculo de deslocamento.

Os deslocamentos finais da seção são:

$$\underset{\sim Final_L}{u} = \underset{\sim L}{u^x} + \underset{\sim L}{u^D} = \underset{\sim u_x}{T}\,\underset{\sim L}{\bar{f}} + (\underset{\sim}{T^{CR}} + \underset{\sim u_x}{T}\,\underset{\sim}{k})\underset{\sim L}{u} = \begin{Bmatrix} 1{,}829 \cdot 10^{-4} \\ -2{,}467 \cdot 10^{-5} \\ 1{,}829 \cdot 10^{-4} \\ -2{,}467 \cdot 10^{-5} \end{Bmatrix}$$

Exercícios propostos:

E.1 - Seja a treliça plana, mostrada na figura EP1, com todas as barras de seção constante, área transversal de 20,5 cm^2 e material com módulo de elasticidade de 205,0 GPa. Pede-se o deslocamento vertical do nó A.

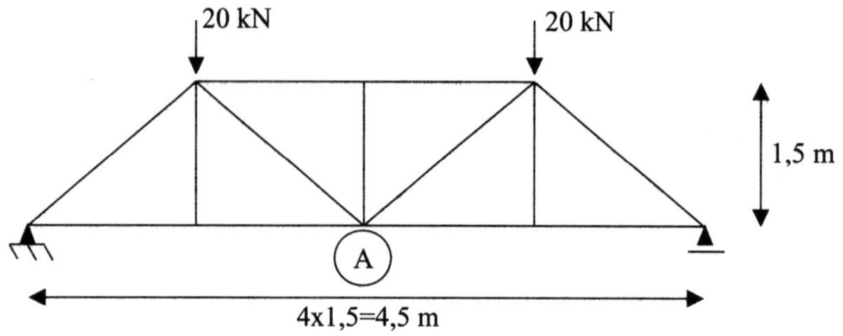

Figura EP1

E.2 - Resolva o pórtico plano mostrado na figura EP2 considerando todas as barras iguais com área transversal de 155,0 cm^2, momento de inércia de 36.600,0 cm^4 e módulo de elasticidade de 205,0 GPa.

E.3- Considere que o elemento 3 da estrutura, mostrada na figura EP2, tenha uma articulação de momento na extremidade junto ao nó 3. Considerando o mesmo carregamento, resolva a estrutura.

E.4- Considere que todos os elementos da estrutura mostrada na figura EP2 sofram um aumento de temperatura de 25^0 C. Sendo o coeficiente de dilatação térmica do material igual a 10^{-5} resolva a estrutura.

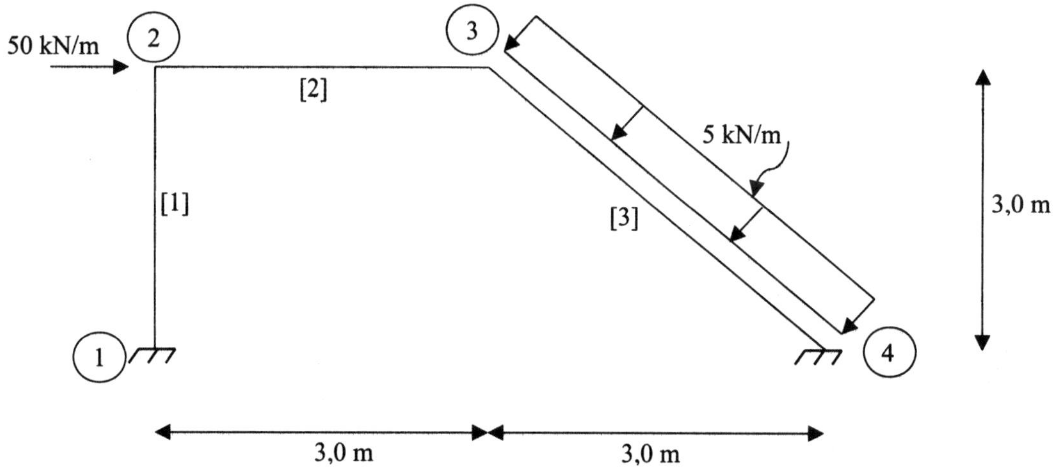

Figura EP2

3

IMPLEMENTAÇÃO

1 – Montagem Automática da Matriz de Rigidez

Para a montagem automática da matriz de rigidez da estrutura, é necessário determinar para cada elemento os deslocamentos associados, o que é feito com a utilização de um vetor de correlação dos deslocamentos. Seja, por exemplo, o elemento de pórtico plano mostrado na figura 3.1.1, onde são mostrados os eixos globais, os eixos locais e as componentes globais dos deslocamentos nodais. As letras minúsculas i e j representam, respectivamente, os nós inicial e final do elemento.

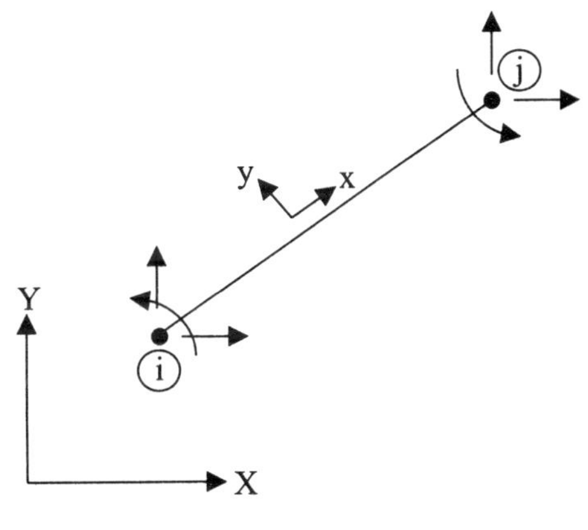

Figura 3.1.1 – Elemento pórtico plano.

Sendo ndesno o número de deslocamentos por nó do modelo, no caso da treliça plana ndesno é igual a 2 (para outros modelos consultar a tabela 1.1.1 do Capítulo 1), e seguindo-se a regra de numeração de deslocamentos já apresentada no Capítulo 1, tem-se para o vetor de correlação dos deslocamentos, considerando uma barra de pórtico espacial:

$$\underset{\sim}{Q} = \begin{Bmatrix} (i-1)\text{ndesno}+1 \\ (i-1)\text{ndesno}+2 \\ (i-1)\text{ndesno}+3 \\ (j-1)\text{ndesno}+1 \\ (j-1)\text{ndesno}+2 \\ (j-1)\text{ndesno}+3 \end{Bmatrix} \qquad \text{(Equação 3.1.1)}$$

O vetor de correlação fornece o número das direções ou das equações cujos coeficientes de rigidez recebem contribuições do elemento em questão. Considerando serem NroDeElementos, NroNosDoElemento, NroDeDeslocPorNo e NroDeDeslocPorElemento, respectivamente o número de elementos, número de nós do elemento, número de deslocamento por nó e o número de deslocamentos por elemento, o procedimento a seguir faz a montagem completa da matriz de rigidez global da estrutura, qual seja:

```
procedure MontarMatrizDeRigidezDaEstruturaFormaCompleta;
var
 I,j,s,m,z:integer;
 Q:array[1..2* NroDeDeslocPorNo] of integer;
 kg:array of array of real;
{a matriz MRigidez armazena a matriz de rigidez da estrutura e deve ser uma variável global
  Elemento é uma variável com os dados dos elementos, como o número dos nós do elemento, etc.,
  definida globalmente}
begin
 setlength(kg, NroDeDeslocPorElemento+1, NroDeDeslocPorElemento+1);
 for i:=1 to NroDeElementos do
 begin
  {colocar aquí o cálculo da matriz de rigidez, no sistema global, do elemento de ordem i, armazenada
   na matriz kg}
  z:=0;
  for j:=1 to NroNosDoElemento do
  begin
   for s:=1 to NroDeDeslocPorNo do
   begin
    z:=z+1;
    m:=NroDeDeslocPorNo *( Elemento[i] .Ndn[j] - 1) + s;
    Q[z]:=m;
   end;{for s}
  end;{for j}
  for j:=1 to NroDeDeslocPorElemento do
  for s:=1 to NroDeDeslocPorElemento do
  begin
   MRigidez[Q[j],Q[s]]:= MRigidez[Q[j],Q[s]] + kg[j,s];
  end;{for s}
 end;{for j}
 end;{for i}
 if kg<>nil then kg:=nil;
end;{fim do procedimento}
```

No procedimento acima e nos seguintes a matriz Elemento é uma variável global que contém todas as informações dos elementos, como os números dos nós (campo Ndn), tipo de material e de seção, etc. A matriz MRigidez é a área de armazenamento da matriz de rigidez da estrutura, sendo esta armazenada de forma completa a matriz MRigidez é quadrada com o número de linhas e de colunas igual ao número total de deslocamentos da estrutura. A montagem da matriz é feita de forma sequencial, segundo a numeração dos elementos, sendo inicialmente determinado o vetor de correlação de deslocamentos Q e, na sequência, feita a acumulação dos termos da matriz de rigidez do elemento nos termos da matriz MRigidez.

Sendo a matriz de rigidez simétrica seu armazenamento na forma completa, ou seja, como matriz quadrada, não é eficiente em termos de aproveitamento da memória do computador, em especial quando se tem sistemas com milhares de graus de liberdade. Isto por que sendo o elemento de ordem (i,j) igual ao de ordem (j,i), devido à simetria da matriz, o mesmo valor estará sendo armazenado duas vezes. Além da simetria, as matrizes de rigidez apresentam a característica de terem um grande número de coeficientes nulos. A relação entre o número de coeficientes nulos e o número total de coeficientes é chamada de índice de esparcidade. Este índice pode alcançar 80 a 90% ou mais, variando com a sequência com que os nós são conectados pelos elementos da estrutura e com a numeração nodal. Em uma numeração nodal conveniente os coeficientes não nulos e se distribuem ao longo da diagonal principal formando uma região, acima e abaixo da diagonal, com largura S em número de termos, chamada de semilargura de banda ou de largura da faixa, conforme mostrado na figura 3.1.2 onde as posições com x minúsculo representam os termos não nulos e com X maúsculo os termos da diagonal principal. A largura S pode ser calculada como:

$$S = (\text{MaxDifNum Nodal} + 1)\text{NroDeslo cPorNo} \qquad \text{(Equação 3.1.2)}$$

Onde MaxDifNumNodal representa a máxima diferença entre os números dos nós de um mesmo elemento, dentre todos os elementos constituintes da estrutura.

$$
\underset{\sim}{K} = \overbrace{\begin{bmatrix}
X & x & x & x & 0 & 0 & 0 & 0 \\
x & X & x & x & x & 0 & 0 & 0 \\
x & x & X & x & x & x & 0 & 0 \\
x & x & x & X & x & x & x & 0 \\
0 & x & x & x & X & x & x & x \\
0 & 0 & x & x & x & X & x & x \\
0 & 0 & 0 & x & x & x & X & x \\
0 & 0 & 0 & 0 & x & x & x & X
\end{bmatrix}}^{S}
$$

S — diagonal principal

Figura 3.1.2 – Distribuição dos coeficientes não nulos.

O armazenamento pode ser feito considerando apenas a faixa de largura S, como uma matriz retangular na forma:

$$
\underset{\sim}{K} = \overbrace{\begin{bmatrix}
X & x & x & x \\
X & x & x & x \\
X & x & x & x \\
X & x & x & x \\
X & x & x & x \\
X & x & x & 0 \\
X & x & 0 & 0 \\
X & 0 & 0 & 0
\end{bmatrix}}^{S}
$$

Figura 3.1.3 – Armazenamento da matriz em forma retangular.

O procedimento a seguir faz a montagem da matriz de rigidez na forma retangular.

```
procedure MontarMatrizDeRigidezDaEstruturaFormaRetangular;
var
 I,j,s,m,z:integer;
 Q:array[1..2* NroDeDeslocPorNo] of integer;
 kg:array of array of real;
{a matriz MRigidez armazena a matriz de rigidez da estrutura e deve ser uma variável global
 Elemento é uma variável com os dados dos elementos, como o número dos nós do elemento, etc.,
 definida globalmente}
begin
 setlength(kg, NroDeDeslocPorElemento+1, NroDeDeslocPorElemento+1);
 for i:=1 to NroDeElementos do
 begin
  {colocar aquí o cálculo da matriz de rigidez, no sistema global, do elemento de ordem i, armazenada
   na matriz kg}
  z:=0;
  for j:=1 to NroNosDoElemento do
  begin
   for s:=1 to NroDeDeslocPorNo do
   begin
    z:=z+1;
    m:=NroDeDeslocPorNo *( Elemento[i] .Ndn[j] - 1) + s;
```

```
      Q[z]:=m;
     end;{for s}
    end;{for j}
    for j:=1 to NroDeDeslocPorElemento do
    for s:=1 to NroDeDeslocPorElemento do
    begin
     if Q[s]>=Q[j]
     then begin
            C:=Q[s] – Q[j] + 1;
            MRigidez[Q[j],C]:= MRigidez[Q[j],C] + kg[j,s];
          end;
    end;{for s}
   end;{for j}
  end;{for i}
  if kg<>nil then kg:=nil;
 end;{fim do procedimento}
```

No procedimento acima a área de armazenamento MRigidez é uma variável global, definida como uma matriz retangular com S colunas, determinado conforme a equação 3.1.2, e com número de linhas igual ao número do total de deslocamentos da estrutura. Considerando que os coeficientes armazenados são os da parte superior da matriz, em relação à diagonal principal, o coeficiente [i,j] com j>i, ocupa no arranjo retangular a posicao [i,j-i+1].
O armazenamento da matriz de rigidez na forma de um vetor é possível de ser feito. Considerando a parte superior da matriz, o armazenamento das colunas, conforme mostrado na figura 3.1.4, a partir do primeiro elemento não nulo da coluna constitui a técnica do perfil, em que a matriz é armazenada em um arranjo unidimensional na forma de vetor.

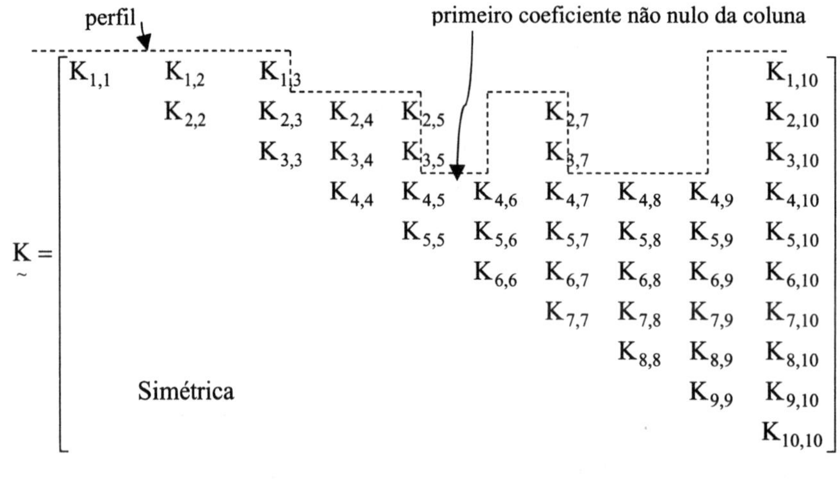

Figura 3.1.4 – Armazenamento em perfil.

Os termos da matriz são armazenados de forma sequencial, a partir do termo mais afastado da diagonal principal, conforme mostrado na figura 3.1.5.

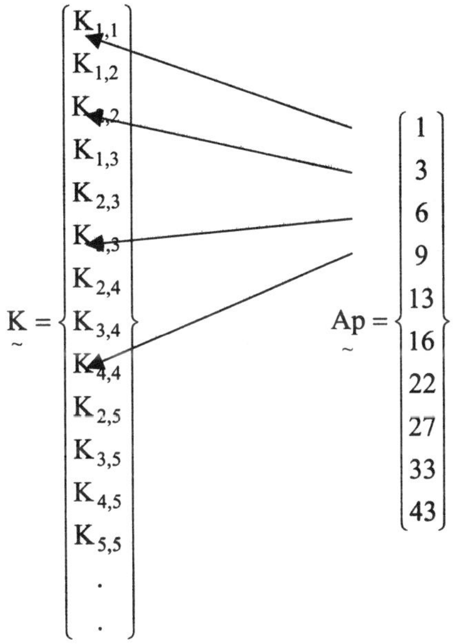

Figura 3.1.5 – Matriz de rigidez armazenada na forma de vetor e o vetor apontador.

O vetor apontador informa as posições ocupadas pelos termos da diagonal principal dentro do vetor de armazenamento da matriz de rigidez. Este vetor é fundamental para gerenciamento da matriz de rigidez. Assim, considerando novamente a figura 3.1.5, na terceira posição do vetor apontador encontra-se o número 6, significando que o elemento de ordem [3,3] encontra-se na sexta posição do vetor de armazenamento da matriz de rigidez. Considerando a coluna de ordem i, sua altura efetiva em número de termos é obtida pela diferença entre a posição do termo i e [i - 1] do vetor apontador, excetuando-se a coluna 1 para a qual a altura é sempre unitária.

O procedimento a seguir, onde NroDeNos representa o número de nós do modelo, faz a montagem do vetor apontador.

```
procedure MontarVetorApontador;
 var
  NoI,
  d,
  i,j,k,
  m,n:integer;
 { o vetor Ap armazena o vetor apontador e deve ser uma variável  definida
  como global com o número de elementos igual a número total de
  deslocamentos da estrutura}
 begin
  setlength(Ap, NroDeDeslocPorNo*NroDeNos + 1);
  for i:=1 to NroDeElementos do
  begin
   NoI:=1;
   for j:=2 to NroNosDoElemento do
   begin
    if Elemento[i].Ndn[j]<Elemento[i].Ndn[NoI] then NoI:=j;
   end;{for j}
   n:=NroDeDeslocPorNo*(Elemento[i].Ndn[NoI]-1) + 1;
   for j:=1 to NroNosDoElemento do
   begin
    for k:=1 to NroDeDeslocPorNo do
    begin
     m:= NroDeDeslocPorNo*( Elemento[i].Ndn[j]-1) + k;
     d:=m-n+1;
     if Ap[m]<d then Ap[m]:=d;
    end;{for k}
   end;{for j}
  end;{for i}
  for i:=2 to NroDeDeslocPorNo*NroDeNos do Apr[i]:=Ap[i-1]+Ap[i];
 end;{fim do procedimento}
```

O procedimento a seguir monta a matriz de rigidez da estrutura em forma de perfil, após a montagem do vetor apontador.

```
procedure MontarMatrizDeRigidezEmPerfil;
var
 i,j,k,m,z:integer;
 Q:array[1..2* NroDeDeslocPorNo] of integer;
begin
 setlength(MRigidez,Ap [NroDeDeslocPorNo*NroDeNos] + 1);
 for i:=1 to NroDeElementos do
 begin
  {colocar aqui o cálculo da matriz de rigidez, no sistema global, do elemento de ordem i, armazenada
   na matriz kg}
  z:=0;
  for j:=1 to NroNosDoElemento do
  begin
   for k:=1 to NroDeDeslocPorNo do
   begin
    z:=z+1;
    m:= NroDeDeslocPorNo*(Elemento[i].Ndn[j] - 1) + k;
    Q[z]:=m;
   end;{for k}
  end;{for j}
  for j:=1 to NroNosDoElemento* NroDeDeslocPorNo do
  begin
   for k:=1 to NroNosDoElemento* NroDeDeslocPorNo do
   begin
    if Q[k]>=Q[j]
    then begin
        m:=Ap[Q[k]] + Q[j] - Q[k];
        MRigidez[m]:=MRigidez[m] + Kg[j,k];
       end;
   end;{for k}
  end;{for j}
 end;{for i}
end;{fim do procedimento}
```

2 – Resolução do Sistema de Equações

Obtido o sistema de equações de equilíbrio do modelo, é necessário resolve-lo para a obtenção dos deslocamentos nodais. Considerando, como é o caso, um sistema de equações algébricas lineares como o da equação 3.2.1, os métodos de solução podem ser classificados como métodos diretos e métodos iterativos. Nos métodos diretos os valores das incógnitas são obtidos diretamente com a utilização de uma sequência pré-definida de operações. Nos métodos iterativos valores iniciais para as incógnitas são arbitrados e por aproximações sucessivas a solução é alcançada. Ambas as alternativas apresentam vantagens. Entretanto, os métodos diretos têm sido os mais utilizados.

$$\underset{\sim}{K}\,\underset{\sim}{D} = \underset{\sim}{F} \qquad \text{(Equação 3.2.1)}$$

Sendo a matriz $\underset{\sim}{K}$, mostrada na equação 3.2.1, uma matriz de rigidez de um modelo estrutural convenientemente vinculado, é não singular, quadrada e simétrica. Os vetores $\underset{\sim}{D}$ e $\underset{\sim}{F}$ representam respectivamente os deslocamentos e cargas nodais combinadas. Nos métodos diretos de solução procura-se transformar o sistema original em um outro em que a matriz de coeficientes seja uma matriz triangular, superior ou inferior. Portanto, seja a equação 3.2.1 agora escrita na forma:

$$\underset{\sim}{Z}\,\underset{\sim}{K}\,\underset{\sim}{D} = \underset{\sim}{Z}\,\underset{\sim}{F} \qquad \text{(Equação 3.2.2)}$$

Sendo a matriz $\underset{\sim}{Z}$ uma matriz quadrada que multiplicada pela matriz $\underset{\sim}{K}$ resulta uma matriz triangular, podendo ser superior ou inferior. Reescrevendo a equação 3.2.2 na forma:

$$\underset{\sim}{T}\,\underset{\sim}{D} = \underset{\sim}{X} \qquad \text{(Equação 3.2.3)}$$

Sendo:

$$\underset{\sim}{T} = \underset{\sim}{Z}\,\underset{\sim}{K} \qquad \text{(Equação 3.2.4a)}$$

$$\underset{\sim}{X} = \underset{\sim}{Z}\,\underset{\sim}{F} \qquad \text{(Equação 3.2.4b)}$$

A matriz $\underset{\sim}{T}$ pode ser ortogonal ou não. Não sendo ortogonal a transformação é chamada de elementar levando a um menor número de operações aritméticas, quando comparado com o número de operações exigido no caso da matriz ser ortogonal. Como a matriz $\underset{\sim}{K}$ é simétrica é possível escrever:

$$\underset{\sim}{K} = \underset{\sim}{L}\,\underset{\sim}{H}\,\underset{\sim}{L}^{T} \qquad \text{(Equação 3.2.5)}$$

A matriz $\underset{\sim}{L}$ é triangular inferior com coeficientes unitários na diagonal principal e a matriz $\underset{\sim}{H}$ é uma matriz diagonal. Como a matriz $\underset{\sim}{K}$ é positiva definida tem-se a garantia de que os coeficientes da diagonal da matriz $\underset{\sim}{H}$ são positivos, o que permite escrever:

$$\underset{\sim}{C} = \underset{\sim}{H}^{1/2}\,\underset{\sim}{L}^{T} \qquad \text{(Equação 3.2.6)}$$

$$\underset{\sim}{K} = \underset{\sim}{C}^{T}\,\underset{\sim}{C} \qquad \text{(Equação 3.2.7)}$$

A matriz $\underset{\sim}{C}$ é uma matriz triangular superior. Substituindo a equação 3.2.7 na equação 3.2.1 obtém-se:

$$\underset{\sim}{C}^{T}\,\underset{\sim}{C}\,\underset{\sim}{D} = \underset{\sim}{F} \qquad \text{(Equação 3.2.8)}$$

Seja a variável auxiliar $\underset{\sim}{Y}$ dada por:

$$\underset{\sim}{Y} = \underset{\sim}{C}\,\underset{\sim}{D} \qquad \text{(Equação 3.2.9)}$$

Substituindo a equação 3.2.9 na equação 3.2.8 tem-se:

$$\underset{\sim}{C}^{T}\,\underset{\sim}{Y} = \underset{\sim}{F} \qquad \text{(Equação 3.2.10)}$$

A solução da equação 3.2.10 fornece os valores para a variável auxiliar $\underset{\sim}{Y}$ que substituídos na equação 3.2.9 fornece os da variável $\underset{\sim}{D}$. A matriz $\underset{\sim}{C}$ é chamada de Fator de Cholesky. O Método de Cholesky é adequado a resolução de sistemas de equações algébricas lineares com a matriz de coeficientes positiva definida. Considerando a equação 3.2.7 obtém-se:

$$K_{i,j} = \sum_{m=1}^{i} C_{m,i} C_{m,j} \text{ , sendo } i \geq j \qquad \text{(Equação 3.2.11)}$$

Para o elemento da diagonal principal tem-se:

$$K_{i,i} = \sum_{m=1}^{i} {C_{m,i}}^{2} = C_{i,i}^{2} + \sum_{m=1}^{i-1} {C_{m,i}}^{2} \qquad \text{(Equação 3.2.12)}$$

Que fornece:

$$C_{i,i} = \sqrt{K_{i,i} - \sum_{m=1}^{i-1} C_{m,i}^{\ 2}} \qquad \text{(Equação 3.2.13)}$$

Isolando-se o elemento $C_{i,i}$ a equação 3.2.11 pode ser reescrita na forma:

$$K_{i,j} = \sum_{m=1}^{i-1} C_{m,i} C_{m,j} + C_{i,i} C_{i,j} \qquad \text{(Equação 3.2.14)}$$

Permitindo escrever:

$$C_{i,j} = \frac{K_{i,j} - \sum_{m=1}^{i-1} C_{m,i} C_{m,j}}{C_{i,i}} \qquad \text{(Equação 3.2.15)}$$

Observando a equação 3.2.13 verifica-se que na obtenção do coeficiente $C_{i,i}$ são utilizados apenas os coeficientes da coluna i. Já a equação 3.2.15 indica que para a obtenção dos coeficientes $C_{i,j}$, $i \geq j$, são necessários os coeficientes das colunas i e j. Na figura 3.2.1 estão dois fluxogramas para a obtenção do fator de Cholesky, o da parte (a) da figura trabalha segundo as linhas da matriz, já o da parte (b) trabalha segundo as colunas, este último é adequado à técnica de armazenamento em perfil.

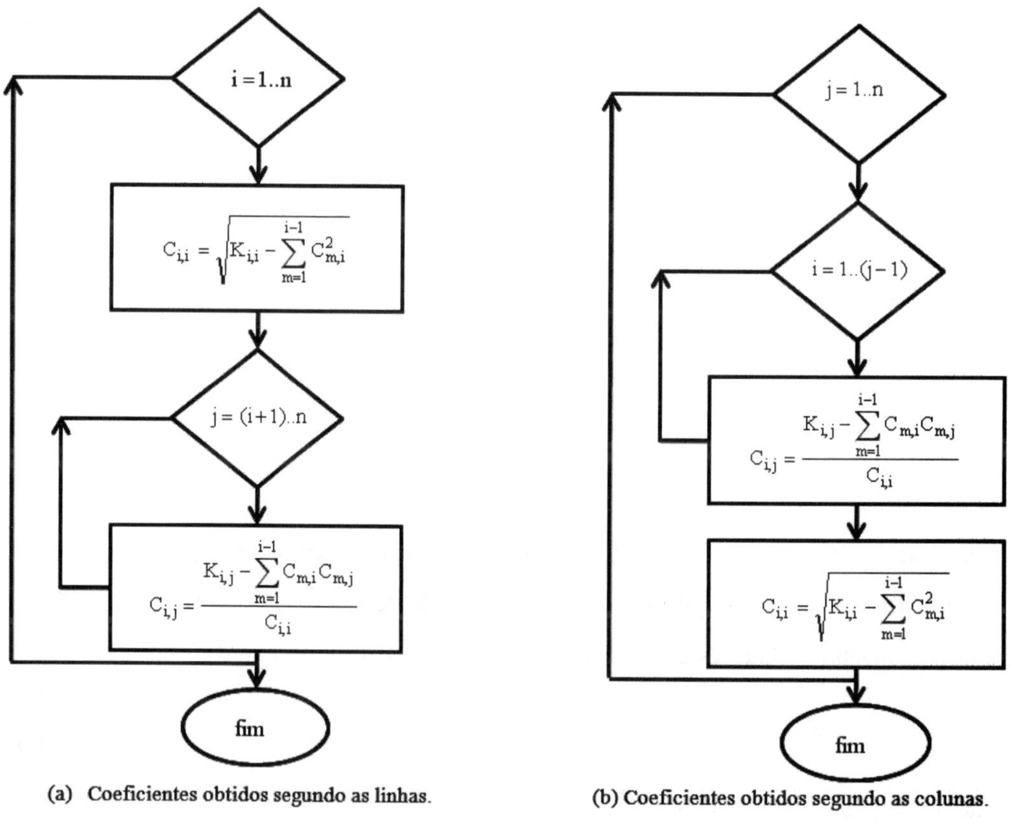

(a) Coeficientes obtidos segundo as linhas.

(b) Coeficientes obtidos segundo as colunas.

Figura 3.2.1 – Fluxogramas para o obtenção do fator de Cholesky.

Obtido o fator de Cholesky, o vetor $\underset{\sim}{Y}$ deve ser determinado. Considerando a equação 3.2.10 escreve-se para linha de ordem i:

$$\sum_{m=1}^{i-1} C_{m,i} Y_m + C_{i,i} Y_i = F_i \qquad \text{(Equação 3.2.16)}$$

Que fornece:

$$Y_i = \frac{F_i - \sum_{m=1}^{i-1} C_{m,i} Y_m}{C_{i,i}} \qquad \text{(Equação 3.2.17)}$$

Considerando a existência de vários casos de carregamento, a variável auxiliar $\underset{\sim}{Y}$ transforma-se em uma matriz com tantas colunas quanto forem os casos de carregamento. O fluxograma mostrado na figura 3.2.2a mostra o algoritmo para a determinação de $\underset{\sim}{Y}$ considerando a existência de nc casos de carregamento.

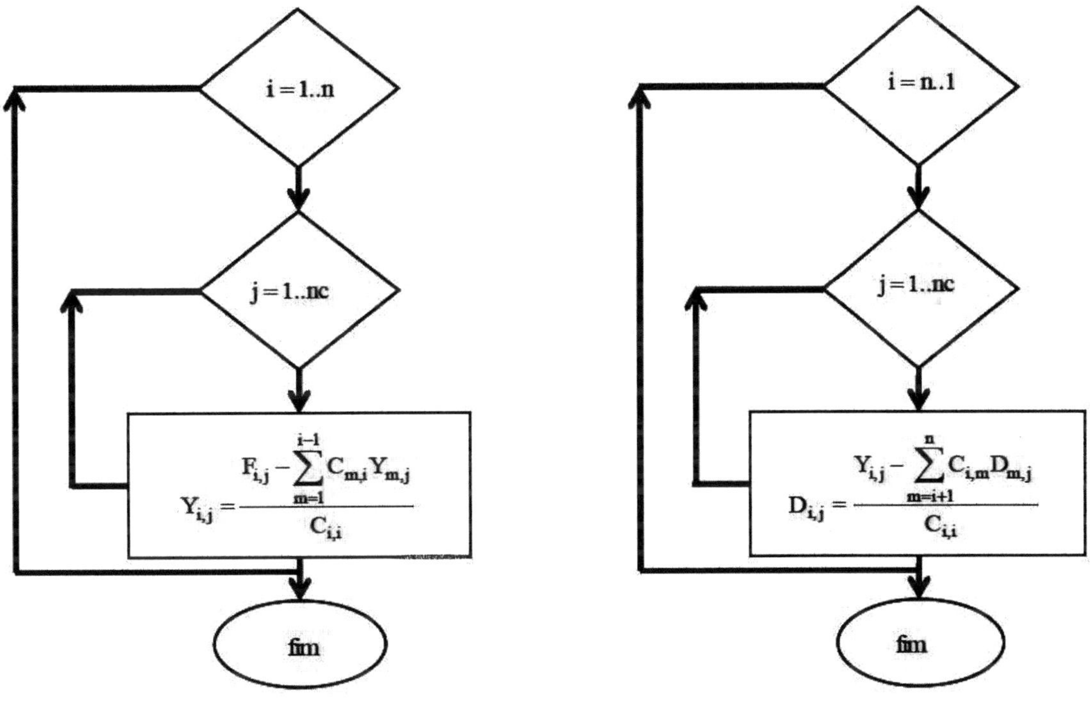

(a) Obtenção da variável auxiliar $\underset{\sim}{Y}$ (b) Obtenção da solução $\underset{\sim}{D}$

Figura 3.2.2 – Fluxograma para o método de Cholesky.

Com o fator de Cholesky e a $\underset{\sim}{Y}$ variável determinados, a solução $\underset{\sim}{D}$ pode ser obtida. Considerando-se a equação 3.2.9 escreve-se que:

$$\sum_{m=i+1}^{n} C_{i,m} D_m + C_{i,i} D_i = Y_i \qquad \text{(Equação 3.2.18)}$$

Que resulta em:

$$D_i = \frac{Y_i - \sum_{m=i+1}^{n} C_{i,m} D_m}{C_{i,i}} \qquad \text{(Equação 3.2.19)}$$

Na figura 3.3.3b é mostrado um fluxograma de obtenção da solução $\underset{\sim}{D}$.

O procedimento a seguir resolve o sistema de equações estando a matriz de rigidez armazenada na variável MRigidez na forma de perfil, sendo Apontador o vetor apontador e VetorDeCarga a matriz com os vetores de carga nodal combinada. Ao final do procedimento a matriz VetorDeCarga conterá os deslocamentos nodais.

```
function ResolverOSistemadeEquacoes:boolean;
 label
  Pular;
 const
  OZeroLocal=1.0E-30;
 var
  h,i,j,k,m,
  q,q1,q2,
  r,s,x:integer;
  RealAuxiliar:real;
 begin
  ResolverOSistemadeEquacoes:=true;
  writeln('Resolvendo o sistema de equa',char(135),char(228),'es.');
  {fase de triangularização}
  writeln(' Fase de triangulariza',char(135),char(198),'o.');
  MRigidez[1]:=sqrt(MRigidez[1]);
  for j:=2 to NDesNo*NumeroDeNos do
  begin
   h:=Apontador[j]-Apontador[j-1];
   q:=Apontador[j-1]+1;
   r:=j-h+1;
   if r<>j
   then begin
        if abs(MRigidez[Apontador[r]])>OZeroLocal
        then MRigidez[q]:=MRigidez[q]/MRigidez[Apontador[r]]
        else begin
             writeln(ArquivoDeSaida);
             writeln(ArquivoDeSaida,'A MATRIZ NÃO É POSITIVA DEFINIDA');
             writeln(ArquivoDeSaida);
             writeln(ArquivoDeSaida,'Fim do programa.');
             ResolverOSistemadeEquacoes:=false;
             exit;
            end;
        for i:=(r+1) to j do
        begin
         q:=q+1;
         m:=Apontador[i]-Apontador[i-1];
         s:=i-m+1;
         if r>s then x:=r
                else x:=s;
         if x<=(i-1)
         then begin
              q1:=Apontador[i]-(i-x)-1;
              q2:=Apontador[j]-(j-x)-1;
              for k:=x to (i-1) do
              begin
               q1:=q1+1;
               q2:=q2+1;
               MRigidez[q]:=MRigidez[q]-MRigidez[q1]*MRigidez[q2];
              end;{for k}
              if i=j then goto Pular;
             end;
         if abs(MRigidez[Apontador[i]])>OZeroLocal
```

```
        then MRigidez[q]:=MRigidez[q]/MRigidez[Apontador[i]]
        else begin
             writeln(ArquivoDeSaida);
             writeln(ArquivoDeSaida,'A MATRIZ NÃO É POSITIVA DEFINIDA');
             writeln(ArquivoDeSaida);
             writeln(ArquivoDeSaida,'Fim do programa.');
             ResolverOSistemadeEquacoes:=false;
             exit;
            end;
       end;{for i}
      end;
  Pular:
  if MRigidez[q]>0
  then MRigidez[q]:=sqrt(MRigidez[q])
  else begin
       writeln(ArquivoDeSaida);
       writeln(ArquivoDeSaida,'A MATRIZ NÃO É POSITIVA DEFINIDA');
       writeln(ArquivoDeSaida);
       writeln(ArquivoDeSaida,'Fim do programa.');
       ResolverOSistemadeEquacoes:=false;
       exit;
      end;
 end;{for j}
 {fase de substituição}
 writeln('  Fase de substitui',char(135),char(198),'o.');
 for j:=1 to NumeroDeCarregamentos do
 begin
  VetorDeCarga[1,j]:=VetorDeCarga[1,j]/MRigidez[1];
 end;{for j}
 for i:=2 to NDesNo*NumeroDeNos do
 begin
  h:=Apontador[i]-Apontador[i-1];
  r:=i-h+1;
  for j:=1 to NumeroDeCarregamentos do
  begin
   q:=Apontador[i-1];
   RealAuxiliar:=VetorDeCarga[i,j];
   if r<>i
   then begin
        for k:=r to (i-1) do
        begin
         q:=q+1;
         RealAuxiliar:=RealAuxiliar-MRigidez[q]*VetorDeCarga[k,j];
        end;{for k}
       end;
   VetorDeCarga[i,j]:=RealAuxiliar/MRigidez[Apontador[i]];
  end;{for j}
 end;{for i}
 {fase de retrosubstituição}
 writeln('  Fase de retrosubstitui',char(135),char(198),'o.');
 for i:=NDesNo*NumeroDeNos downTo 2 do
 begin
  for j:=1 to NumeroDeCarregamentos do
  begin
   VetorDeCarga[i,j]:=VetorDeCarga[i,j]/MRigidez[Apontador[i]];
  end;{for j}
  h:=Apontador[i]-Apontador[i-1];
  r:=i-h+1;
  if r<>i
  then begin
       q:=Apontador[i-1];
       for k:=r to (i-1) do
       begin
        q:=q+1;
        for j:=1 to NumeroDeCarregamentos do
        begin
         VetorDeCarga[k,j]:=VetorDeCarga[k,j]-MRigidez[q]*VetorDeCarga[i,j];
        end;{for j}
       end;{for k}
      end;
```

```
  end;{for i}
  for j:=1 to NumeroDeCarregamentos do
  begin
   VetorDeCarga[1,j]:=VetorDeCarga[1,j]/MRigidez[1];
  end;{for j}
 end;
```

3 – A Numeração Nodal

No item anterior foi mostrado que a semilargura da banda é função da máxima diferença entre os números dos nós de um mesmo elemento e, de forma semelhante, aquela diferença afeta as alturas efetivas de coluna no armazenamento em perfil. Isto significa que em função da numeração nodal adotada, haverá a necessidade de se armazenar maior ou menor número de termos da matriz de rigidez. Portanto, minimizar aquela diferença significa um menor gasto de memória e também um menor número de operações aritméticas muitas das vezes em cima de termos nulos. Seja, como exemplificação, o pórtico plano composto de quatro nós e três barras, mostrado na figura 3.3.1a e 3.3.1b com duas numerações nodais distintas, as quais são chamadas de numeração A e numeração B, respectivamente.

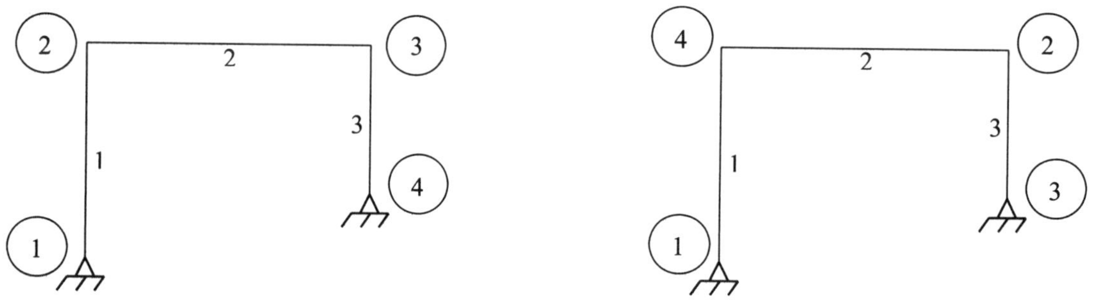

(a) Numeração A

(b) Numeração B

Figura 3.3.1 – Numeração nodal.

Considerando a Numeração A, a semilargura da banda é de seis termos, enquanto para a Numeração B é de 12 termos. Nas figuras 3.3.2 e 3.3.3 são mostrados, células escurecidas, os termos da matriz de rigidez que são armazenados quando da utilização da técnica do perfil para a Numeração A e Numeração B, respectivamente.

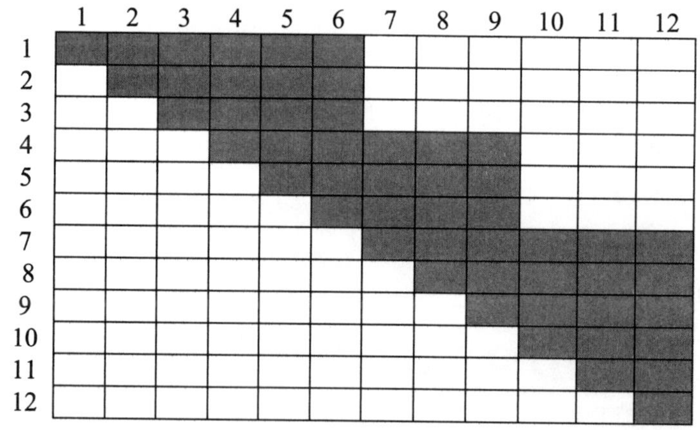

Figura 3.3.2 – Termos armazenados pela técnica do perfil consideranado a Numeração A.

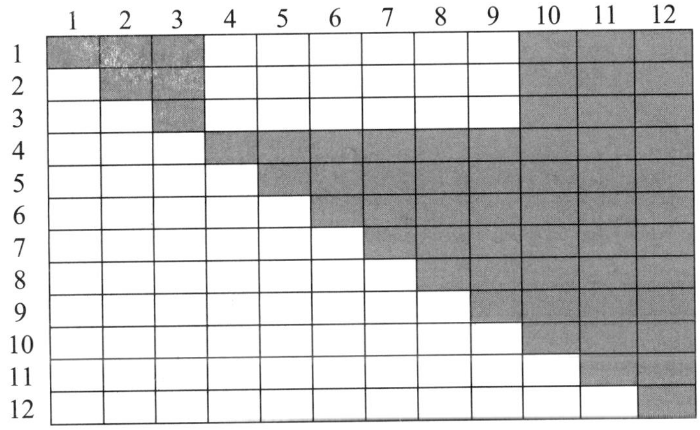

Figura 3.3.3 – Termos armazenados pela técnica do perfil considerando a Numeração B.

$$\underset{\sim}{Ap} = \begin{Bmatrix} 1 \\ 3 \\ 6 \\ 10 \\ 15 \\ 21 \\ 25 \\ 30 \\ 36 \\ 40 \\ 45 \\ 51 \end{Bmatrix} \qquad \underset{\sim}{Ap} = \begin{Bmatrix} 1 \\ 3 \\ 6 \\ 7 \\ 9 \\ 12 \\ 16 \\ 21 \\ 27 \\ 37 \\ 48 \\ 60 \end{Bmatrix}$$

(a) Numeração A (b) Numeração B

Figura 3.3.4 – Vetor apontador.

Na figura 3.3.4 estão os vetores apontadores considerando a Numeração A e Numeração B, verificando-se que para a primeira são armazenados 51 termos da matriz de rigidez e 60 termos para a segunda. Isto mostra a importância da numeração nodal, que considerando uma estrutura com centenas ou milhares de graus de liberdade, pode inviabilizar a resolução, por falta de memória, ou aumentar em muito o tempo de processamento. Para uma estrutura simples, como a do exemplo, é fácil identificar que a melhor numeração é a A. Entretanto, no caso de estruturas mais complexas esta identificação torna-se extremamente difícil e até mesmo inviável. Os chamados renumeradores, que são rotinas altamente especializadas, destinam-se a encontrar a numeração ideal ou seja, aquela que minimiza a semilargura de banda ou o perfil. Algumas rotinas para renumeração estão disponíveis, sendo uma das mais eficientes a apresentada por Sloan [1989], podendo ser adaptada para qualquer código. O renumerador utilizado no Sistema SALT (www.saltserver.org) é derivado daquela rotina.

4 – Fluxograma de Programa de Análise

Na figura 3.4.1 são mostradas na forma de fluxogra as etapas básicas de um programa para análise de estruturas. Cada uma das etapas mostradas poderá, conforme a sofisticação adotada, ter uma ou várias "subetapas".

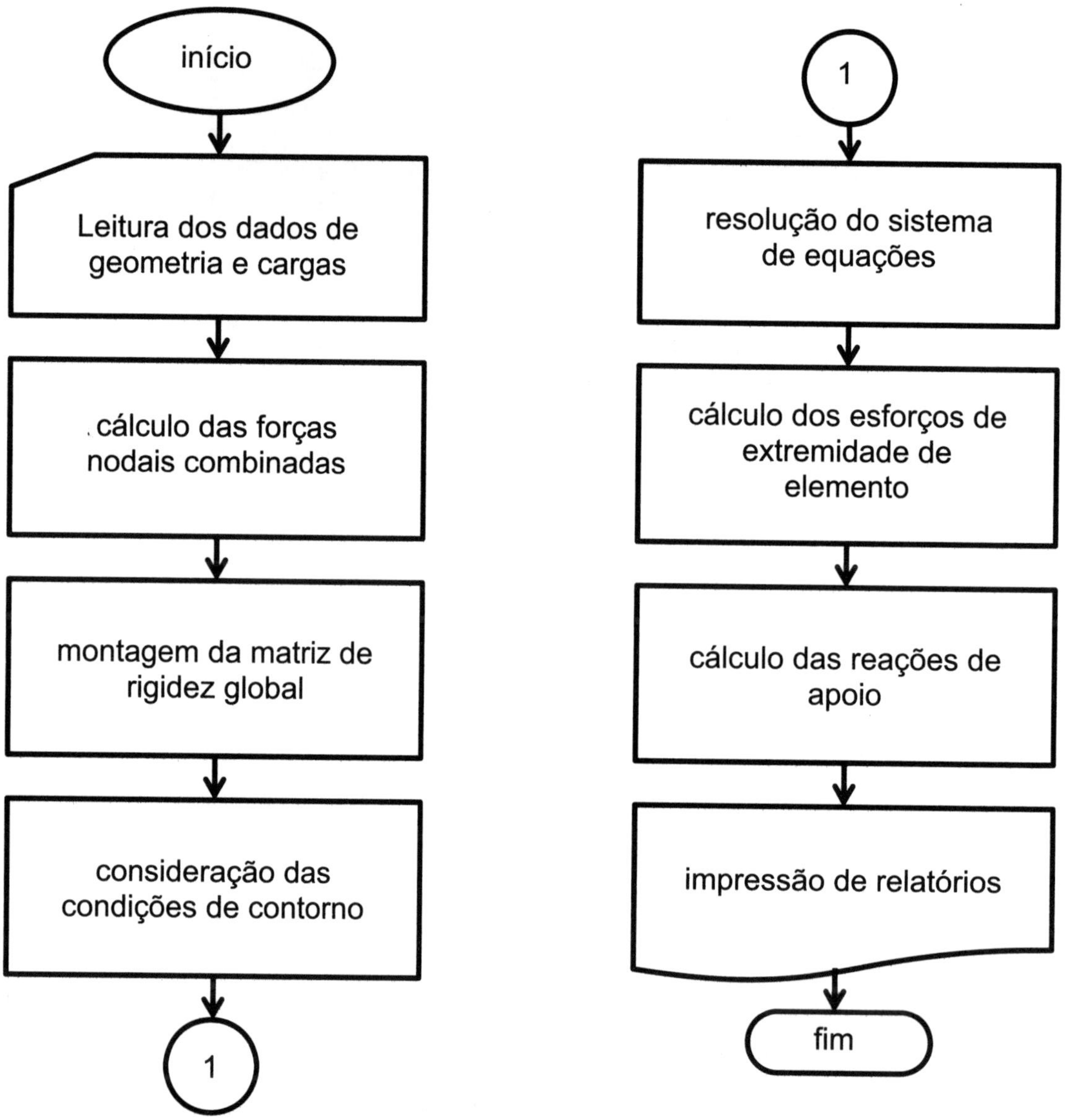

Figura 3.4.1 – Fluxograma simplificado de um programa de análise.

Na etapa de leitura de geometria e cargas devem ser fornecidas:

- Coordenadas dos pontos nodais;
- Propriedades dos elementos (nós incidentes, articulações, ligações elásticas, etc.);
- Condições de contorno (apois, molas, etc.);
- Propriedades dos materiais;
- Propriedades de seção;
- Cargas (nodais e em elementos).

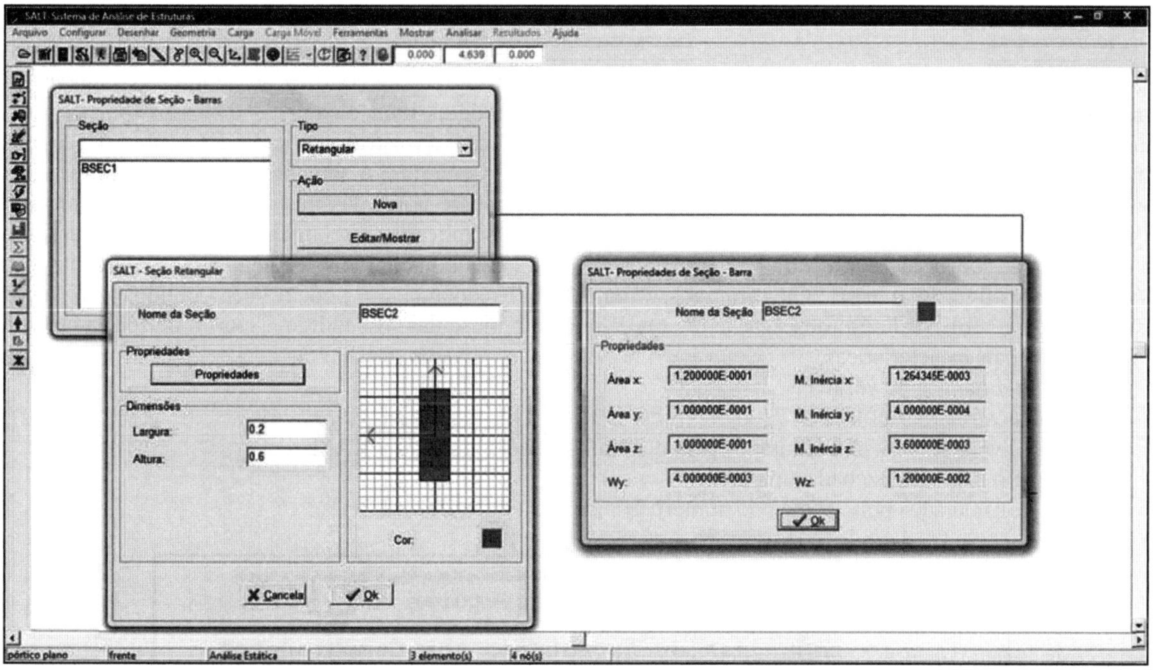

Figura 3.4.2 – Exemplo de inteface gráfica para entrada de dados.

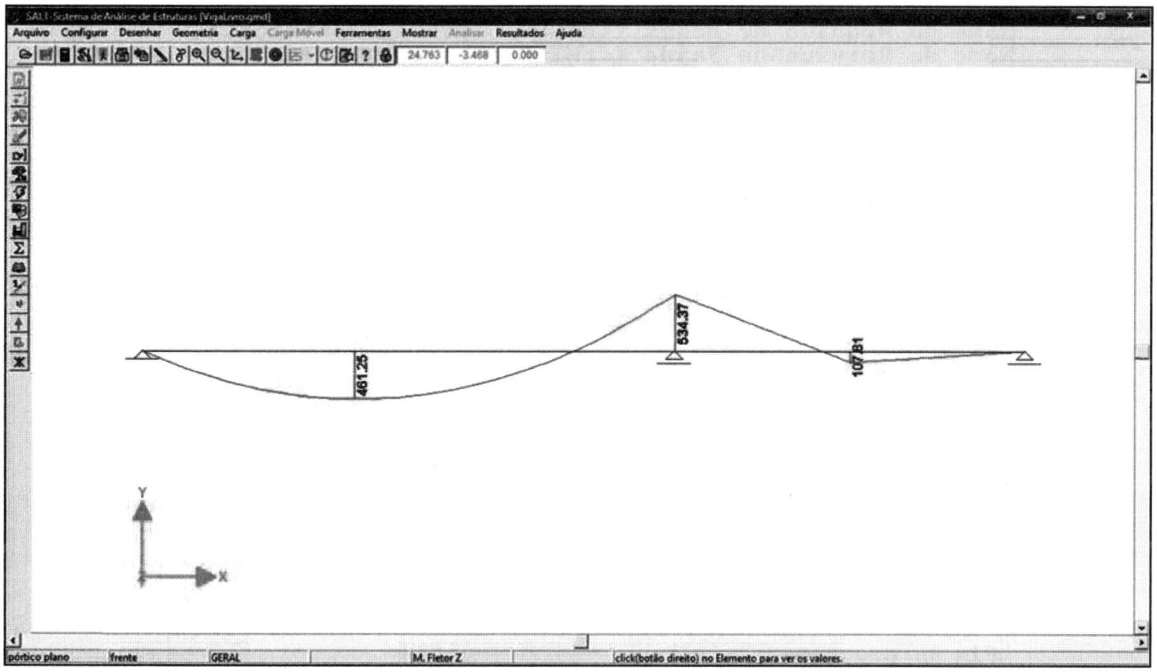

Figura 3.4.3 – Exemplo de interface gráfica para saída de resultados.

Tendo cargas diretamente aplicadas em elementos, para a determinação das forças nodais combinadas devem ser calculadas, para cada elemento carregado, os esforços de engastamento perfeito, os quais devem ser armazenados para sua posterior utilização, quando da determinação das forças finais.

A leitura dos dados deve ser feita, preferencialmente, de arquivo contendo todas as informações da estrutura. Uma interface gráfica para a geração dos dados do modelo, como a mostrada na figura 3.4.2 é desejável, assim como para saída dos resultados, conforme mostrado na figura 3.4.3.

5 – O Programa MEF

O programa MEF, escrito pelo autor, é apresentado mostrando a estruturação e codificação de um programa de análise de estruturas. No desenvolvimento que está disponível apenas modelos com elementos de barra (pórtico espacial. Entretanto, o código pode ser facilmente extendido para a resolução de estruturas, com elementos de casca ou a combinação de elementos de pórtico espacial com casca. Ou seja, o código é a semente para desenvolvimentos mais amplos. Na forma atual, o programa aceita apenas cargas diretamente aplicadas nos nós do modelo. Com relativo pouco esforço de desenvolvimento, o leitor poderá acrescentar cargas aplicadas diretamente nos elementos, assim como outros recursos. O código é escrito em linguagem pascal, para fazer a compilação sugere-se o ambiente Lazarus (http://www.lazarus.freepascal.org). Os arquivos, fontes e executável, podem ser obtidos no endereço www.saltserver.org/MEF/MEF.zip (observar letras maiúsculas e minúsculas). O código é escrito de forma estruturada, tendo como principais características:

- ✓ Alocação dinâmica de variáveis;
- ✓ Variáveis estruturadas;
- ✓ Número de nós e elementos limitados pela disponibilidade de memória RAM.
- ✓ Matriz de rigidez armazenada em perfil;
- ✓ Apoios considerados pela técnica do número grande;

```
**************************************************
MEF - Programa de Análise de Estruturas
Programa integrante do livro:
              Análise de Estruturas com Computadores
Autor  :
               Silvio de Souza Lima

**************************************************


Nome do Arquivo de Dados (<ENTER> aborta): entrada.txt
Nome do Arquivo de Saida (<ENTER> aborta): saida.txt
```

Figura 3.5.1 – Tela inicial do MEF.

```
Nome do Arquivo de Dados (<ENTER> aborta): entrada.txt
Nome do Arquivo de Saida (<ENTER> aborta): saida.txt

Lendo propriedades dos materiais.
Lendo propriedades de seção.
Lendo coordenadas nodais.
Lendo propriedades dos elementos.
Lendo apoios.
Lendo cargas.
Montando vetor apontador.
Montando matriz de rigidez.
Considerando condições de contorno.
Resolvendo o sistema de equações.
  Fase de triangularização.
  Fase de substituição.
  Fase de retrosubstituição.
Resultados da análise.


Fim do programa.


Pressione qualquer tecla para sair.
```

Figura 3.5.2 – Tela com as informações do processamento.

Para iniciar o programa deve-se clicar o mouse sobre o arquivo MEF.exe, quando aparecerá a tela mostrada na figura 3.5.1, devendo ser fornecidos os nomes dos arquivos de dados e de saída. Na figura 3.5.2 é mostrada a tela com as informações de etapas do processamento.

O arquivo de dados é do tipo texto sem formatação, sua montagem deve ser feita com a utilização de editor de textos como Bloco de Notas (NotePad), NotePad++ ou equivalente. Cada linha do arquivo contém um conjunto de informações específicas, tais informações são separadas, dentro da linha, por pelo menos um espaço em branco sendo todas numéricas, algumas obrigatoriamente sem ponto decimal. A sequência das informações se apresenta na forma mostrada na tabela 3.5.1.

Tabela 3.5.1 – Número de linhas de cada conjunto de informação.

Conjunto de informações	Número de linhas
Informações gerais	1
Propriedades dos materiais	NumeroDeMateriais
Propriedades das seções	NumeroDePropriedades
Coordenadas dos nós	NumeroDeNos
Propriedade dos elementos	NumeroDeElementos
Restrições	NumeroDeApoios
Carregamentos	NumeroDeCarregamentos

Sendo **NumeroDeMateriais** o número total de materiais, **NumeroDePropriedades** o número total de propriedades de seção, **NumeroDeNos** o número total de nós do modelo, **NumeroDeElementos** o número total de elementos do modelo, **NumeroDeApoios** o número total de nós com condições de contorno e **NumeroDeCarregamentos** o número total de carregamentos (conjunto de cargas). As linhas de cada conjunto de informações devem conter os seguintes dados:

Informações gerais:

NumeroDeNos	NumeroDeElementos	NumeroDePropriedades	NumeroDeMateriais	NumeroDeApoios	NumeroDeCarregamentos

Propiedades dos materiais:

NroDoMaterial	Módulo de Elasticidade	Coef. De Poisson	Peso Específico	Massa Específica

Sendo **NroDoMaterial** o número atribído ao material, devendo ser sequencial e iniciando pelo número 1.

Propiedades das seções:

NroDaSeção	Ax	Ay	Az	Ix	Iy	Iz

Onde **Ax** é a área da seção; **Ay** e **Az** as áreas efetivas de cisalhamento nas direções y e z (locais), respectivamente; **Ix** a constante de torção; **Iy** e **Iz** os momentos de inércia nas direções y e z (locais), respectivamente.

Coordenadas nodais:

NroDoNo	X	Y	Z

Sendo **NroDoNo** o número atribuído ao nó, devendo ser sequencial e iniciando pelo número 1 e, X, Y e Z as coordenadas do nó no sistema global de referência.

Propriedades dos elementos:

NroDoElemento	NoI	NoJ	Material	Seção	Gama	NroArtc	Articulações

Onde **NroDoElemento** é o número atribuído ao elemento; **NoI** e **NoJ** os nós incial e final, respectivamente; **Material** o número do material (deve ser um dos definidos no bloco **Propiedades dos materiais**); **Seção** o número da seção transversal (deve ser um dos definidos no bloco **Propiedades das seções**); **Gama** ângulo definido d eixo local y (ver capítulo 1); **NroArtc** representa o número de articulações no elemento, sendo diferente de zero deve-se informar as direções das articulações, em relação ao referencial local, conforme definido na tabela 3.5.2.

Tabela 3.5.2 – Definição das direções de liberação do elemento.

	Nó inicial						Nó final					
Força a ser liberada	N	Vy	Vz	Mx	My	Mz	N	Vy	Vz	Mx	My	Mz
Valor do campo	1	2	3	4	5	6	7	8	9	10	11	12

Restrições:

NroDoNo	Tx	Ty	Tz	Rx	Ry	Rz

Onde **NroDoNo** é o número nó com restrição, já definido em **Coordenadas dos nós**; **Tx**, **Ty**, **Tz**, **Rx**, **Ry** e **Rz** são os códigos de restrição relativos as translações e rotações nas direções X, Y e Z (globais), podendo assumir os valores: 0 se a direção for livre para se deslocar e 1 se for impedida,

Carregamentos:

NroDoCarregamento	NroDeNosCarregados

Sendo **NroDoCarregamento** o número atribuído ao carregamento, deve ser sequencial iniciando por 1; **NroDeNosCarregados** é o número de nós com cargas aplicadas. Em sequência virão tantas linhas quanto forem o número de nós com cargas aplicadas. Cada uma dessas linhas deve conter as seguintes informações:

NroDoNo	Fx	Fy	Fz	Mx	My	Mz

Onde **NroDoNo** é o número nó; Fx, Fy, Fz, Mx, My e Mz são as forças e momentos nas direções X, Y e Z (globais), respectivamente.

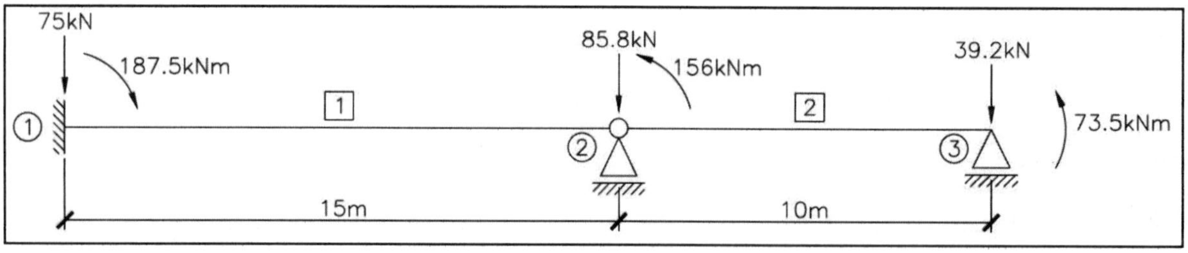

Figura 3.5.3 – Estrutura exemplo arquivo de dados.

Considerando a estrutura mostrada na figura 3.5.3, o arquivo de dados para o MEF é o mostrado na figura 3.5.4.

```
3   2      1      1     3      1
1   3.0E7  0.20   25.0  2.50
1   0.3    0.25   0.25  0.0073  2.25E-3  2.5E-2
1   0.0    0.0    0.0
2   15.0   0.0    0.0
3   25.0   0.0    0.0
1   1      2      1     1      0.0
2   3      2      1     1      3.14159
1   1 1 1 1 1 1
2   0 1 0 0 0 0
3   0 1 0 0 0 0
1   3
1   0.0   -75.0  0.0   0.0  0.0 -187.5
2   0.0   -85.8  0.0   0.0  0.0  156.0
3   0.0   -39.2  0.0   0.0  0.0  73.5
```

Figura 3.5.4 – Arquivo de dados para a estrutura da figura 3.5.3.

A seguir é apresentado o código-fonte do programa MEF:

```
program MEF;
{$mode objfpc}{$H+}

uses
 {$IFDEF UNIX}{$IFDEF UseCThreads}
 cthreads,
 {$ENDIF}{$ENDIF}
 Classes,Crt,
 Sysutils,Math;
{**************************************************************************
 *                                          *
 * Programa integrante do livro:                        *
 *       Análise de Estruturas com Computadores                  *
 * Autor:                                     *
 *       Silvio de Souza Lima                        *
**************************************************************************}
{------------------------------------------------------------------------}
 {variáveis globais}
 const
 Versao:real=2.0;
 Zero=1.0E-05;
 NDesNo=6;
 NNoElem=2;
 NumeroGrandeReferencia=1.0E20;
 type
 TMatrizDeElemento=array[1..2*NDesNo,1..2*NDesNo]of real;
 TVetorDeArticulacoes=array[1..2*NDesNo]of integer;
 TCoord=record
       X,Y,Z:real;
      end;
 TElemento=record
         Ndn:array[1..2] of integer;
         NroDaPropriedade,
         NroDoMaterial,
         NroDeArticulacoes:integer;
         Gama:real;{radianos}
         AsArticulacoes:TVetorDeArticulacoes;
        end;
 TMaterial=record
         Elasticidade,
         Poisson,
         PesoEspecifico,
         MassaEspecifica:real;
        end;
 TPropriedade=record
           AreaX,
           AreaY,AreaZ,
```

```
            InerciaX,
            InerciaY,InerciaZ:real;
           end;
 TApoio=record
       NroDoNo:integer;
       Restricoes:array[1..6] of char;
      end;
var
 Coord:array of TCoord;
 Elemento:array of TElemento;
 Material:array of TMaterial;
 Propriedade:array of TPropriedade;
 Apoio:array of TApoio;
 Apontador:array of integer;
 MRigidez:array of real;
 VetorDeCarga:array of array of real;
 ArquivoDeDados,
 ArquivoDeSaida:text;
 NomeDoArquivoDeDados,
 NomeDoArquivoDeSaida:string;
 NumeroDeApoios,
 NumeroDeCarregamentos,
 NumeroDeElementos,
 NumeroDeMateriais,
 NumeroDeNos,
 NumeroDePropriedades:integer;
 NGrande:real;
 ExistemElementosComArticulacoes:boolean;
{-----------------------------------------------------------------------}

function Matriz_De_Rotacao_PEspacial(NroDaBarra:integer):TMatrizDeElemento;
type
 TMatrizTr=array[1..3,1..3]of real;
var
 i,j,k,m:integer;
 L,
 CX,CY,CZ,
 CosAlfa,SinAlfa,CosBeta,SinBeta,CosGama,SinGama:real;
 Tr,TrAuxiliar:TMatrizTr;
 RotBar:TMatrizDeElemento;
 function ProdutoDeMatrizesTr(Matriz_1,Matriz_2:TMatrizTR):TMatrizTr;
 var
  i,j,k:integer;
  MatrizResultado:TMatrizTr;
 begin
  for i:=1 to 3 do
      for j:=1 to 3 do MatrizResultado[i,j]:=0.0;
  for i:=1 to 3 do
  begin
   for j:=1 to 3 do
   begin
    for k:=1 to 3 do
       MatrizResultado[i,j]:=MatrizResultado[i,j]+Matriz_1[i,k]*Matriz_2[k,j];
   end;{for j}
  end;{for i}
  ProdutoDeMatrizesTr:=MatrizResultado;
 end;{function ProdutoDeMatrizesTr}
 begin
  with Elemento[NroDaBarra] do
  begin
   CX:=Coord[Ndn[2]].X-Coord[Ndn[1]].X;
   CY:=Coord[Ndn[2]].Y-Coord[Ndn[1]].Y;
   CZ:=Coord[Ndn[2]].Z-Coord[Ndn[1]].Z;
   L:=sqr(CX) + sqr(CY) + sqr(CZ);
   L:=sqrt(L);
   CX:=CX/L;
   CY:=CY/L;
   CZ:=CZ/L;
   if sqrt(sqr(CX)+sqr(CZ))>Zero
   then begin
```

```
      CosAlfa:=CX/sqrt(sqr(CX)+sqr(CZ));
      SinAlfa:=CZ/sqrt(sqr(CX)+sqr(CZ));
     end
 else begin
      CosAlfa:=1.0;
      SinAlfa:=0.0;
     end;

 CosBeta:=sqrt(sqr(CX)+sqr(CZ));
 SinBeta:=CY;

 CosGama:=cos(Gama);     { barra vertrical   }
 SinGama:=sin(Gama);
 {calcula a matriz Tr}
 for i:=1 to 3 do
 begin
  for j:=1 to 3 do
  begin
   Tr[i,j]:=0.0;
   TrAuxiliar[i,j]:=0.0;
  end;{for j}
 end;{for i}
 {matriz TrAlfa}
 Tr[1,1]:= CosAlfa;
 Tr[1,3]:= SinAlfa;
 Tr[2,2]:= 1.0;
 Tr[3,1]:=-Tr[1,3];
 Tr[3,3]:= Tr[1,1];
 {matriz TrBeta}
 TrAuxiliar[1,1]:= CosBeta;
 TrAuxiliar[1,2]:= SinBeta;
 TrAuxiliar[2,1]:=-TrAuxiliar[1,2];
 TrAuxiliar[2,2]:= TrAuxiliar[1,1];
 TrAuxiliar[3,3]:= 1.0;
 {produto TrBeta*TrAlfa}
 Tr:=ProdutoDeMatrizesTr(TrAuxiliar,Tr);
 {matriz TrGama}
 for i:=1 to 3 do
    for j:=1 to 3 do TrAuxiliar[i,j]:=0.0;
 TrAuxiliar[1,1]:= 1.0;
 TrAuxiliar[2,2]:= CosGama;
 TrAuxiliar[2,3]:= SinGama;
 TrAuxiliar[3,2]:=-TrAuxiliar[2,3];
 TrAuxiliar[3,3]:= TrAuxiliar[2,2];
 {matriz Tr final}
 Tr:=ProdutoDeMatrizesTr(TrAuxiliar,Tr);
end;{with}
{matriz de rotação da barra}
for i:=1 to 12 do
   for j:=1 to 12 do RotBar[i,j]:=0.0;
m:=0;
for k:=1 to 4 do
begin
 for i:=1 to 3 do
 begin
  for j:=1 to 3 do RotBar[m+i,m+j]:=Tr[i,j];
 end;{for i}
 m:=m+3;
end;{for k}
Matriz_De_Rotacao_PEspacial:=RotBar;
end;{function Matriz_De_Rotacao_PEspacial}

procedure IntroduzArticulacaoNaMatrizdeRigidezDoElemento
                  (var k:TMatrizDeElemento;DirecaoDaArticulacao:integer);
var
 j,m:integer;
 Fator,
 Denominador:real;
begin
 if (DirecaoDaArticulacao>2*NDesNo)or(DirecaoDaArticulacao<=0) then exit;
```

```
 for j:=1 to 2*NDesNo do
 begin
  if j<>DirecaoDaArticulacao
  then begin
       Fator:=k[j,DirecaoDaArticulacao];
       Denominador:=k[DirecaoDaArticulacao,DirecaoDaArticulacao];
       Fator:=k[j,DirecaoDaArticulacao]/k[DirecaoDaArticulacao,DirecaoDaArticulacao];
       for m:=1 to 2*NDesNo do k[j,m]:=k[j,m]-Fator*k[DirecaoDaArticulacao,m];
      end;
 end;{for j}
 for m:=1 to 2*NDesNo do k[DirecaoDaArticulacao,m]:=0.0;
end;

function Matriz_de_Rigidez_PEspacial_Local(NroDaBarra:integer):
                                          TMatrizDeElemento;
var
 i,j:integer;
 MRig:TMatrizDeElemento;
 L,Cx,Cy,Cz,
 METransversal,
 FiY,FiZ:real;
begin
 for i:=1 to 12 do
    for j:=1 to 12 do MRig[i,j]:=0.0;
 {calcula o comprimento}
 with Elemento[NroDaBarra] do
 begin
  METransversal:=Material[NroDoMaterial].Elasticidade/2/
                           (1+Material[NroDoMaterial].Poisson);
  {calcula o comprimento}
  CX:=Coord[Ndn[2]].X-Coord[Ndn[1]].X;
  CY:=Coord[Ndn[2]].Y-Coord[Ndn[1]].Y;
  CZ:=Coord[Ndn[2]].Z-Coord[Ndn[1]].Z;
  L:=sqr(CX) + sqr(CY) + sqr(CZ);
  L:=sqrt(L);
  {calcula FiY}
  if Propriedade[NroDaPropriedade].AreaY>0
  then FiY:=12*Material[NroDoMaterial].Elasticidade*
                           Propriedade[NroDaPropriedade].InerciaZ/
           (METransversal*Propriedade[NroDaPropriedade].AreaY*sqr(L))
  else FiY:=0.0;
  {calcula FiZ}
  if Propriedade[NroDaPropriedade].AreaZ>0
  then FiZ:=12*Material[NroDoMaterial].Elasticidade*
                           Propriedade[NroDaPropriedade].InerciaY/
           (METransversal*Propriedade[NroDaPropriedade].AreaZ*sqr(L))
  else FiZ:=0.0;

  MRig[1,1]:=Material[NroDoMaterial].Elasticidade*
                           Propriedade[NroDaPropriedade].AreaX/L;
  MRig[7,1]:=-MRig[1,1];
  MRig[2,2]:= 12*Material[NroDoMaterial].Elasticidade*
           Propriedade[NroDaPropriedade].InerciaZ/(power(L,3)*(1+FiY));
  MRig[6,2]:=6*Material[NroDoMaterial].Elasticidade*
           Propriedade[NroDaPropriedade].InerciaZ/(power(L,2)*(1+FiY));
  MRig[8,2] :=-MRig[2,2];
  MRig[12,2]:=MRig[6,2];
  MRig[3,3]:=12*Material[NroDoMaterial].Elasticidade*
           Propriedade[NroDaPropriedade].InerciaY/(power(L,3)*(1+FiZ));
  MRig[5,3]:=-6*Material[NroDoMaterial].Elasticidade*
           Propriedade[NroDaPropriedade].InerciaY/(power(L,2)*(1+FiZ));
  MRig[9,3]:=-MRig[3,3];
  MRig[11,3]:=MRig[5,3];
  MRig[4,4]:=METransversal*Propriedade[NroDaPropriedade].InerciaX/L;
  MRig[10,4]:=-MRig[4,4];
  MRig[5,5]:=(4+FiZ)*Material[NroDoMaterial].Elasticidade*
              Propriedade[NroDaPropriedade].InerciaY/L/(1+FiZ);
  MRig[9,5]:=6*Material[NroDoMaterial].Elasticidade*
           Propriedade[NroDaPropriedade].InerciaY/(power(L,2)*(1+FiZ));
  MRig[11,5]:=(2-FiZ)*Material[NroDoMaterial].Elasticidade*
```

```
                        Propriedade[NroDaPropriedade].InerciaY/L/(1+FiZ);
  MRig[6,6]:=(4+FiY)*Material[NroDoMaterial].Elasticidade*
                       Propriedade[NroDaPropriedade].InerciaZ/L/(1+FiY);
  MRig[8,6]:=-6*Material[NroDoMaterial].Elasticidade*
               Propriedade[NroDaPropriedade].InerciaZ/(power(L,2)*(1+FiY));
  MRig[12,6]:=(2-FiY)*Material[NroDoMaterial].Elasticidade*
                        Propriedade[NroDaPropriedade].InerciaZ/L/(1+FiY);
  MRig[7,7]:=Material[NroDoMaterial].Elasticidade*
                               Propriedade[NroDaPropriedade].AreaX/L;
  MRig[8,8]:= 12*Material[NroDoMaterial].Elasticidade*
               Propriedade[NroDaPropriedade].InerciaZ/(power(L,3)*(1+FiY));
  MRig[12,8]:=-6*Material[NroDoMaterial].Elasticidade*
               Propriedade[NroDaPropriedade].InerciaZ/(power(L,2)*(1+FiY));
  MRig[9,9]:=12*Material[NroDoMaterial].Elasticidade*
               Propriedade[NroDaPropriedade].InerciaY/(power(L,3)*(1+FiZ));
  MRig[11,9]:=6*Material[NroDoMaterial].Elasticidade*
               Propriedade[NroDaPropriedade].InerciaY/(power(L,2)*(1+FiZ));
  MRig[10,10]:=METransversal*Propriedade[NroDaPropriedade].InerciaX/L;
  MRig[11,11]:=(4+FiZ)*Material[NroDoMaterial].Elasticidade*
                       Propriedade[NroDaPropriedade].InerciaY/L/(1+FiZ);
  MRig[12,12]:=(4+FiY)*Material[NroDoMaterial].Elasticidade*
                       Propriedade[NroDaPropriedade].InerciaZ/L/(1+FiY);
 end;{with}

 for i:=1 to 12 do
   for j:=i to 12 do MRig[i,j]:=MRig[j,i];

if Elemento[NroDaBarra].NrodeArticulacoes>0
 then begin
      for i:=1 to Elemento[NroDaBarra].NroDeArticulacoes do
      begin
       IntroduzArticulacaoNaMatrizdeRigidezDoElemento(Mrig,Elemento[NroDaBarra].AsArticulacoes[i]);
      end;{for i}
     end;

 Matriz_de_Rigidez_PEspacial_Local:=MRig;
end;{function Matriz_De_Rigidez_PEspacial}

function Matriz_de_Rigidez_PEspacial_Global(NroDaBarra:integer):
                                        TMatrizDeElemento;
var
 i,j,k:integer;
 Kl,Ka,R:TMatrizDeElemento;
begin
 for i:=1 to 12 do
    for j:=1 to 12 do Ka[i,j]:=0.0;
 Kl:=Matriz_de_Rigidez_PEspacial_Local(NroDaBarra);
 R:=Matriz_De_Rotacao_PEspacial(NroDaBarra);
 for i:=1 to 12 do
    for j:=1 to 12 do
       for k:=1 to 12 do Ka[i,j]:=Ka[i,j]+R[k,i]*Kl[k,j];
 for i:=1 to 12 do
    for j:=1 to 12 do Kl[i,j]:=0.0;
 for i:=1 to 12 do
    for j:=1 to 12 do
       for k:=1 to 12 do Kl[i,j]:=Kl[i,j]+Ka[i,k]*R[k,j];
 Matriz_de_Rigidez_PEspacial_Global:=Kl;
end;

procedure MontarVetorApontador;
var
 Nol,
 d,
 i,j,k,
 m,n:integer;
begin
 writeln('Montando vetor apontador.');
 setlength(Apontador,NdesNo*NumeroDeNos+1);
 for i:=1 to NumeroDeElementos do
 begin
```

```
  Nol:=1;
  for j:=2 to NNoElem do
  begin
   if Elemento[i].Ndn[j]<Elemento[i].Ndn[Nol] then Nol:=j;
  end;{for j}
  n:=NDesNo*(Elemento[i].Ndn[Nol]-1)+1;
  for j:=1 to NNoElem do
  begin
   for k:=1 to NDesNo do
   begin
    m:=NDesNo*( Elemento[i].Ndn[j]-1)+k;
    d:=m-n+1;
    if Apontador[m]<d then Apontador[m]:=d;
   end;{for k}
  end;{for j}
 end;{for i}
 for i:=2 to NdesNo*NumeroDeNos do Apontador[i]:=Apontador[i-1]+Apontador[i];
end;

procedure MontarMatrizDeRigidezDaEstrutura;
var
 i,j,k,m,z:integer;
 Kg:TMatrizDeElemento;
 Q:array of integer;
begin
 writeln('Montando matriz de rigidez.');
 setlength(MRigidez,Apontador[NdesNo*NumeroDeNos]+1);
 setlength(q,NNoElem*NDesno+1);
 for i:=1 to NumeroDeElementos do
 begin
  Kg:=Matriz_de_Rigidez_PEspacial_Global(i);
  z:=0;
  for j:=1 to NNoElem do
  begin
   for k:=1 to NDesNo do
   begin
    z:=z+1;
    m:=NDesNo*(Elemento[i].Ndn[j]-1)+k;
    Q[z]:=m;
   end;{for k}
  end;{for j}
  for j:=1 to NNoElem*NdesNo do
  begin
   for k:=1 to NNoElem*NdesNo do
   begin
    if Q[k]>=Q[j]
    then begin
         m:=Apontador[Q[k]] + Q[j] - Q[k];
         MRigidez[m]:=MRigidez[m]+Kg[j,k];
        end;
   end;{for k}
  end;{for j}
 end;{for i}
 if Q<>nil then Q:=nil;
end;

procedure CondicoesGeometricasDeContorno;
var
 i,j,k:integer;
 MediaDiagonalPrincipalMRGlobal:real;
begin
 writeln('Considerando condi',char(135),char(228),'es de contorno.');
 {determina o número grande}
 MediaDiagonalPrincipalMRGlobal:=0.0;
 for i:=1 to NDesNo*NumeroDeNos do
 begin
  MediaDiagonalPrincipalMRGlobal:=MediaDiagonalPrincipalMRGlobal+
                                   MRigidez[Apontador[i]];
 end;{for i}
 MediaDiagonalPrincipalMRGlobal:=MediaDiagonalPrincipalMRGlobal/
```

```
                                    (NDesno*NumeroDeNos);
NGrande:=MediaDiagonalPrincipalMRGlobal*NumeroGrandeReferencia;
{coloca o número grande na diagonal}
for i:=1 to NumeroDeApoios do
begin
 for j:=1 to NDesNo do
 begin
  if Apoio[i].Restricoes[j]='1'
  then begin
       k:=(Apoio[i].NroDoNo-1)*NDesNo+j;
       MRigidez[Apontador[k]]:=MRigidez[Apontador[k]]+NGrande;
      end;
 end;{for j}
end;{for i}
end;

function ResolverOSistemadeEquacoes:boolean;
label
 Pular;
const
 OZeroLocal=1.0E-30;
var
 h,i,j,k,m,
 q,q1,q2,
 r,s,x:integer;
 RealAuxiliar:real;
begin
 ResolverOSistemadeEquacoes:=true;
 writeln('Resolvendo o sistema de equa',char(135),char(228),'es.');
 {fase de triangularização}
 writeln('  Fase de triangulariza',char(135),char(198),'o.');
 MRigidez[1]:=sqrt(MRigidez[1]);
 for j:=2 to NDesNo*NumeroDeNos do
 begin
  h:=Apontador[j]-Apontador[j-1];
  q:=Apontador[j-1]+1;
  r:=j-h+1;
  if r<>j
  then begin
       if abs(MRigidez[Apontador[r]])>OZeroLocal
       then MRigidez[q]:=MRigidez[q]/MRigidez[Apontador[r]]
       else begin
            writeln(ArquivoDeSaida);
            writeln(ArquivoDeSaida,'A MATRIZ NÃO É POSITIVA DEFINIDA');
            writeln(ArquivoDeSaida);
            writeln(ArquivoDeSaida,'Fim do programa.');
            ResolverOSistemadeEquacoes:=false;
            exit;
           end;
       for i:=(r+1) to j do
       begin
        q:=q+1;
        m:=Apontador[i]-Apontador[i-1];
        s:=i-m+1;
        if r>s then x:=r
             else x:=s;
        if x<=(i-1)
        then begin
             q1:=Apontador[i]-(i-x)-1;
             q2:=Apontador[j]-(j-x)-1;
             for k:=x to (i-1) do
             begin
              q1:=q1+1;
              q2:=q2+1;
              MRigidez[q]:=MRigidez[q]-MRigidez[q1]*MRigidez[q2];
             end;{for k}
             if i=j then goto Pular;
            end;
        if abs(MRigidez[Apontador[i]])>OZeroLocal
        then MRigidez[q]:=MRigidez[q]/MRigidez[Apontador[i]]
```

```
        else begin
            writeln(ArquivoDeSaida);
            writeln(ArquivoDeSaida,'A MATRIZ NÃO É POSITIVA DEFINIDA');
            writeln(ArquivoDeSaida);
            writeln(ArquivoDeSaida,'Fim do programa.');
            ResolverOSistemadeEquacoes:=false;
            exit;
           end;
       end;{for i}
      end;
 Pular:
 if MRigidez[q]>0
 then MRigidez[q]:=sqrt(MRigidez[q])
 else begin
      writeln(ArquivoDeSaida);
      writeln(ArquivoDeSaida,'A MATRIZ NÃO É POSITIVA DEFINIDA');
      writeln(ArquivoDeSaida);
      writeln(ArquivoDeSaida,'Fim do programa.');
      ResolverOSistemadeEquacoes:=false;
      exit;
     end;
end;{for j}
{fase de substituição}
writeln('  Fase de substitui',char(135),char(198),'o.');
for j:=1 to NumeroDeCarregamentos do
begin
 VetorDeCarga[1,j]:=VetorDeCarga[1,j]/MRigidez[1];
end;{for j}
for i:=2 to NDesNo*NumeroDeNos do
begin
 h:=Apontador[i]-Apontador[i-1];
 r:=i-h+1;
 for j:=1 to NumeroDeCarregamentos do
 begin
  q:=Apontador[i-1];
  RealAuxiliar:=VetorDeCarga[i,j];
  if r<>i
  then begin
       for k:=r to (i-1) do
       begin
        q:=q+1;
        RealAuxiliar:=RealAuxiliar-MRigidez[q]*VetorDeCarga[k,j];
       end;{for k}
      end;
  VetorDeCarga[i,j]:=RealAuxiliar/MRigidez[Apontador[i]];
 end;{for j}
end;{for i}
{fase de retrosubstituição}
writeln('  Fase de retrosubstitui',char(135),char(198),'o.');
for i:=NDesNo*NumeroDeNos downTo 2 do
begin
 for j:=1 to NumeroDeCarregamentos do
 begin
  VetorDeCarga[i,j]:=VetorDeCarga[i,j]/MRigidez[Apontador[i]];
 end;{for j}
 h:=Apontador[i]-Apontador[i-1];
 r:=i-h+1;
 if r<>i
 then begin
      q:=Apontador[i-1];
      for k:=r to (i-1) do
      begin
       q:=q+1;
       for j:=1 to NumeroDeCarregamentos do
       begin
        VetorDeCarga[k,j]:=VetorDeCarga[k,j]-MRigidez[q]*VetorDeCarga[i,j];
       end;{for j}
      end;{for k}
     end;
end;{for i}
```

```
 for j:=1 to NumeroDeCarregamentos do
 begin
  VetorDeCarga[1,j]:=VetorDeCarga[1,j]/MRigidez[1];
 end;{for j}
end;

procedure LerCoordenadasNodais;
var
 i,
 NroDoNo:integer;
 X,Y,Z:real;
begin
 writeln('Lendo coordenadas nodais.');
 setlength(Coord,NumeroDeNos+1);
 for i:=1 to NumeroDeNos do
 begin
  readln(ArquivoDeDados,NroDoNo,X,Y,Z);
  Coord[NroDoNo].X:=X;
  Coord[NroDoNo].Y:=Y;
  Coord[NroDoNo].Z:=Z;
 end;{for i}
end;

procedure LerInformacoesDosElementos;
var
 NoInicial,
 NoFinal,
 NroDoElemento,
 NroDoMaterial,
 NroDaPropriedade,
 NroDeArticulacoes,
 Direcao,
 i,j:integer;
 Gama:real;
 AsArticulacoes:TVetorDeArticulacoes;
begin
 writeln('Lendo propriedades dos elementos.');
 ExistemElementosComArticulacoes:=false;
 setlength(Elemento,NumeroDeElementos+1);
 for i:=1 to NumeroDeElementos do
 begin
  NroDeArticulacoes:=0;
  for j:=1 to 2*NDesNo do AsArticulacoes[j]:=0;
  read(ArquivoDeDados,NroDoElemento,NoInicial,NoFinal,
                              NroDoMaterial,NroDaPropriedade,Gama);
  if not SeekEoln(ArquivoDeDados)
  then begin
       read(ArquivoDeDados,NroDeArticulacoes);
       if NroDeArticulacoes>0
       then begin
            ExistemElementosComArticulacoes:=true;
            for j:=1 to NroDeArticulacoes do
            begin
             read(ArquivoDeDados,Direcao);
             AsArticulacoes[j]:=Direcao;
            end;
            readln(ArquivoDeDados);
           end;
     end
  else  readln(ArquivoDeDados);
  Elemento[NroDoElemento].Ndn[1]:=NoInicial;
  Elemento[NroDoElemento].Ndn[2]:=NoFinal;
  Elemento[NroDoElemento].NroDoMaterial:=NroDoMaterial;
  Elemento[NroDoElemento].NroDaPropriedade:=NroDaPropriedade;
  Elemento[NroDoElemento].Gama:=Gama;
  Elemento[NroDoElemento].NroDeArticulacoes:=NroDeArticulacoes;
  Elemento[NroDoElemento].AsArticulacoes:=AsArticulacoes;
 end;{for i}
end;
```

```
procedure LerMateriais;
var
 NroDoMaterial,
 i:integer;
 Elasticidade,
 Poisson,
 PesoEspecifico,
 MassaEspecifica:real;
begin
 writeln('Lendo propriedades dos materiais.');
 setlength(Material,NumeroDeMateriais+1);
 for i:=1 to NumeroDeMateriais do
 begin
  readln(ArquivoDeDados,NroDoMaterial,Elasticidade,Poisson,
                                   PesoEspecifico,MassaEspecifica);
  Material[NroDoMaterial].Elasticidade:=Elasticidade;
  Material[NroDoMaterial].Poisson:=Poisson;
  Material[NroDoMaterial].PesoEspecifico:=PesoEspecifico;
  Material[NroDoMaterial].MassaEspecifica:=MassaEspecifica;
 end;{for i}
end;

procedure LerPropriedadesDeSecao;
var
 NroDaPropriedade,
 i:integer;
 AreaX,
 AreaY,
 AreaZ,
 InerciaX,
 InerciaY,
 InerciaZ:real;
begin
 writeln('Lendo propriedades de se',char(135),char(198),'o.');
 setlength(Propriedade,NumeroDePropriedades+1);
 for i:=1 to NumeroDePropriedades do
 begin
  readln(ArquivoDeDados,NroDaPropriedade,AreaX,AreaY,AreaZ,
                                      InerciaX,InerciaY,InerciaZ);
  Propriedade[NroDaPropriedade].AreaX:=AreaX;
  Propriedade[NroDaPropriedade].AreaY:=AreaY;
  Propriedade[NroDaPropriedade].AreaZ:=AreaZ;
  Propriedade[NroDaPropriedade].InerciaX:=InerciaX;
  Propriedade[NroDaPropriedade].InerciaY:=InerciaY;
  Propriedade[NroDaPropriedade].InerciaZ:=InerciaZ;
 end;{for i}
end;

procedure LerApoios;
var
 Restricao,
 i,j:integer;
 Chr:char;
begin
 writeln('Lendo apoios.');
 setlength(Apoio,NumeroDeApoios+1);
 for i:=1 to NumeroDeApoios do
 begin
  read(ArquivoDeDados,Apoio[i].NroDoNo);
  for j:=1 to 6 do
  begin
   Read(ArquivoDeDados,Restricao);
   if Restricao=0
   then Apoio[i].Restricoes[j]:='0'
   else Apoio[i].Restricoes[j]:='1';
  end;{for j}
 end;{for i}
end;

procedure LerEImprimirCargas;
```

```
var
 NroDoCarregamento,
 NroDeCargasCNodais,
 NroDoNo,
 NroDaDirecaoCarregada,
 i,j,k:integer;
 ValorDaComponente:real;
begin
 writeln('Lendo cargas.');
 writeln(ArquivoDeSaida);
 writeln(ArquivoDeSaida,'Carregamentos');
 setlength(VetorDeCarga,NDesNo*NumeroDeNos+1,NumeroDeCarregamentos+1);
 for i:=1 to NumeroDeCarregamentos do
    for j:=1 to NDesNo*NumeroDeNos do VetorDeCarga[j,i]:=0.0;
 for i:=1 to NumeroDeCarregamentos do
 begin
  readln(ArquivoDeDados,NroDoCarregamento,NroDeCargasCNodais);
  writeln(ArquivoDeSaida,'Carregamento.....',NroDoCarregamento);
  writeln(ArquivoDeSaida,'Cargas Nodais');
  writeln(ArquivoDeSaida,'Nó':10,'FX':11,'FY':11,'FZ':11,
                         'MX':11,'MY':11,'MZ':11);
  for j:=1 to NroDeCargasCNodais do
  begin
   read(ArquivoDeDados,NroDoNo);
   write(ArquivoDeSaida,NroDoNo:10);
   NroDaDirecaoCarregada:=(NroDoNo-1)*NDesNo;
   for k:=1 to 6 do
   begin
    NroDaDirecaoCarregada:=NroDaDirecaoCarregada+1;
    read(ArquivoDeDados,ValorDaComponente);
    write(ArquivodeSaida,' ',ValorDaComponente:10:3);
    VetorDeCarga[NroDaDirecaoCarregada,NroDoCarregamento]:=
                 VetorDeCarga[NroDaDirecaoCarregada,NroDoCarregamento]
                 +ValorDaComponente;
   end;{for k}
   writeln(ArquivoDeSaida);
  end;{for j}
  writeln(ArquivoDeSaida);
  readln(ArquivoDeDados);
 end;{for i}
end;

procedure FazRelatorioDosDados;
var
 i,j:integer;
 AsArticulacoes:TVetorDeArticulacoes;
 ArticulacaoAtiva:string;
begin
 append(ArquivoDeSaida);
 {informações gerais}
 writeln(ArquivoDeSaida);
 writeln(ArquivoDeSaida,'Informações Gerais');
 writeln(ArquivoDeSaida,'Número de Nós...............',NumeroDeNos:5);
 writeln(ArquivoDeSaida,'Número de Elementos.........',NumeroDeElementos:5);
 writeln(ArquivoDeSaida,'Número de Seções............',NumerodePropriedades:5);
 writeln(ArquivoDeSaida,'Número de Materiais.........',NumeroDeMateriais:5);
 writeln(ArquivoDeSaida,'Número de Apoios............',NumerodeApoios:5);
 writeln(ArquivoDeSaida,'Número de Carregamentos.....',NumerodeCarregamentos:5);
 writeln(ArquivoDeSaida);
 {materiais}
 writeln(ArquivoDeSaida);
 writeln(ArquivoDeSaida,'Materiais');
 writeln(ArquivoDeSaida,'Material':10,'M.Elast.':16,'Poisson':11,
                        'P.Espec.':11,'M.Espec.':11);
 for i:=1 to NumeroDeMateriais do
 begin
  writeln(ArquivoDeSaida,i:10,' ',Material[i].Elasticidade:15,
                    ' ',Material[i].Poisson:10:3,
                    ' ',Material[i].PesoEspecifico:10:3,
                    ' ',Material[i].MassaEspecifica:10:3);
```

```
end;{for i}
writeln(ArquivoDeSaida);
{seções}
writeln(ArquivoDeSaida);
writeln(ArquivoDeSaida,'Seções');
writeln(ArquivoDeSaida,'Seção':10,'Ax':11,'Ay':11,'Az':11,
                       'Ix':11,'Iy':11,'Iz':11);
for i:=1 to NumeroDePropriedades do
begin
 writeln(ArquivoDeSaida,i:10,' ',Propriedade[i].AreaX:10,
                   ' ',Propriedade[i].AreaY:10,
                   ' ',Propriedade[i].AreaZ:10,
                   ' ',Propriedade[i].InerciaX:10,
                   ' ',Propriedade[i].InerciaY:10,
                   ' ',Propriedade[i].InerciaZ:10);
end;{for i}
writeln(ArquivoDeSaida);
{coordenadas nodais}
writeln(ArquivoDeSaida);
writeln(ArquivoDeSaida,'Coordenadas Nodais');
writeln(ArquivoDeSaida,'No':10,'X':11,'Y':11,'Z':11);
for i:=1 to NumeroDeNos do
begin
 writeln(ArquivoDeSaida,i:10,' ',Coord[i].X:10:3,
                   ' ',Coord[i].Y:10:3,' ',Coord[i].Z:10:3);
end;{for i}
writeln(ArquivoDeSaida);
{elementos}
writeln(ArquivoDeSaida);
writeln(ArquivoDeSaida,'Propriedades dos Elementos');
writeln(ArquivoDeSaida,'Elemento':10,'Nó Inicial':11,'Nó Final':11,'Gama':11,
                       'Material':11,'Secão':11);
for i:=1 to NumeroDeElementos do
begin
 writeln(ArquivoDeSaida,i:10,' ',Elemento[i].Ndn[1]:10,
                   ' ',Elemento[i].Ndn[2]:10,
                   ' ',Elemento[i].Gama:10:3,
                   ' ',Elemento[i].NroDoMaterial:10,
                   ' ',Elemento[i].NroDaPropriedade:10);
end;{for i}
if (ExistemElementosComArticulacoes)
then begin
    writeln(ArquivoDeSaida);
    writeln(ArquivoDeSaida,'Articulações em Elemento');
    writeln(ArquivoDeSaida,'Elemento':10,'Nó Inicial':16,'Nó Final':29);
    writeln(ArquivoDeSaida,'N':12,'Vy':4,'Vz':4,'Mx':4,'My':4,'Mz':4,
                       'N':10,'Vy':4,'Vz':4,'Mx':4,'My':4,'Mz':4);
    for i:=1 to NumeroDeElementos do
    begin
     if Elemento[i].NroDeArticulacoes<>0
     then begin
        write(ArquivoDeSaida,i:10);
        for j:=1 to 2*NDesNo do AsArticulacoes[j]:=0;
        for j:=1 to Elemento[i].NroDeArticulacoes do
        begin
         AsArticulacoes[Elemento[i].AsArticulacoes[j]]:=1;
        end;
        for j:=1 to 2*NDesNo do
        begin
         if AsArticulacoes[j]=1
         then ArticulacaoAtiva:='s'
         else ArticulacaoAtiva:='n';
         case j of
          1:write(ArquivoDeSaida,ArticulacaoAtiva:2);
          (NDesNo+1):write(ArquivoDeSaida,ArticulacaoAtiva:10);
          else write(ArquivoDeSaida,ArticulacaoAtiva:4);
         end;{case}
        end;{for j}
        writeln(ArquivoDeSaida);
       end;
```

```
      end;{for i}
     end;
 writeln(ArquivoDeSaida);
 {apoios}
 writeln(ArquivoDeSaida);
 writeln(ArquivoDeSaida,'Restrições');
 writeln(ArquivoDeSaida,'Nó':10,'TX':11,'TY':11,'TZ':11,
                        'RX':11,'RY':11,'RZ':11);
 for i:=1 to NumeroDeApoios do
 begin
  write(ArquivoDeSaida,Apoio[i].NroDoNo:10,' ');
  for j:=1 to 6 do
  begin
   write(ArquivoDeSaida,Apoio[i].Restricoes[j]:10,' ');
  end;{for j}
  writeln(ArquivoDeSaida);
 end;{for i}
end;

procedure ResultadosFinais;
var
 PosicaoDoDeslocamento,
 NroDoNoDoElemento,
 i,j,k,m:integer;
 VetorAuxiliar,
 VetorDeDeslocamentosDoElemento:array of real;
 MatrizDeRigidez,
 MatrizDeRotacao:TMatrizDeElemento;
begin
 writeln('Resultados da an',char(160),'lise.');
 writeln(ArquivoDeSaida);
 for i:=1 to 50 do write(ArquivoDeSaida,'*');
 writeln(ArquivoDeSaida);
 writeln(ArquivoDeSaida,'Resultados da Análise ');
 for i:=1 to 50 do write(ArquivoDeSaida,'*');
 writeln(ArquivoDeSaida);
 for k:=1 to NumeroDeCarregamentos do
 begin
  writeln(ArquivoDeSaida);
  writeln(ArquivoDeSaida,'Carregamento ',k:3);
  for i:=1 to 50 do write(ArquivoDeSaida,'-');
  writeln(ArquivoDeSaida);
  writeln(ArquivoDeSaida,'Deslocamentos Nodais');
  writeln(ArquivoDeSaida,'No':10,'Tx':11,'Ty':11,'Tz':11,'Rx':11,'Ry':11,
                                                     'Rz':11);
  for i:=1 to NumeroDeNos do
  begin
   PosicaoDoDeslocamento:=(i-1)*NDesNo;
   write(ArquivoDeSaida,i:10,' ');
   for j:=1 to NDesNo do write(ArquivoDeSaida,
                 VetorDeCarga[PosicaoDoDeslocamento+j,k]:10,' ');
   writeln(ArquivoDeSaida);
  end;{for i}
  writeln(ArquivoDeSaida);
  {reações de apoio}
  writeln(ArquivoDeSaida);
  writeln(ArquivoDeSaida,'Reações de Apoio');
  writeln(ArquivoDeSaida,'No':10,'Fx':11,'Fy':11,'Fz':11,'Mx':11,'My':11,
                                                     'Mz':11);
  for i:=1 to NumeroDeApoios do
  begin
   write(ArquivoDeSaida,Apoio[i].NroDoNo:10,' ');
   PosicaoDoDeslocamento:=(Apoio[i].NroDoNo-1)*NDesNo;
   for j:=1 to NDesNo do
   begin
    if Apoio[i].Restricoes[j]<>'1'
    then write(ArquivoDeSaida,'0.000':10,' ')
    else begin
         write(ArquivoDeSaida,-NGrande*
                 VetorDeCarga[PosicaoDoDeslocamento+j,k]:10:3,' ');
```

```
        end;
    end;
    writeln(ArquivoDeSaida);
   end;{for i}
   writeln(ArquivoDeSaida);
  {forças nos elementos}
   writeln(ArquivoDeSaida);
   writeln(ArquivoDeSaida,'Forças nos Elementos');
   writeln(ArquivoDeSaida,'Elemento':8,'Nó':6,'N':10,'Vy':10,'Vz':10,
                           'Mx':10,'My':10,'Mz':10);
  setlength(VetorDeDeslocamentosDoElemento,2*NDesNo+1);
  setlength(VetorAuxiliar,2*NDesNo+1);
  for i:=1 to NumeroDeElementos do
  begin
   for j:=1 to NNoElem do
   begin
    NroDoNoDoElemento:=Elemento[i].Ndn[j];
    PosicaoDoDeslocamento:=(NroDoNoDoElemento-1)*NDesNo;
    for m:=1 to NDesNo do
    begin
     VetorAuxiliar[(j-1)*NDesNo+m]:=VetorDeCarga[PosicaoDoDeslocamento+m,k]
    end;{for m}
   end;{for j}
   {transforma deslocamentos para o sistema local}
   MatrizDeRotacao:=Matriz_De_Rotacao_PEspacial(i);
   for j:=1 to 2*NDesNo do VetorDeDeslocamentosDoElemento[j]:=0.0;
   for j:=1 to 2*NDesNo do
   begin
    for m:=1 to 2*NDesNo do
    begin
     VetorDeDeslocamentosDoElemento[j]:=VetorDeDeslocamentosDoElemento[j]+
                        MatrizDeRotacao[j,m]*VetorAuxiliar[m];
    end;{for m}
   end;{for j}
   {esforços de extremidade}
   MatrizDeRigidez:=Matriz_de_Rigidez_PEspacial_Local(i);
   for j:=1 to 2*NDesNo do VetorAuxiliar[j]:=0.0;
   for j:=1 to 2*NDesNo do
   begin
    for m:=1 to 2*NDesNo do
    begin
     VetorAuxiliar[j]:=VetorAuxiliar[j]+
              MatrizDeRigidez[j,m]*VetorDeDeslocamentosDoElemento[m];
    end;{for m}
   end;{for j}
   write(ArquivoDeSaida,i:8,' ');
   for j:=1 to 2 do
   begin
    if j=1
    then write(ArquivoDeSaida,Elemento[i].Ndn[j]:5,' ')
    else write(ArquivoDeSaida,Elemento[i].Ndn[j]:14,' ');
    for m:=1 to NDesNo do
              write(ArquivoDeSaida,VetorAuxiliar[(j-1)*NDesNo+m]:9:3,' ');

    writeln(ArquivoDeSaida);
   end;{for j}
  end;{for i}
  end;{for k}
  if VetorDeDeslocamentosDoElemento<>nil
                   then VetorDeDeslocamentosDoElemento:=nil;
  if VetorAuxiliar<>nil then VetorAuxiliar:=nil;

  writeln(ArquivoDeSaida);
  writeln(ArquivoDeSaida);
  writeln(ArquivoDeSaida);
  writeln(ArquivoDeSaida,'fim da análise');
 end;
{-------------------------------------------------------------------}
{rotinas gerais}
```

```
function LinhaDeComando:boolean;
begin
 LinhaDeComando:=false;
 if Paramcount<>0
 then begin
      NomeDoArquivoDeDados:=Paramstr(1);
      NomeDoArquivoDeDados:=ChangeFileExt(NomeDoArquivoDeDados,'.SLT');
      NomeDoArquivoDeSaida:=ChangeFileExt(NomeDoArquivoDeDados,'.L');
      writeln('Nome do Arquivo de Dados : ',NomeDoArquivoDeDados);
      writeln('Nome do Arquivo de Saida : ',NomeDoArquivoDeSaida);
      LinhaDeComando:=true;
     end;
end;
procedure LerONomeDoArquivoDeDadosEDeSaida;
label
 NovoNomeParaOArquivoDeDados,
 NovoNomeParaOArquivoDeSaida;
var
 Ch:char;
begin
 if LinhaDeComando
 then begin
      assign(ArquivoDeDados,NomeDoArquivoDeDados);
      reset(ArquivoDeDados);
      assign(ArquivoDeSaida,NomeDoArquivoDeSaida);
      rewrite(ArquivoDeSaida);
      exit;
 end;
 NovoNomeParaOArquivoDeDados:
 write('Nome do Arquivo de Dados (<ENTER> aborta): ');readln(NomeDoArquivoDeDados);
 if NomeDoArquivoDeDados='' then halt;
 if not fileexists(NomeDoArquivoDeDados)
 then begin
      writeln('O arquivo de dados n',char(198),'o foi encontrado.');
      writeln('Deseja fazer nova tentativa (S/N)?');ch:=readkey;
      if (Ch='S')or(Ch='s')
      then begin
           clrscr;
           goto NovoNomeParaOArquivoDeDados;
          end
      else halt;
     end
 else begin
      NovoNomeParaOArquivoDeSaida:
      write('Nome do Arquivo de Saida (<ENTER> aborta): ');
      readln(NomeDoArquivoDeSaida);
      if NomeDoArquivoDeSaida='' then halt;
      if fileexists(NomeDoArquivoDeSaida)
      then begin
           writeln('O arquivo de saida j',char(160),' existe. Deseja continuar (S/N)?');
           ch:=readkey;
           if (Ch='N')or(Ch='n')
           then goto NovoNomeParaOArquivoDeSaida;
          end;
      assign(ArquivoDeDados,NomeDoArquivoDeDados);
      reset(ArquivoDeDados);
      assign(ArquivoDeSaida,NomeDoArquivoDeSaida);
      rewrite(ArquivoDeSaida);
     end;
 writeln;
end;

procedure CabecalhoDoArquivoDeSaida;
var
 i:integer;
begin
 writeln(ArquivoDeSaida);
 for i:=1 to 50 do write(ArquivoDeSaida,'*');
 writeln(ArquivoDeSaida);
 writeln(ArquivoDeSaida,'MEF - Programa de Análise de Estruturas');
```

```
 writeln(ArquivoDeSaida,'Programa integrante do livro:');
 writeln(ArquivoDeSaida,'           Análise de Estruturas com Computadores');
 writeln(ArquivoDeSaida,'Autor:');
 writeln(ArquivoDeSaida,'           Silvio de Souza Lima');
 for i:=1 to 50 do write(ArquivoDeSaida,'*');
 writeln(ArquivoDeSaida);
end;

procedure CabecalhoDaTela;
var
 i:integer;
begin
 writeln;
 for i:=1 to 50 do write('*');
 writeln;
 writeln('MEF - Programa de An',char(160),'lise de Estruturas');
 writeln('Programa integrante do livro:');
 writeln('           An',char(160),'lise de Estruturas com Computadores');
 writeln('Autor:');
 writeln('           Silvio de Souza Lima');
 for i:=1 to 50 do write('*');
 writeln;
 writeln;
 writeln;
end;

procedure LerInformacoesGerais;
begin
 read(ArquivoDeDados,NumeroDeNos);
 read(ArquivoDeDados,NumeroDeElementos);
 read(ArquivoDeDados,NumeroDePropriedades);
 read(ArquivoDeDados,NumeroDeMateriais);
 read(ArquivoDeDados,NumeroDeApoios);
 readln(ArquivoDeDados,NumeroDeCarregamentos);
end;

procedure Fim;
begin
 {$I-}
 close(ArquivoDeDados);
 ioresult;
 close(ArquivoDeSaida);
 ioresult;
 {$I+}
 if Coord<>nil then Coord:=nil;
 if Elemento<>nil then Elemento:=nil;
 if Material<>nil then Material:=nil;
 if Propriedade<>nil then Propriedade:=nil;
 if Apoio<>nil then Apoio:=nil;
 if VetorDeCarga<>nil then VetorDeCarga:=nil;
 if Apontador<>nil then Apontador:=nil;
 if MRigidez<>nil then MRigidez:=nil;
 writeln;
 writeln;
 writeln;
 writeln('Fim do programa.');
 writeln;
 writeln;
 if ParamCount<>0
 then begin
     writeln('Pressione qualquer tecla para continuar.');
     repeat until keypressed;
 end
 else begin
     writeln('Pressione qualquer tecla para sair.');
     repeat until keypressed;
 end;
end;
```

```
{-----------------------------------------------------------------------}

begin
 CabecalhoDaTela;
 LerONomeDoArquivoDeDadosEDeSaida;
 CabecalhoDoArquivoDeSaida;
 LerInformacoesGerais;
 LerMateriais;
 LerPropriedadesDeSecao;
 LerCoordenadasNodais;
 LerInformacoesDosElementos;
 LerApoios;
 FazRelatorioDosDados;
 LerEImprimirCargas;
 MontarVetorApontador;
 MontarMatrizDeRigidezDaEstrutura;
 CondicoesGeometricasDeContorno;
 if ResolverOSistemadeEquacoes
 then begin
      ResultadosFinais;
    end;
 Fim;
end.
```

Exercícios propostos:

E.1 – Considerando o código-fonte do programa MEF, faça as rotinas necessárias para a consideração de carga uniforme total aplicada nos elementos.

E.2 – Idem para considerar recalque de apoio.

E.3 – Idem para variação de temperatura (uniforme e gradiente).

E.4 – Considerando o código-fonte do programa MEF, faça uma rotina para a consideração de apoios inclinados.

4

ANÁLISE NÃO LINEAR GEOMÉTRICA

1 – Conceito de Não Linearidade

Sendo a matriz de rigidez e o vetor de carga independentes dos deslocamentos, o comportamento da estrutura é dito linear, hipóteses estas assumidas nos capítulos anteriores. Caso contrário, o comportamento será não linear. Várias podem ser a s causas do comportamento não linear em uma estrutura, sendo geralmente classificadas como *não linearidade física* ou de material, quando associada com as mudanças das propriedades do material, e a *não linearidade geométrica*, quando associada com a mudança de forma. Será tratado no presente capítulo a não linearidade geométrica, entretanto, os conceitos básicos podem ser estendidos ao caso da não linearidade física.
Considerando a análise linear, as equações de equilíbrio são escritas na geometria indeformada da estrutura, o que não deixa de ser uma incoerência uma vez que a estrutura, sob a ação das cargas se deforma, encontrando seu equilíbrio em configuração deformada. Entretanto para muitas estruturas, por apresentarem deformações pequenas, a hipótese do comportamento linear pode ser aceita sem restrições. Outras por apresentarem elementos flexíveis como cabos, dentre outros, a não linearidade deve ser considerada. Neste grupo estão as pontes estaiadas e pênseis e estruturas com cabos, em geral. Na figura 4.1.1 é mostrada esquematicamente uma ponte estaiada em que o comportamento não linear deve ser considerado.

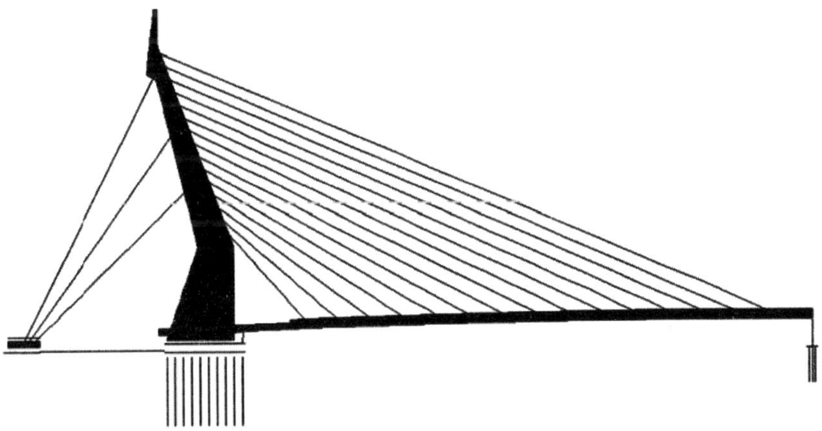

Figura 4.1.1 – Representação esquemática de uma ponte estaiada.

Para entendimento do problema não linear, seja uma mola sujeita a uma força P em sua extremidade, conforme mostrado na figura 4.1.2a, de comportamento não linear mostrado esquematicamente na parte b da referida figura, não interessando, por hora, a causa da não linearidade. A rigidez k da mola é dada por uma parcela constante k_0 acrescida de uma parcela k_g função do deslocamento d da extremidade, sendo escrita como:

$$k = k_0 + k_g(d) \qquad \text{(Equação 4.1.1)}$$

Que permite escrever:

$$P = (k_0 + k_g(d)) \cdot d \qquad \text{(Equação 4.1.2)}$$

A solução da equação 4.1.2 só pode ser obtida numericamente por aproximações sucessivas, devido a dependência entre rigidez e deslocamento.

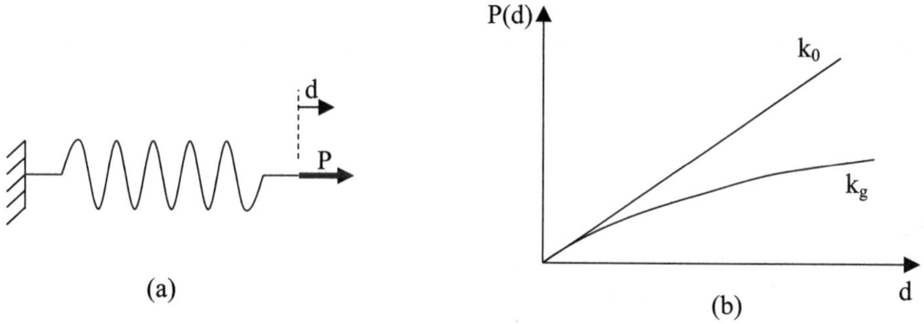

Figura 4.1.2 – Mola não linear.

Exemplo 1: Considerando para a mola da figura 4.1.2 $k_0 = 9{,}0 \cdot 10^5$, $k_g(d) = -8{,}0 \cdot 10^4 \cdot d^{0,5}$ e $P = 125.000{,}0$, todos em unidades consistentes, pede-se calcular o deslocamento da extremidade livre da mola.

Solução:
A solução pode ser encontrada utilizando alguns procedimentos, por exemplo:
a) *Procedimento iterativo*: procura estabelecer o equilíbrio entre a carga aplicada e o deslocamento, fazendo a correspondência entre força e deformação.
a.1) *Método direto*: a rigidez é sucessivamente atualizada sendo o equilíbrio estabelecido para a totalidade da carga.
a.1.1) Alternativa 1:

$$d_1 = \frac{P}{k_0} \quad \text{e} \quad d_i = \frac{P}{k(d_{i-1})} \quad \text{para i=2,3,...} \qquad \text{(Equação 4.1.3)}$$

Assim tem-se:

Aproximação 1: $d_1 = \frac{P}{k_0} = 0{,}1388889$

Aproximação 2: $d_2 = \frac{P}{k(d_1)} = 0{,}1436474$

Aproximação 3: $d_3 = \frac{P}{k(d_2)} = 0{,}1437311$

Aproximação 4: $d_4 = \dfrac{P}{k(d_3)} = 0{,}1437325$

O processo deve continuar até que a seja alcançada a aproximação desejada. No presente caso observa-se a convergência para o valor 0,14373.

a.1.2) Alternativa 2:

$$d_1 = \frac{P}{k_0} \quad \text{e} \quad d_i = \frac{P - k_g(d_{i-1}) \cdot d_{i-1}}{k_0} \quad \text{para } i=2,3,... \qquad \text{(Equação 4.1.4)}$$

Tem-se para os deslocamentos:

Aproximação 1: $d_1 = \dfrac{P}{k_0} = 0{,}1388889$

Aproximação 2: $d_2 = \dfrac{P - k_g(d_1) \cdot d_1}{k_0} = 0{,}1434898$

Aproximação 3: $d_3 = \dfrac{P - k_g(d_2) \cdot d_2}{k_0} = 0{,}1437203$

Aproximação 4: $d_4 = \dfrac{P - k_g(d_3) \cdot d_3}{k_0} = 0{,}1437320$

O processo deve continuar até que a seja alcançada a aproximação desejada. A exemplo do caso anterior observa-se a convergência para o valor 0,1435, mas o caminho é diferente como é mostrado pela diferença entre os valores obtidos nas aproximações. Na figura 4.1.3 são mostradas representações gráficas das alternativas 1 e 2, onde pode ser observada a diferença entre as duas metodologias.

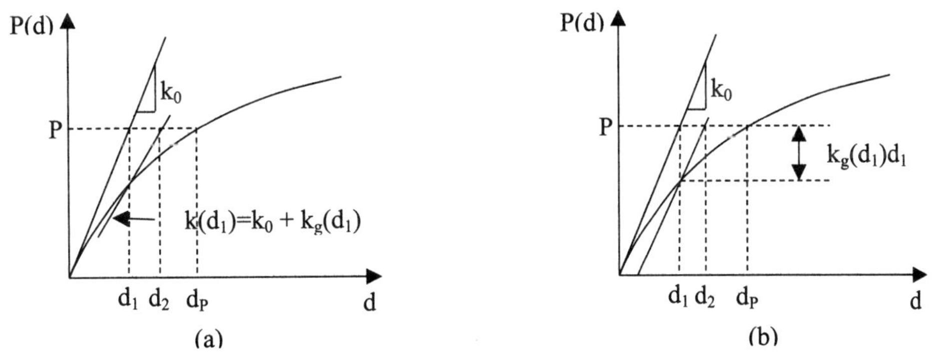

Figura 4.1.3 – Representação gráfica das alternativas 1 e 2 do método direto de solução.

a.2) *Método de Newton-Raphson*: em cada aproximação a rigidez é definida utilizando o deslocamento e a força residual da aproximação anterior. Entende-se por força residual ou força desbalanceada, a diferença entre a força aplicada e a força na mola para a aproximação considerada, assim para a aproximação de ordem i tem-se para a força na mola o valor $P_m = k(d_{i-1}) \cdot d_{i-1}$ resultando para força residual $P_{res} = P - P_m$. Aplicando para o exemplo atual tem-se:

Aproximação 1: $d_1 = \dfrac{P}{k_0} = 0{,}1388889 \xrightarrow{\text{força residual}} P - k(d_1) \cdot d_1 = 4140{,}866$

Aproximação 2: $d_2 = d_1 + \dfrac{P - k(d_1) \cdot d_1}{k(d_1)} = 0{,}1436474 \xrightarrow{\text{força residual}} P - k(d_2) \cdot d_2 = 72{,}749$

Aproximação 3: $d_3 = d_2 + \dfrac{P - k(d_2) \cdot d_2}{k(d_2)} = 0{,}1437311 \xrightarrow{\text{força residual}} P - k(d_3) \cdot d_3 = 1{,}26873$

Aproximação 4: $d_4 = d_3 + \dfrac{P - k(d_3) \cdot d_3}{k(d_3)} = 0{,}1437325 \xrightarrow{\text{força residual}} P - k(d_4) \cdot d_4 = 0{,}02212$

O processo deve ser repetido até que a aproximação desejada seja alcançada. Também aqui fica claro a convergência para o valor 0,14373. Na figura 4.1.4 é mostrada uma representação gráfica para o método de Newton-Raphson.

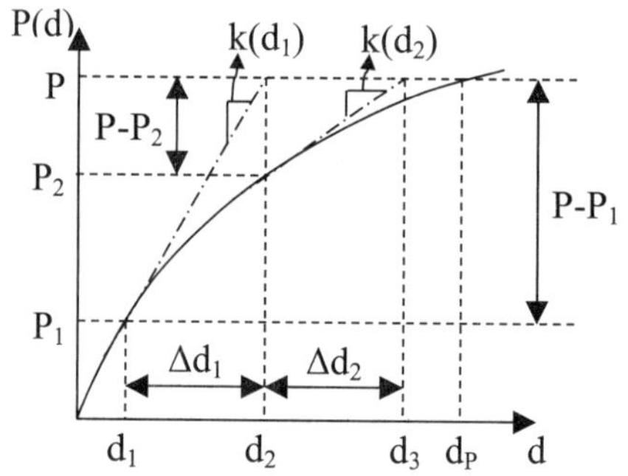

Figura 4.1.4 – Representação gráfica do método de Newton-Raphson.

b) *Procedimento incremental*: o comportamento da estrutura é assumido como sendo linear para incrementos de carga tão pequenos quanto se queira. A carga é dividida em um número pré-definido de incrementos ou então em função do comportamento do processo incremental. Portanto, o comportamento não linear é substituído por uma aproximação obtida pelo somatório de comportamentos perfeitamente lineares, tendo como base a rigidez ao final do cálculo para o incremento anterior. Considerando, para o exemplo atual, quatro incrementos iguais de carga, tem-se:

Incremento de carga: $\Delta P = \dfrac{P}{4} = 31.250{,}0$

Incremento 1: $d_1 = \dfrac{\Delta P_1}{k_0} = 0{,}0347222$

Incremento 2: $d_2 = d_1 + \dfrac{\Delta P_2}{k(d_1)} = 0{,}0700292$

Incremento 3: $d_3 = d_2 + \dfrac{\Delta P_3}{k(d_2)} = 0{,}1055879$

Incremento 4: $$d_4 = d_3 + \frac{\Delta P_4}{k(d_3)} = 0{,}1413428$$

No procedimento incremental, a cada incremento, a solução obtida tende a se afastar da solução procurada, conforme representado esquematicamente na figura 4.1.5, pelo afastamento da curva em traço-ponto (solução obtida) da curva em linha sólida (solução procurada).

A associação do procedimento incremental e iterativo apresenta vantagens. Nesta abordagem a carga é dividida em um certo número de incrementos de forma a se ter:

$$P_i = P_{i-1} + \Delta P_i \qquad \text{(Equação 4.1.5)}$$

Sendo ΔP_i o incremento de carga correspondente. No caso dos incrementos serem iguais, tem-se:

$$P_i = \sum_{j=1}^{i} \Delta P_j \qquad \text{(Equação 4.1.6)}$$

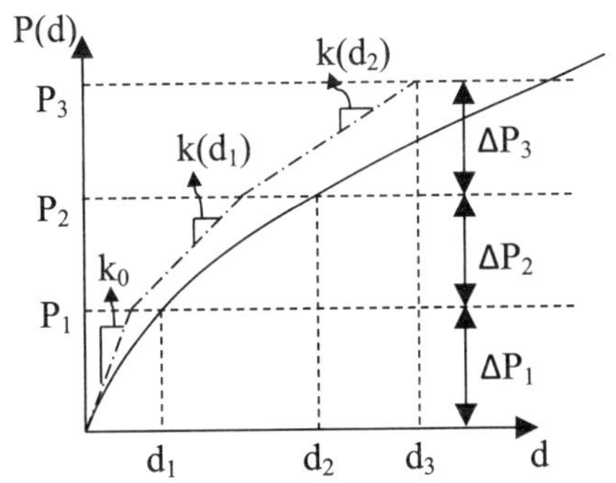

Figura 4.1.5 – Representação gráfica do procedimento incremental.

Para cada incremento de carga, o método de Newton-Raphson, com verificação do equilíbrio, pode ser aplicado eliminando a tendência de afastamento da solução obtida relativa à solução procurada, inerente ao procedimento incremental e já apresentada e mostrada na figura 4.1.5. Na formulação original do método de Newton-Raphson a rigidez é atualizada a cada iteração, o que em sistemas com múltiplos graus de liberdade pode representar custo computacional, em termos de tempo de processamento, elevado. Uma modificação pode ser introduzida, com a determinação da rigidez na primeira iteração sendo mantida constante durante as demais iterações dentro do incremento de carga considerado. Nesta configuração o método é chamado de Newton-Raphson Modificado. Na figura 4.1.6 é mostrado um fluxograma simplificado para o método, onde n e m representam, respectivamente, o número de incrementos de carga e o número máximo de iterações por incremento, ΔP_i o valor do incremento de carga, F a força desequilibrada e Tol a tolerância em termos da força desequilibrada.

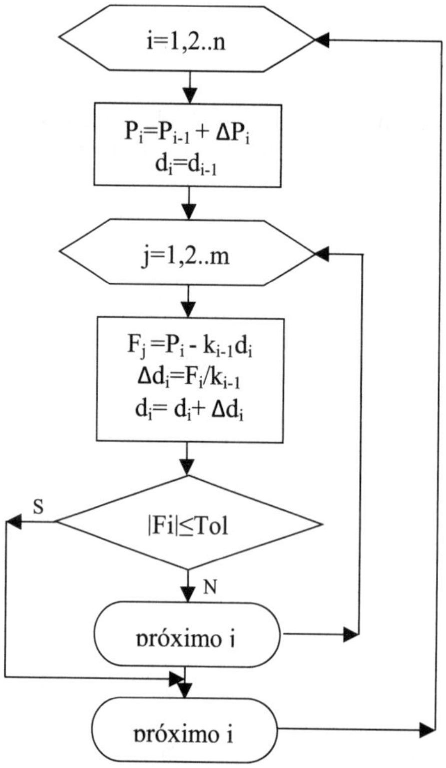

Figura 4.1.6 – Fluxograma para o método de Newton-Raphson Modificado.

Algoritmos para a solução de equações não lineares, aplicados a problemas de mecânica das estruturas, são encontrados na literatura técnica. Dentre outros, citam-se BATHE (1983), CRISFIELD (1981), KRENK (1995) e YEONG-BIN (1990). Considerando-se este último e escrevendo o sistema de equações para a iteração j do incremento de carga i como:

$$\underset{\sim}{K}^{i}_{j-1}\,\underset{\sim}{d}^{i}_{j} = \lambda^{i}_{j}\underset{\sim}{F} + \underset{\sim}{R}^{i}_{j-1} \qquad \text{(Equação 4.1.7)}$$

Sendo λ parâmetro de incremento de carga, $\underset{\sim}{F}$ o vetor de carga de referência e $\underset{\sim}{R}$ o vetor de força desequilibrada. A matriz $\underset{\sim}{K}$ representa a matriz de rigidez da estrutura, obtida da mesma forma que a apresentada no capítulo 2, mas utilizando a matriz de rigidez tangente dos elementos. Com isto, o algoritmo pode ser resumido como:

1) Definir o parâmetro de incremento de carga inicial λ^{1}_{1},
2) Para a primeira iteração de qualquer incremento de carga, ou seja para j=1:
   a) Montar a matriz de rigidez $\underset{\sim}{K}^{i}_{0}$.
   b) Resolver o sistema de equações de equilíbrio $\underset{\sim}{K}^{i}_{j-1}\left\{\underset{\sim}{d}_{1}\right\}^{i}_{j} = \underset{\sim}{F}$. Se i=1 (primeiro incremento de carga) fazer GSP=1, caso contrário, $GSP = \dfrac{\left\{\underset{\sim}{d}^{T}_{1}\right\}^{1}_{1}\left\{\underset{\sim}{d}_{1}\right\}^{1}_{1}}{\left\{\underset{\sim}{d}^{T}_{1}\right\}^{i-1}_{1}\left\{\underset{\sim}{d}_{1}\right\}^{i}_{1}}$.

c) Se i≥2 calcular o parâmetro de incremento de carga $\lambda_1^i = \lambda_1^1\sqrt{|GSP|}$.

d) Se GSP<0 fazer $\lambda_1^i = -\lambda_1^i$.

e) Calcular o deslocamento $\underset{\sim 2}{d}$ usando a equação $\underset{\sim}{K}{}^i_{j-1}\left\{\underset{\sim 2}{d}\right\}^i_j = \underset{\sim}{R}{}^i_{j-1}$. Para a primeira iteração tem-se $\underset{\sim 1}{d}{}^i = \underset{\sim}{0}$.

3) Para j≥2:

a) Calcular o vetor de força desequilibrada $\underset{\sim}{R}{}^i_{j-1}$.

b) Atualizar a matriz de rigidez $\underset{\sim}{K}{}^i_{j-1}$. Se a opção for por atualizar a matriz de rigidez apenas na primeira iteração, esta etapa deve ser ignorada.

c) Calcular os deslocamentos $\left\{\underset{\sim 1}{d}\right\}^i_j$ e $\left\{\underset{\sim 2}{d}\right\}^i_j$ respectivamente com as expressões:

$$\underset{\sim}{K}{}^i_{j-1}\left\{\underset{\sim 1}{d}\right\}^i_j = \underset{\sim}{F} \quad \text{e} \quad \underset{\sim}{K}{}^i_{j-1}\left\{\underset{\sim 2}{d}\right\}^i_j = \underset{\sim}{R}{}^i_{j-1}.$$

d) Calcular o parâmetro de incremento de carga $\lambda_j^i = -\dfrac{\left\{\underset{\sim 1}{d^T}\right\}^{i-1}_1\left\{\underset{\sim 2}{d}\right\}^i_j}{\left\{\underset{\sim 1}{d^T}\right\}^{i-1}_1\left\{\underset{\sim 1}{d}\right\}^i_j}$.

e) Calcular os deslocamentos da iteração corrente $\underset{\sim j}{d}{}^i = \lambda_j^i\left\{\underset{\sim 1}{d}\right\}^i_j + \left\{\underset{\sim 2}{d}\right\}^i_j$.

4) Atualizar as forças nos elementos, carga total e a geometria da estrutura.
5) Retornar aos passos 3 e 4 até ser encontrada a convergência.
6) Se a carga total for menor que a carga de referência retornar ao passo 2. Caso contrário, finalizar.

A seleção do parâmetro de incremento de carga, passo 1 do algoritmo, deve ser feita com cuidado, pois o valor pode afetar fortemente a solução. Segundo McGUIRE (2010) valor entre 0,10 e 0,20 apresenta bons resultados.
Para a verificação da convergência, três alternativa se apresentam, conforme McGUIRE (2010):
Norma Absoluta:

$$\|\varepsilon\| = \frac{1}{N}\sum_{k=1}^{N}\left|\frac{d_k}{d_{ref}}\right| \qquad \text{(Equação 4.1.8a)}$$

Norma Euclidiana:

$$\|\varepsilon\| = \sqrt{\frac{1}{N}\sum_{k=1}^{N}\left(\frac{d_k}{d_{ref}}\right)^2} \qquad \text{(Equação 4.1.8b)}$$

Norma Máxima:

$$\|\varepsilon\| = \max\left|\frac{d_k}{d_{ref}}\right|_{1\le k\le N} \qquad \text{(Equação 4.1.8c)}$$

Nas equações 4.1.8a, 4.1.8b e 4.1.8c, N representa o número de deslocamentos livres (graus de liberdade), d_k o deslocamento (livre) de ordem k. Dependendo da natureza de d_k (translação ou rotação), d_{ref} representa a maior translação ou rotação do vetor de deslocamento total.
O critério de convergência adotado deve atender a condição:

$$\|\varepsilon\| \le TOL \qquad \text{(Equação 4.1.8d)}$$

Em que TOL representa a tolerância podendo ser adotada entre 10^{-2} e 10^{-6}.

Para a obtenção do vetor de força desequilibrada $\underset{\sim}{R}^{i}_{j-1}$, deve-se a partir das contribuições dos elementos obter o vetor de forças nodais $\underset{\sim}{F}^{i}_{j-1}$ sendo então $\underset{\sim}{R}^{i}_{j-1} = \lambda^{i}_{j}\underset{\sim}{F} - \underset{\sim}{F}^{i}_{j-1}$.

Na mecânica para a descrição de um parâmetro como o movimento, duas formulações podem ser empregadas, a saber:
a) *Euleriana*. Nesta formulação o referencial é fixo. Considerando um ponto do espaço, interessa saber o que acontece neste ponto a cada intervalo de tempo, sendo a configuração de referência sempre a última. Esta formulação é adequada a problemas de mecânica dos fluídos, o que não exclui, embora pouco comum, sua aplicação ao estudo do comportamento de estruturas.
b) *Lagrangeana*. Nesta, o referencial é móvel, podendo cada ponto variar suas coordenadas. Esta formulação é de interesse da mecânica de estruturas por se adaptar ao estudo de deformação das estruturas. Duas abordagens podem ser seguidas a *Lagrangeana Total* e a *Lagrangeana Atualizada*. Na primeira, o sistema de eixos de referência está ligado à configuração inicial da estrutura e, na segunda, à configuração anterior.

2 – Não Linearidade Geométrica

Seja a barra indeformável, mostrada na figura 4.2.1, com engaste elástico em sua extremidade inferior, representado por uma mola com comportamento linear. O momento no engaste é dado por $M_b = L(P\sin\theta + H\cos\theta)$, sendo θ a deformação angular do engaste elástico. Este ângulo e o momento no engaste são interdependentes caracterizando um comportamento não linear geométrico. Neste caso, a equação de equilíbrio deve ser escrita na configuração deformada da estrutura. Portanto, a solução consiste na determinação de um campo de deslocamentos para o qual a deformada da estrutura esteja em equilíbrio com as cargas aplicadas. Sendo o ângulo pequeno, o momento no engaste pode ser aproximado por $M_b = LH$, que corresponde a teoria de primeira ordem, em que é assumido ser o momento independente da posição deformada. Considerando a carga P de 100,0kN, H de 50,kN e o comprimento L da haste 5,0m, em teoria de primeira ordem o momento na base é 250,kNm não dependendo da rigidez da mola. Na tabela 1 são mostrados os valores do momento na base para quatro valores da constante de mola, considerando tolerância de 0,01 e um máximo de 50 interações com aplicação do método de Newton Raphson.

Tabela 1 – Resultados para a barra em balanço da figura 4.2.1.

k (kNm/rad)	Momento (kNm)	Número de iterações	Força Residual (kN)
3,0E5	250,417	2	6,94E-4
3,0E4	254,228	4	0,001
3,0E3	298,418	7	0,004
2,0E3	328,357	7	0,008

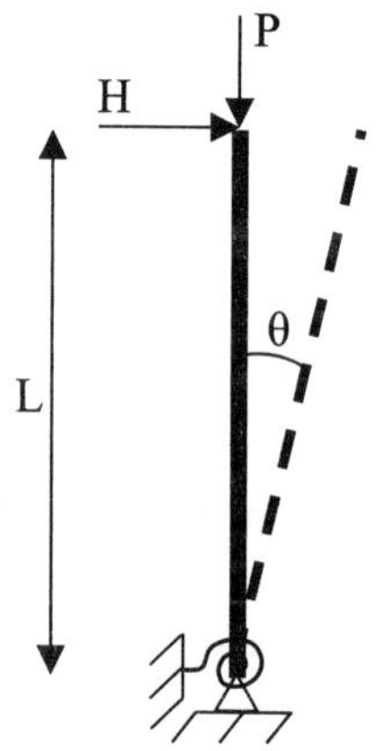

Figura 4.2.1 – Barra em balanço.

2.1 – Matriz Tangente

A matriz de rigidez tangente diferencia-se da matriz de rigidez tradicional, também chamada de matriz de rigidez linear, por considerar o estado de tensão presente no elemento, relacionando pequenas variações nos deslocamentos com pequenas variações nas forças de extremidades do elemento. Basicamente, a matriz tangente pode ser representada de duas formas: a) somando à matriz de rigidez linear nova matriz, chamada genericamente de *matriz geométrica* ou b) com a utilização de funções matemáticas, chamadas de *funções de estabilidade*, que afetam os termos da matriz de rigidez linear. Encontram-se várias formulações para a matriz tangente, estas variadas formas devem-se à teoria adotada na formulação, consequência dos efeitos levados em consideração.

Na análise não linear é necessário considerar a não linearidade das deformações, o que significa levar em consideração os termos de ordem superior que aparecem nas equações que relacionam as deformações aos deslocamentos, as quais podem ser escritas, com o tensor de deformação de Green-Lagrange, em termos das derivadas dos deslocamentos como:

$$\varepsilon_{ij} = \frac{1}{2}\left(\frac{\partial u_i}{\partial x_j} + \frac{\partial u_j}{\partial x_i} + \frac{\partial u_k}{\partial x_i} \cdot \frac{\partial u_k}{\partial x_j}\right) \qquad \text{(Equação 4.2.1)}$$

Em que X_i representa o vetor com as coordenadas lagrangeanas e u_i os deslocamentos.

Seja o elemento de treliça com seção transversal constante de área A e material elástico linear com módulo de elasticidade E, mostrada na figura 4.2.2, em que $\underset{\sim}{X}_{A_0}$, $\underset{\sim}{X}_{B_0}$, $\underset{\sim}{X}_{A}$, $\underset{\sim}{X}_{A}$ representam as coordenadas dos nós inicial e final, no sistema global, nas configurações inicial e deformada, respectivamente, e $\underset{\sim}{u}_A$ e $\underset{\sim}{u}_B$ os deslocamentos dos respectivos nós, também no sistema global. $\underset{\sim}{X}_0$ e $\underset{\sim}{X}$ são os vetores representativos do elemento nas posições inicial e deformada.

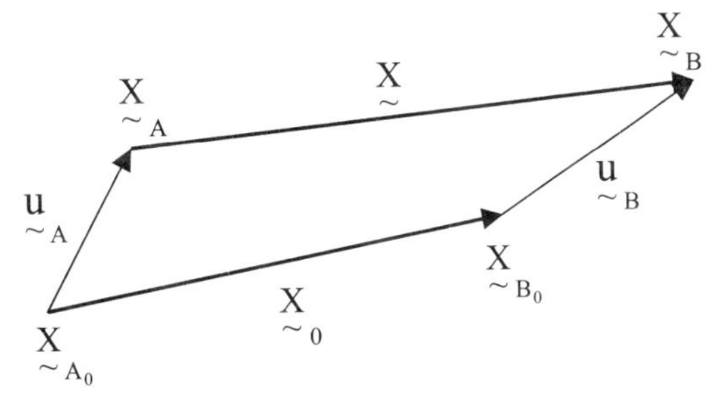

Figura 4.2.2 – Elemento de treliça, configurações inicial e deformada.

Para o elemento de treliça, a deformação relevante é no sentido axial. Sendo L_0 e L respectivamente os comprimentos nas configurações inicial e deformada, aquela deformação é representada pela deformação de Green por:

$$\varepsilon = \frac{L^2 - L_0^2}{2L^2} = \frac{1}{L^2}\left(\underset{\sim}{X}_0^T\, \underset{\sim}{u} + \frac{1}{2}\underset{\sim}{u}^T\, \underset{\sim}{u}\right) \qquad \text{(Equação 4.2.2)}$$

Que permite escrever para a variação da deformação:

$$\delta\varepsilon = \frac{1}{L_0^2}\left(\underset{\sim}{X}_0 + \underset{\sim}{u}\right)^T \delta\underset{\sim}{u} = \frac{1}{L_0^2}\underset{\sim}{X}^T \delta\underset{\sim}{u} \qquad \text{(Equação 4.2.3)}$$

O deslocamento relativo dos nós na posição final é calculado por:

$$\underset{\sim}{u} = \underset{\sim}{u}_B - \underset{\sim}{u}_A \qquad \text{(Equação 4.2.4)}$$

Os vetores representativos do elemento nas posições inicial e final são escritos, respectivamente, como:

$$\underset{\sim}{X}_0 = \underset{\sim}{X}_{B0} - \underset{\sim}{X}_{A0} \qquad \text{(Equação 4.2.5)}$$

$$\underset{\sim}{X} = \underset{\sim}{X}_0 + \underset{\sim}{u} \qquad \text{(Equação 4.2.6)}$$

Os comprimentos inicial e final podem ser calculados, respectivamente, por:

$$L_0^2 = \underset{\sim}{X}_0^T \underset{\sim}{X}_0 \qquad \text{(Equação 4.2.7)}$$

$$L^2 = \left(\underset{\sim}{X}_0 + \underset{\sim}{u}\right)^T \left(\underset{\sim}{X}_0 + \underset{\sim}{u}\right) \qquad \text{(Equação 4.2.8)}$$

Considerando que no elemento existam forças externas aplicadas $\underset{\sim}{f}_A$ e $\underset{\sim}{f}_B$, respectivamente nas extremidades A e B, o trabalho virtual correspondente é escrito como:

$$\delta W = \int P \cdot \delta\varepsilon \cdot ds - \underset{\sim}{f}_A \delta\underset{\sim}{u}_A - \underset{\sim}{f}_B \delta\underset{\sim}{u}_B \qquad \text{(Equação 4.2.9)}$$

Substituindo a equação 4.2.4 na 4.2.3 3 e esta na 4.2.9 obtém-se:

$$\delta W = \int_0^{L_0} \frac{1}{L^2} P \underset{\sim}{X}^T \left(\delta\underset{\sim}{u}_B - \delta\underset{\sim}{u}_A\right) ds - \underset{\sim}{f}_A^T \delta\underset{\sim}{u}_A - \underset{\sim}{f}_B^T \delta\underset{\sim}{u}_B \qquad \text{(Equação 4.2.10)}$$

Em que P representa a força interna ao elemento. Escrevendo a equação anterior na forma transposta e reagrupando, tem-se:

$$\delta W = \delta\underset{\sim}{u}_A^T \left(-\int_0^{L_0} \frac{1}{L_0^2} P \underset{\sim}{X} \, ds - \underset{\sim}{f}_A \right) + \delta\underset{\sim}{u}_B^T \left(\int_0^{L_0} \frac{1}{L_0^2} P \underset{\sim}{X} \, ds - \underset{\sim}{f}_B \right) \qquad \text{(Equação 4.2.11)}$$

Sendo a força P constante, fazendo as integrações e igualando a zero o trabalho δW obtém-se:

$$\underset{\sim}{f}_A = -P \frac{1}{L_0} \underset{\sim}{X} \qquad \text{(Equação 4.2.12a)}$$

$$\underset{\sim}{f}_B = P \frac{1}{L_0} \underset{\sim}{X} \qquad \text{(Equação 4.2.12b)}$$

Sendo o elemento de comportamento linear, a força interna P é proporcional à deformação, assim:

$$P = EA\varepsilon \qquad \text{(Equação 4.2.13)}$$

Substituindo a equação 4.2.13 nas equações 4.2.12, tem-se as forças geradas pela deformação dos elementos:

$$\underset{\sim A}{f} = -EA\varepsilon \frac{1}{L_0} \underset{\sim}{X} \qquad \text{(Equação 4.2.14a)}$$

$$\underset{\sim B}{f} = EA\varepsilon \frac{1}{L_0} \underset{\sim}{X} \qquad \text{(Equação 4.2.14b)}$$

Note-se que conhecidos os deslocamentos $\underset{\sim A}{u}$ e $\underset{\sim B}{u}$ os vetores $\underset{\sim}{X}$ e $\underset{\sim}{u}$ ficam determinados e, também a deformação ε.

Diferenciando a equação 4.2.14a obtém-se:

$$d\underset{\sim A}{f} = -\underset{\sim}{X}\frac{dP}{L_0} - \frac{P}{L_0} d\underset{\sim}{X} = -\left(\frac{\underset{\sim}{X}}{L_0} \cdot \frac{dP}{d\underset{\sim}{u}} + \frac{N}{L_0}\underset{\sim}{I}\right) \cdot d\left(\underset{\sim B}{u} - \underset{\sim A}{u}\right) \qquad \text{(Equação 4.2.15a)}$$

$$d\underset{\sim B}{f} = -d\underset{\sim A}{f} \qquad \text{(Equação 4.2.15b)}$$

Em que $\underset{\sim}{I}$ é a matriz identidade correspondente à dimensão do espaço considerado.

Sendo o elemento de comportamento linear, com auxílio das equações 4.2.3 e 4.2.13 escreve-se:

$$\frac{dP}{d\underset{\sim}{u}} = EA\frac{d\varepsilon}{d\underset{\sim}{u}} = \frac{EA}{L_0^2}\left(\underset{\sim 0}{X}^T + \underset{\sim}{u}^T\right) = \frac{EA}{L_0^2}\underset{\sim}{X}^T \qquad \text{(Equação 4.2.16)}$$

Substituindo a equação 4.2.16 nas equações 4.2.15 e rearranjando, tem-se:

$$\begin{Bmatrix} d\underset{\sim A}{f} \\ d\underset{\sim B}{f} \end{Bmatrix} = \left(\frac{EA}{L_0^3}\begin{bmatrix} \underset{\sim}{X}\underset{\sim}{X}^T & -\underset{\sim}{X}\underset{\sim}{X}^T \\ -\underset{\sim}{X}\underset{\sim}{X}^T & \underset{\sim}{X}\underset{\sim}{X}^T \end{bmatrix} + \frac{P}{L_0}\begin{bmatrix} \underset{\sim}{I} & -\underset{\sim}{I} \\ -\underset{\sim}{I} & \underset{\sim}{I} \end{bmatrix}\right)\begin{Bmatrix} d\underset{\sim A}{u} \\ d\underset{\sim B}{u} \end{Bmatrix} \qquad \text{(Equação 4.2.17a)}$$

Substituindo a equação 4.2.6 na 4.2.17a e após algumas transformações, a equação anterior pode ser reescrita como:

$$d\underset{\sim}{f} = \left(\underset{\sim 0}{k} + \underset{\sim d}{k} + \underset{\sim g}{k}\right) \cdot d\underset{\sim}{u} = \underset{\sim T}{k}\, d\underset{\sim}{u} \qquad \text{(Equação 4.2.17b)}$$

Em que $\underset{\sim 0}{k}$, $\underset{\sim d}{k}$, $\underset{\sim g}{k}$ e $\underset{\sim T}{k}$ são, respectivamente, as matrizes de rigidez linear, de deslocamentos iniciais, geométrica e tangente no sistema global de referência. Na configuração de referência os deslocamentos iniciais são nulos fazendo com que a matriz $\underset{\sim d}{k}$ seja nula, assim, tem-se:

$$\underset{\sim 0}{k} = \frac{EA}{L_0^3}\begin{bmatrix} \underset{\sim 0}{X}\,\underset{\sim 0}{X}^T & -\underset{\sim 0}{X}\,\underset{\sim 0}{X}^T \\ -\underset{\sim 0}{X}\,\underset{\sim 0}{X}^T & \underset{\sim 0}{X}\,\underset{\sim 0}{X}^T \end{bmatrix} \qquad \text{(Equação 4.2.18)}$$

$$\underset{\sim}{k}_g = \left(\frac{P}{L_0} \begin{bmatrix} \underset{\sim}{I} & -\underset{\sim}{I} \\ -\underset{\sim}{I} & \underset{\sim}{I} \end{bmatrix} \right) \qquad \text{(Equação 4.2.19)}$$

A matriz de rigidez geométrica independe da orientação do elemento, sendo, portanto, uma invariante. A matriz de rigidez linear, na forma da equação 4.2.18 é referida ao sistema global.

Em uma outra formulação, um sistema de eixos locais móveis de referência, conforme mostrado na figura 4.2.3 para duas posições consecutivas e caso plano, em que θ define a direção do sistema local em relação ao global, é utilizado. O movimento é dividido em duas parcelas, uma que corresponde ao movimento do sistema local, sendo, portanto, um movimento de corpo rígido e uma segunda parcela descrevendo as deformações do elemento, em relação àquele sistema. Esta formulação é chamada de *formulação corotacional*. Inicialmente considera-se a situação de uma barra no espaço 2D, por exemplo, um elemento de pórtico plano. A deformação do elemento pode ser descrita com a utilização dos modos naturais de deformação, associados à deformação axial e deformação de flexão, conforme mostrado na figura 4.2.4.

O modo natural de deformação axial corresponde a uma translação das extremidades igual a $\frac{1}{2}du$, responsável pelo aumento do comprimento da barra de du, com relação a flexão definem-se dois modos naturais de deformação, um simétrico igual a $\frac{1}{2}d\theta_s$ e outro antissimétrico $\frac{1}{2}d\theta_a$. As forças correspondentes aos modos de deformação naturais são a força axial ou normal P, e os momentos M_s e M_a associados respectivamente aos modos de flexão simétrica e antissimétrica, mostrados na figura 4.2.5 com seus sentidos positivos. A força cortante V complementa a flexão antissimétrica, sendo dada por:

$$V = -\frac{2M_a}{L} \qquad \text{(Equação 4.2.20)}$$

Sejam as componentes dos modos de deformação e as forças correspondentes escritas, respectivamente, nas formas:

$$d\underset{\sim}{\beta}^T = [du \quad d\theta_s \quad d\theta_a] \qquad \text{(Equação 4.2.21a)}$$

$$\underset{\sim}{f_\beta}^T = [P \quad M_s \quad M_a] \qquad \text{(Equação 4.2.21b)}$$

A relação entre as forças de extremidade de elemento no sistema global e no sistema local, conforme já apresentado no Capítulo 1, é dada por:

$$\underset{\sim G}{f^e} = \underset{\sim}{R}^T \underset{\sim L}{f^e} \qquad \text{(Equação 4.2.22)}$$

Em que os índices G e L refere-se aos sistemas de referência global e local, respectivamente, e a matriz $\underset{\sim}{R}$ é a matriz de rotação do elemento, também já apresentada no Capítulo 1. O vetor $\underset{\sim L}{f^e}$ pode ser escrito em função das forças associadas aos modos de deformação $\underset{\sim}{f_\beta}$ na forma:

$$\underset{\sim L}{f^e} = \begin{bmatrix} -1 & 0 & 0 \\ 0 & 0 & \frac{2}{L} \\ 0 & -1 & 1 \\ 1 & 0 & 0 \\ 0 & 0 & -\frac{2}{L} \\ 0 & 1 & 1 \end{bmatrix} \begin{Bmatrix} P \\ M_s \\ M_a \end{Bmatrix} = \underset{\sim M}{T} \underset{\sim}{f_\beta} \qquad \text{(Equação 4.2.23)}$$

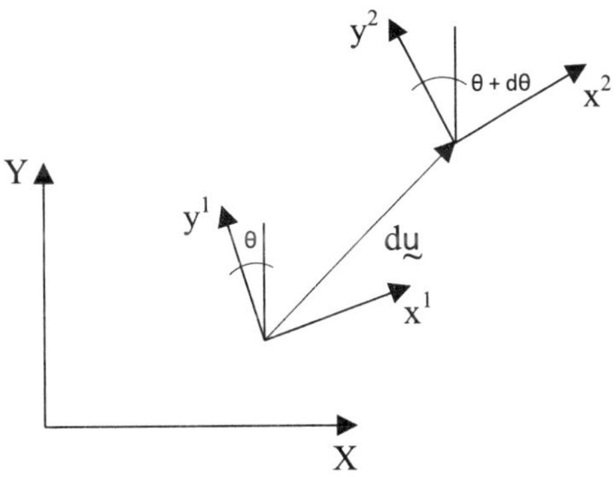

Figura 4.2.3 – Eixos corotacionais de referência.

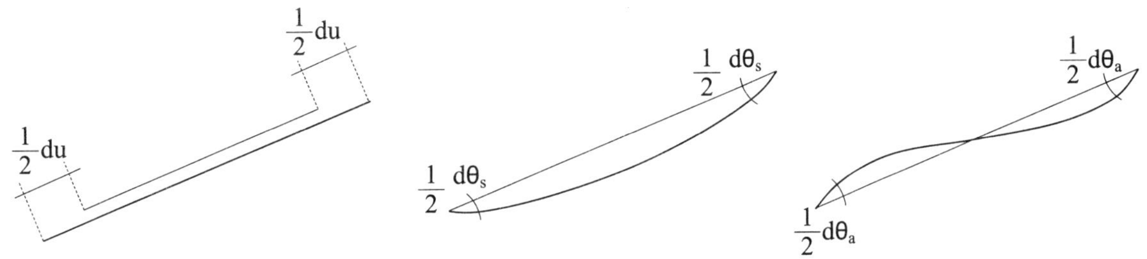

Figura 4.2.4 – Modos naturais de deformação axial, flexão simétrica e flexão antissimétrica, respectivamente.

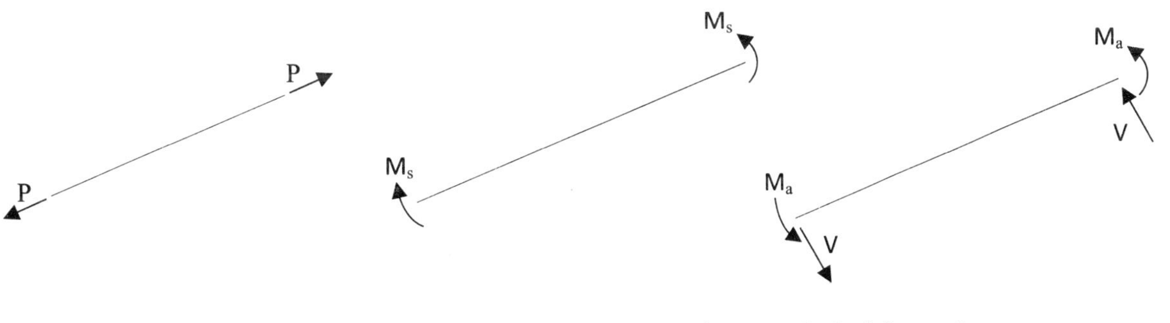

Figura 4.2.5 – Forças associadas aos modos naturais de deformação.

$\underset{\sim}{T}_M$ é uma matriz de transformação que relaciona as forças de extremidades com as forças associadas aos modos de deformação. Os trabalhos virtuais externo e interno associados ao elemento podem ser escritos, respectivamente, como:

$$\delta W_e = \delta \underset{\sim}{u}_L^T \underset{\sim}{f}_L^e = \delta \underset{\sim}{u}_L^T \underset{\sim}{T}_M \underset{\sim}{f}_\beta \qquad \text{(Equação 4.2.24)}$$

$$\delta W_i = \delta \underset{\sim}{\beta}^T \underset{\sim}{f}_\beta \qquad \text{(Equação 4.2.25)}$$

Igualando o trabalho externo ao trabalho interno obtém-se:

$$\underset{\sim}{\delta\beta} = \underset{\sim M}{T}^{T} \underset{\sim}{R} \underset{\sim G}{\delta u} \qquad \text{(Equação 4.2.26)}$$

Sendo $\underset{\sim L}{u}$ e $\underset{\sim G}{u}$ os deslocamentos de extremidade dos elementos nos sistemas local e global, respectivamente. Substituindo a equação 4.2.23 na equação 4.2.22 tem-se que:

$$\underset{\sim G}{f^{e}} = \underset{\sim}{R}^{T} \underset{\sim M}{T} \underset{\sim}{f_{\beta}} \qquad \text{(Equação 4.2.27)}$$

Diferenciando o vetor de forças tem-se:

$$d\underset{\sim G}{f^{e}} = \underset{\sim}{R}^{T} \underset{\sim M}{T} d\underset{\sim}{f_{\beta}} + \underset{\sim}{R}^{T} d\underset{\sim M}{T} \underset{\sim}{f_{\beta}} + d\underset{\sim}{R}^{T} \underset{\sim M}{T} \underset{\sim}{f_{\beta}} \qquad \text{(Equação 4.2.28)}$$

A relação entre a variação das forças internas e a variação nas deformações pode ser escrita como:

$$d\underset{\sim}{f_{\beta}} = \underset{\sim M}{k} d\underset{\sim}{\beta} \qquad \text{(Equação 4.2.29)}$$

Sendo $\underset{\sim M}{k}$ uma matriz de rigidez associada aos modos de deformação do elemento. Substituindo a equação 4.2.26 na 4.2.29 e esta última na 4.2.28 obtém-se:

$$d\underset{\sim G}{f^{e}} = \underset{\sim}{R}^{T} \left\{ \underset{\sim M}{T} \underset{\sim M}{k} \underset{\sim M}{T}^{T} d\underset{\sim L}{u} + \left(d\underset{\sim M}{T} + \underset{\sim}{R} d\underset{\sim}{R}^{T} \underset{\sim M}{T} \right) \underset{\sim}{f_{\beta}} \right\} \qquad \text{(Equação 4.2.30)}$$

Pré-multiplicando a equação anterior pela matriz de rotação do elemento, tem-se:

$$d\underset{\sim L}{f^{e}} = \underset{\sim M}{T} \underset{\sim M}{k} \underset{\sim M}{T}^{T} d\underset{\sim L}{u} + \left(d\underset{\sim M}{T} + \underset{\sim}{R} d\underset{\sim}{R}^{T} \underset{\sim M}{T} \right) \underset{\sim}{f_{\beta}} \qquad \text{(Equação 4.2.31)}$$

A rotação e a variação do comprimento do elemento escritas em função dos deslocamentos das extremidades ficam:

$$d\theta = \frac{du_{y}^{B} - du_{y}^{A}}{L} \qquad \text{(Equação 4.2.32a)}$$

$$dL = du_{x}^{B} - du_{x}^{A} \qquad \text{(Equação 4.2.32b)}$$

Nas equações, os índices A e B referem-se aos nós inicial e final do elemento, respectivamente. Já du_{x} e du_{y} são deslocamentos infinitesimais nas direções x e y locais do elemento. A equação 4.2.31 pode ser escrita na forma:

$$d\underset{\sim L}{f^{e}} = \underset{\sim T}{k} d\underset{\sim L}{u} \qquad \text{(Equação 4.2.33)}$$

Sendo $\underset{\sim T}{k}$ a matriz de rigidez tangente no sistema local de referência escrita como:

$$\underset{\sim T}{k} = \underset{\sim M}{T} \underset{\sim M}{k} \underset{\sim M}{T}^{T} + \underset{\sim r}{k} \qquad \text{(Equação 4.2.34)}$$

Derivando a matriz $\underset{\sim M}{T}$ em relação a L, obtém-se:

$$d\underset{\sim}{T}_M = \begin{bmatrix} 0 & 0 & 0 \\ 0 & 0 & -\dfrac{2}{L^2} \\ 0 & 0 & 0 \\ 0 & 0 & 0 \\ 0 & 0 & \dfrac{2}{L^2} \\ 0 & 0 & 0 \end{bmatrix} dL \qquad \text{(Equação 4.2.35)}$$

Pós-multiplicando a equação anterior por $\underset{\sim}{f}_\beta$, substituindo dL pela equação 4.2.32b e escrevendo o resultado em função dos deslocamentos nodais do elemento, obtém-se:

$$d\underset{\sim}{T}_M \underset{\sim}{f}_\beta = \begin{Bmatrix} 0 \\ -\dfrac{2M_a}{L} \\ 0 \\ 0 \\ \dfrac{2M_a}{L} \\ 0 \end{Bmatrix} dL = \frac{1}{L}\begin{Bmatrix} 0 \\ -V \\ 0 \\ 0 \\ V \\ 0 \end{Bmatrix} dL = \frac{1}{L}\begin{bmatrix} 0 & 0 & 0 & 0 & 0 & 0 \\ -V & 0 & 0 & V & 0 & 0 \\ 0 & 0 & 0 & 0 & 0 & 0 \\ 0 & 0 & 0 & 0 & 0 & 0 \\ V & 0 & 0 & -V & 0 & 0 \\ 0 & 0 & 0 & 0 & 0 & 0 \end{bmatrix} \begin{Bmatrix} du_x^A \\ du_y^A \\ d\theta^A \\ du_x^B \\ du_Y^B \\ d\theta^B \end{Bmatrix} \qquad \text{(Equação 4.2.36)}$$

A matriz de rotação $\underset{\sim}{R}$ no espaço 2D, pode ser escrita como:

$$\underset{\sim}{R} = \begin{bmatrix} \cos\theta & \sin\theta & 0 & 0 & 0 & 0 \\ -\sin\theta & \cos\theta & 0 & 0 & 0 & 0 \\ 0 & 0 & 1 & 0 & 0 & 0 \\ 0 & 0 & 0 & \cos\theta & \sin\theta & 0 \\ 0 & 0 & 0 & -\sin\theta & \cos\theta & 0 \\ 0 & 0 & 0 & 0 & 0 & 1 \end{bmatrix} \qquad \text{(Equação 4.2.37)}$$

Que derivada em relação ao ângulo θ fornece:

$$d\underset{\sim}{R} = \begin{bmatrix} -\sin\theta & \cos\theta & 0 & 0 & 0 & 0 \\ -\cos\theta & -\sin\theta & 0 & 0 & 0 & 0 \\ 0 & 0 & 0 & 0 & 0 & 0 \\ 0 & 0 & 0 & -\sin\theta & \cos\theta & 0 \\ 0 & 0 & 0 & -\cos\theta & -\sin\theta & 0 \\ 0 & 0 & 0 & 0 & 0 & 0 \end{bmatrix} d\theta \qquad \text{(Equação 4.2.38)}$$

Substituindo na equação 4.2.38 $d\theta$ expresso pela equação 4.2.32b, e fazendo o produto $\underset{\sim}{R}\, d\underset{\sim}{R}\, \underset{\sim}{T}\, \underset{\sim}{f}_\beta$ obtém-se:

$$\underset{\sim}{R}\, d\underset{\sim}{R}\, \underset{\sim}{T}\, \underset{\sim}{f}_\beta = \frac{1}{L}\begin{bmatrix} 0 & -V & 0 & 0 & V & 0 \\ 0 & P & 0 & 0 & -P & 0 \\ 0 & 0 & 0 & 0 & 0 & 0 \\ 0 & v & 0 & 0 & V & 0 \\ 0 & -P & 0 & 0 & P & 0 \\ 0 & 0 & 0 & 0 & 0 & 0 \end{bmatrix} \begin{Bmatrix} du_x^A \\ du_y^A \\ d\theta^A \\ du_x^B \\ du_y^B \\ d\theta^B \end{Bmatrix} \qquad \text{(Equação 4.2.39)}$$

Das equações 4.2.31, 4.2.33 e 4.2.34 obtém-se:

$$\underset{\sim r}{k}\,\underset{\sim L}{du} = \left(\underset{\sim M}{dT} + R\,dR^T \underset{\sim}{\,} \underset{\sim}{T} \underset{\sim M}{\,} \underset{\sim\beta}{f} \right) \qquad \text{(Equação 4.2.40a)}$$

Com auxílio das equações 4.2.36, 4.2.39 e 4.2.40a obtém-se

$$\underset{\sim r}{k} = \begin{bmatrix} 0 & -V & 0 & 0 & V & 0 \\ -V & P & 0 & V & -P & 0 \\ 0 & 0 & 0 & 0 & 0 & 0 \\ 0 & V & 0 & 0 & -V & 0 \\ V & -P & 0 & -V & P & 0 \\ 0 & 0 & 0 & 0 & 0 & 0 \end{bmatrix} \qquad \text{(Equação 4.2.40b)}$$

A matriz $\underset{\sim r}{k}$ é uma matriz de rigidez associada ao efeito rotacional dos eixos locais e à variação da força cortante decorrente da variação do comprimento do elemento.

A matriz $\underset{\sim M}{k}$ já apresentada na equação 4.2.34, chamada de rigidez constitutiva, também poderá ter uma parcela de rigidez geométrica, dependendo da teoria de viga utilizada. Seja a equação 4.2.29 escrita na forma:

$$\begin{Bmatrix} dP \\ dM_s \\ dM_a \end{Bmatrix} = \underset{\sim M}{k} \begin{Bmatrix} du \\ d\theta_s \\ d\theta_a \end{Bmatrix} \qquad \text{(Equação 4.2.41)}$$

Sendo o elemento homogêneo, elástico e de eixo reto a matriz $\underset{\sim M}{k}$ torna-se diagonal, por não haver acoplamento entre os modos de deformação. Considerando o modo de deformação axial tem-se:

$$dP = \frac{EA}{L} du \qquad \text{(Equação 4.2.42)}$$

Considerando o modo de deformação de flexão simétrico, pelo princípio do deslocamento virtual, tem-se:

$$M_s\theta_s = \int_0^L M(x)dx = L\frac{M_s^2}{EI} \qquad \text{(Equação 4.2.43)}$$

A equação anterior fornece o termo diagonal da segunda linha da matriz $\underset{\sim M}{k}$, dado por:

$$dM_s = \frac{EI}{L} d\theta_s \qquad \text{(Equação 4.2.44)}$$

Considerando o modo de deformação de flexão antissimétrica, tem-se:

$$M_a\theta_a = \int_0^L \left(\frac{M(x)}{EI} + \frac{V}{GA_v} \right) dx = L\left(\frac{M_a^2}{3EI} + \frac{\eta V^2}{GA} \right) \qquad \text{(Equação 4.2.45)}$$

Em que A_v é a área efetiva de cisalhamento e η o fator de forma da seção, sendo a relação entre a área total da seção e a área efetiva de cisalhamento. Substituindo na equação anterior a equação 4.2.20 e diferenciando, obtém-se:

$$dM_a = \frac{3EI}{L(1+\varphi)} d\theta_a \qquad \text{(Equação 4.2.46)}$$

Sendo:

$$\varphi = \frac{\eta 12EI}{L^2 GA} \qquad \text{(Equação 4.2.47)}$$

Finalmente a matriz $\underset{\sim M}{k}$ é escrita como:

$$\underset{\sim M}{k} = \begin{bmatrix} \frac{EA}{L} & 0 & 0 \\ 0 & \frac{EI}{L} & 0 \\ 0 & 0 & \frac{3EI}{L(1+\varphi)} \end{bmatrix} \qquad \text{(Equação 4.2.48)}$$

Ainda deve ser considerada uma rigidez geométrica local devida aos modos de deformação, que pode ser avaliada com a utilização de funções de interpolação. Desconsiderando a deformação de cortante e com auxílio da figura 4.2.6, no sistema local de referência escreve-se a equação diferencial:

$$M(x) = EI\frac{d^2u_y}{d^2x} - Pu_y \qquad \text{(Equação 4.2.49)}$$

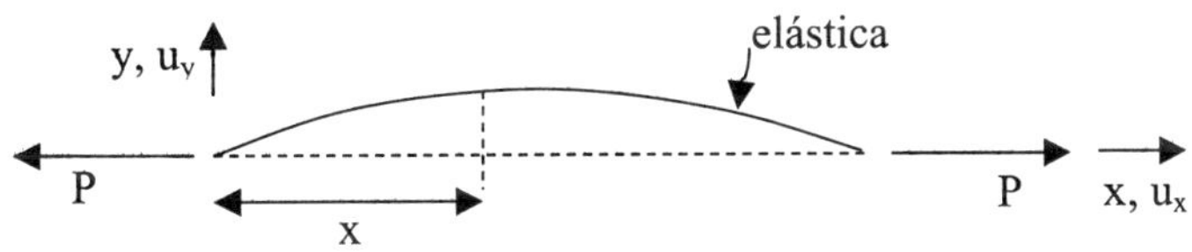

Figura 4.2.6 – Equilíbrio para haste com força axial e flexão.

Diferenciando a equação anterior duas vezes e sendo nula a força distribuída ao longo do elemento, tem-se:

$$EI\frac{d^4u_y}{d^4x} - P\frac{d^2u_y}{d^2x} = 0 \qquad \text{(Equação 4.2.50)}$$

Multiplicando a equação anterior pelo deslocamento virtual ∂u_y e integrando por partes chega-se à equação do trabalho virtual:

$$\partial W = \int_0^L \left(\frac{d^2\partial u_y}{dx^2} EI \frac{d^2u_y}{dx^2} + \frac{d\partial u_y}{dx} P \frac{du_y}{dx} \right) dx + \partial u_y \left\{ \frac{d}{dx}\left(EI\frac{d^2u_y}{dx^2} \right) - P\frac{du_y}{dx} \right\} - \frac{d\partial u_y}{dx} EI \frac{d^2u_y}{dx^2} \qquad \text{(Equação 4.2.51)}$$

O termo da integral na equação anterior representa o trabalho interno, agora escrito em destaque:

$$\partial W_{int} = \int_0^L \left(\frac{d^2\partial u_y}{dx^2} EI \frac{d^2u_y}{dx^2} + \frac{d\partial u_y}{dx} P \frac{du_y}{dx} \right) dx \qquad \text{(Equação 4.2.52)}$$

A primeira parcela dentro da integral da equação anterior já foi considerada quando da dedução da matriz de rigidez $\underset{\sim M}{k}$. A posição da seção genérica do elemento pode ser escrita, com utilização de coordenadas adimensionais como:

$$x = \frac{1}{2}(1+\xi)L \qquad \text{(Equação 4.2.53)}$$

Em que $-1 \le \xi \le 1$. Utilizando estas coordenadas, tem-se para a representação dos modos de deformação simétrico e antissimétrico, respectivamente:

$$du_y = -\frac{1}{8}\left(1-\xi^2\right)L d\theta_s \qquad \text{(Equação 4.2.54a)}$$

$$du_y = -\frac{1}{8}\left(1-\xi^2\right)\xi d\theta_a \qquad \text{(Equação 4.2.54b)}$$

Não existe acoplamento entre os modos de deformação simétrico e antissimétrico, fato que pode ser comprovado observando as formas dos modos, ver figura 4.2.4, pois a integral do produto entre eles fornece valor nulo. Assim, substituindo as da equação 4.2.54a no segundo termo da equação 4.2.52, obtém-se a rigidez geométrica para o modo de deformação simétrico e substituindo a derivada da equação 4.2.54 a rigidez para o modo antissimétrico, dados pelas equações 4.2.55a e 4.2.55b, respectivamente.

$$k^M_{2,2} = \int_{-1}^{+1}\left(\frac{1}{2}\xi\right)P\left(\frac{1}{2}\xi\right)\frac{L}{2}d\xi = \frac{1}{12}PL \qquad \text{(Equação 4.2.55a)}$$

$$k^M_{3,3} = \int_{-1}^{+1}\frac{1}{4}\left(1-3\xi^2\right)P\frac{1}{4}\left(1-3\xi^2\right)\frac{L}{2}d\xi = \frac{1}{20}PL \qquad \text{(Equação 4.2.55b)}$$

Escrevendo no formato matricial, tem-se:

$$\underset{\sim}{k}^M = \begin{bmatrix} 0 & 0 & 0 \\ 0 & \frac{PL}{12} & 0 \\ 0 & 0 & \frac{PL}{20} \end{bmatrix} \qquad \text{(Equação 4.2.56)}$$

Esta matriz deve ser adicionada à matriz de rigidez constitutiva $\underset{\sim M}{k}$ dada pela equação 4.2.48.

A matriz de rigidez tangente final para o pórtico plano é obtida com o auxílio da equação 4.2.34, agora escrita como:

$$\underset{\sim T}{k} = \underset{\sim M}{T}\left(\underset{\sim M}{k} + \underset{\sim}{k}^M\right)\underset{\sim M}{T}^T + \underset{\sim r}{k} \qquad \text{(Equação 4.2.57)}$$

A equação anterior pode ser escrita na forma:

$$\underset{\sim T}{k} = \underset{\sim 0}{k} + \underset{\sim g}{k} \qquad \text{(Equação 4.2.58)}$$

Em que a matriz $\underset{\sim 0}{k}$ é a matriz de rigidez linear e $\underset{\sim g}{k}$ a matriz de rigidez geométrica, ambas no sistema local e dadas por:

$$\underset{\sim}{k}_0 = \underset{\sim}{T}_M \underset{\sim}{k}_M \underset{\sim}{T}_M^T = \begin{bmatrix} \frac{EA}{L} & & & & & \text{Simétrica} \\ 0 & \frac{12EI}{L^3(1+\varphi)} & & & & \\ 0 & \frac{6EI}{L^2(1+\varphi)} & \frac{(4+\varphi)EI}{L(1+\varphi)} & & & \\ -\frac{EA}{L} & 0 & 0 & \frac{EA}{L} & & \\ 0 & -\frac{12EI}{L^3(1+\varphi)} & -\frac{6EI}{L^2(1+\varphi)} & 0 & \frac{12EI}{L^3(1+\varphi)} & \\ 0 & \frac{6EI}{L^2(1+\varphi)} & \frac{(2-\varphi)EI}{L(1+\varphi)} & 0 & -\frac{6EI}{L^2(1+\varphi)} & \frac{(4+\varphi)EI}{L(1+\varphi)} \end{bmatrix} \quad \text{(Equação 4.2.59)}$$

$$\underset{\sim}{k}_g = \underset{\sim}{T}_M \underset{\sim}{k}^M \underset{\sim}{T}_M^T + \underset{\sim}{k}_r = \begin{bmatrix} 0 & & & & & \text{Simétrica} \\ -\frac{V}{L} & \frac{6P}{5L} & & & & \\ 0 & \frac{P}{10} & \frac{2PL}{15} & & & \\ 0 & \frac{V}{L} & 0 & 0 & & \\ \frac{V}{L} & -\frac{6P}{5L} & -\frac{P}{10} & -\frac{V}{L} & \frac{6P}{5L} & \\ 0 & \frac{P}{10} & -\frac{PL}{30} & 0 & -\frac{P}{10} & \frac{2PL}{15} \end{bmatrix} \quad \text{(Equação 4.2.60)}$$

A força cortante pode ser determinada com os momentos na extremidade, ou seja:

$$V = -\frac{2M_a}{L} = -\frac{m_z^A + m_z^B}{L} \quad \text{(Equação 4.2.61)}$$

Em que m_z^A e m_z^B são os momentos nas extremidades inicial e final do elemento, respectivamente referidos ao sistema local.

Considerando a figura 4.2.7 o ângulo de inclinação θ do elemento em uma determinada posição pode ser calculado como:

$$\theta = 2 \cdot \arctan\left\{\frac{L - (X_B - X_A)}{Y_B - Y_A}\right\} \quad \text{(Equação 4.2.62)}$$

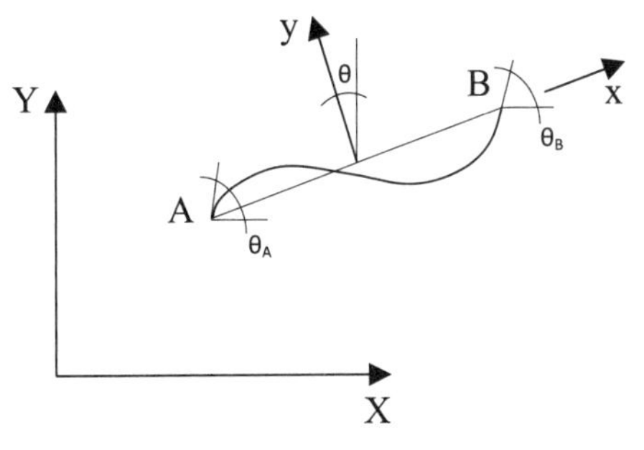

Figura 4.2.7 – Elemento de pórtico plano deformado.

A expressão acima tem singularidade para $Y_B - Y_A = 0$ quando $\theta = 0$ e para $X_B - X_A = \pm L$ quando $\theta = \pi$. A deformação axial do elemento e os ângulos associados aos modos de deformação simétrica e antissimétrica podem ser calculados, conforme KRENK (2009), respectivamente como:

$$u = L - L_0 \qquad \text{(Equação 4.2.63a)}$$

$$\theta_s = \theta^B - \theta^A \qquad \text{(Equação 4.2.63b)}$$

$$\theta_a = \theta^B + \theta^A - 2(\theta - \theta_0) \qquad \text{(Equação 4.2.63c)}$$

Em que θ_0 representa o ângulo de inclinação inicial do elemento. Para que a solução seja consistente, deve-se adotar o ângulo $2\pi \geq \theta_a \geq 0$ desta forma, escreve-se:

$$\theta_a = |\theta_a + \pi| - \pi \qquad \text{(Equação 4.2.64)}$$

As forças internas no elemento são calculadas com auxílio das equações 4.2.29 e 4.2.48 resultando em:

$$\underset{\sim}{f_\beta} = \begin{Bmatrix} \dfrac{EA}{L}u \\ \dfrac{EI}{L}\theta_s \\ \dfrac{3EI}{L(1+\phi)}\theta_a \end{Bmatrix} \qquad \text{(Equação 4.2.65)}$$

As forças de extremidade no sistema de referência local do elemento são calculadas utilizando a equação 4.2.23.

Para a barra de pórtico espacial são atribuídos seis modos de deformação: axial, flexão simétrica nos planos xy e xz, flexão antissimétrica nos planos xy e xz e de torção cujas forças associadas estão mostradas na figura 4.2.8 com seus sentidos positivos. As deformações e forças associadas a estes modos são respectivamente escritas como:

$$\underset{\sim}{d\beta}^T = \begin{bmatrix} d\theta_x^s & d\theta_y^s & d\theta_z^s & du & d\theta_y^a & d\theta_z^a \end{bmatrix} \qquad \text{(Equação 4.2.66)}$$

$$\underset{\sim\beta}{f}^T = \begin{bmatrix} M_x & M_y^s & M_z^s & P & M_y^a & M_z^a \end{bmatrix} \qquad \text{(Equação 4.2.67)}$$

Os índices superiores "s" e "a" significam simétrico e antissimétrico, respectivamente. A relação entre as forças de extremidade do elemento e as forças associadas aos modos de deformação pode ser escrita como:

$$\underset{\sim L}{f^e} = \begin{Bmatrix} P^A \\ V_y^A \\ V_z^A \\ M_x^A \\ M_y^A \\ M_z^A \\ P^B \\ V_y^B \\ V_y^B \\ M_x^B \\ M_y^B \\ M_z^B \end{Bmatrix} = \begin{bmatrix} 0 & 0 & 0 & -1 & 0 & 0 \\ 0 & 0 & 0 & 0 & 0 & 2/L \\ 0 & 0 & 0 & 0 & -2/L & 0 \\ -1 & 0 & 0 & 0 & 0 & 0 \\ 0 & -1 & 0 & 0 & 1 & 0 \\ 0 & 0 & -1 & 0 & 0 & 1 \\ 0 & 0 & 0 & 1 & 0 & 0 \\ 0 & 0 & 0 & 0 & 0 & -2/L \\ 0 & 0 & 0 & 0 & 2/L & 0 \\ 1 & 0 & 0 & 0 & 0 & 0 \\ 0 & 1 & 0 & 0 & 1 & 0 \\ 0 & 0 & 1 & 0 & 0 & 1 \end{bmatrix} \begin{Bmatrix} M_x \\ M_y^s \\ M_z^s \\ P \\ M_y^a \\ M_z^a \end{Bmatrix} \qquad \text{(Equação 4.2.68)}$$

As letras maiúsculas “A” e “B”, usadas como índices superiores na equação 4.2.68, indicam extremidade inicial e final do elemento, respectivamente.
As forças e momentos nas extremidades inicial e final do elemento podem ser representadas na forma:

$$\underset{\sim L}{f^{A}} = \begin{Bmatrix} P^{A} \\ V_y^{A} \\ V_z^{A} \end{Bmatrix}, \quad \underset{\sim L}{f^{B}} = \begin{Bmatrix} P^{B} \\ V_y^{B} \\ V_z^{B} \end{Bmatrix}, \quad \underset{\sim L}{m^{A}} = \begin{Bmatrix} M_x^{A} \\ M_y^{A} \\ M_z^{A} \end{Bmatrix} \; \text{e} \; \underset{\sim L}{m^{B}} = \begin{Bmatrix} M_x^{B} \\ M_y^{B} \\ M_z^{B} \end{Bmatrix} \qquad \text{(Equação 4.2.69a, b, c, d)}$$

A utilização das equações 4.2.69 permite reescrever a equação 4.2.68 como:

$$\underset{\sim L}{f^{e}} = \begin{Bmatrix} \underset{\sim L}{f^{A}} \\ \underset{\sim L}{m^{A}} \\ \underset{\sim L}{f^{B}} \\ \underset{\sim L}{m^{B}} \end{Bmatrix} = \begin{bmatrix} \underset{\sim}{0} & \underset{\sim}{0} & \underset{\sim}{0} & -\underset{\sim x}{n} & -2\underset{\sim z}{n}/L & 2\underset{\sim y}{n}/L \\ -\underset{\sim x}{n} & -\underset{\sim y}{n} & -\underset{\sim z}{n} & \underset{\sim}{0} & \underset{\sim y}{n} & \underset{\sim z}{n} \\ \underset{\sim}{0} & \underset{\sim}{0} & \underset{\sim}{0} & \underset{\sim x}{n} & 2\underset{\sim z}{n}/L & -2\underset{\sim y}{n}/L \\ \underset{\sim x}{n} & \underset{\sim y}{n} & \underset{\sim z}{n} & \underset{\sim}{0} & \underset{\sim y}{n} & \underset{\sim z}{n} \end{bmatrix} \begin{Bmatrix} M_x \\ M_y^{s} \\ M_z^{s} \\ P \\ M_y^{a} \\ M_z^{a} \end{Bmatrix} = \underset{\sim M}{T} \, \underset{\sim \beta}{f} \qquad \text{(Equação 4.2.70)}$$

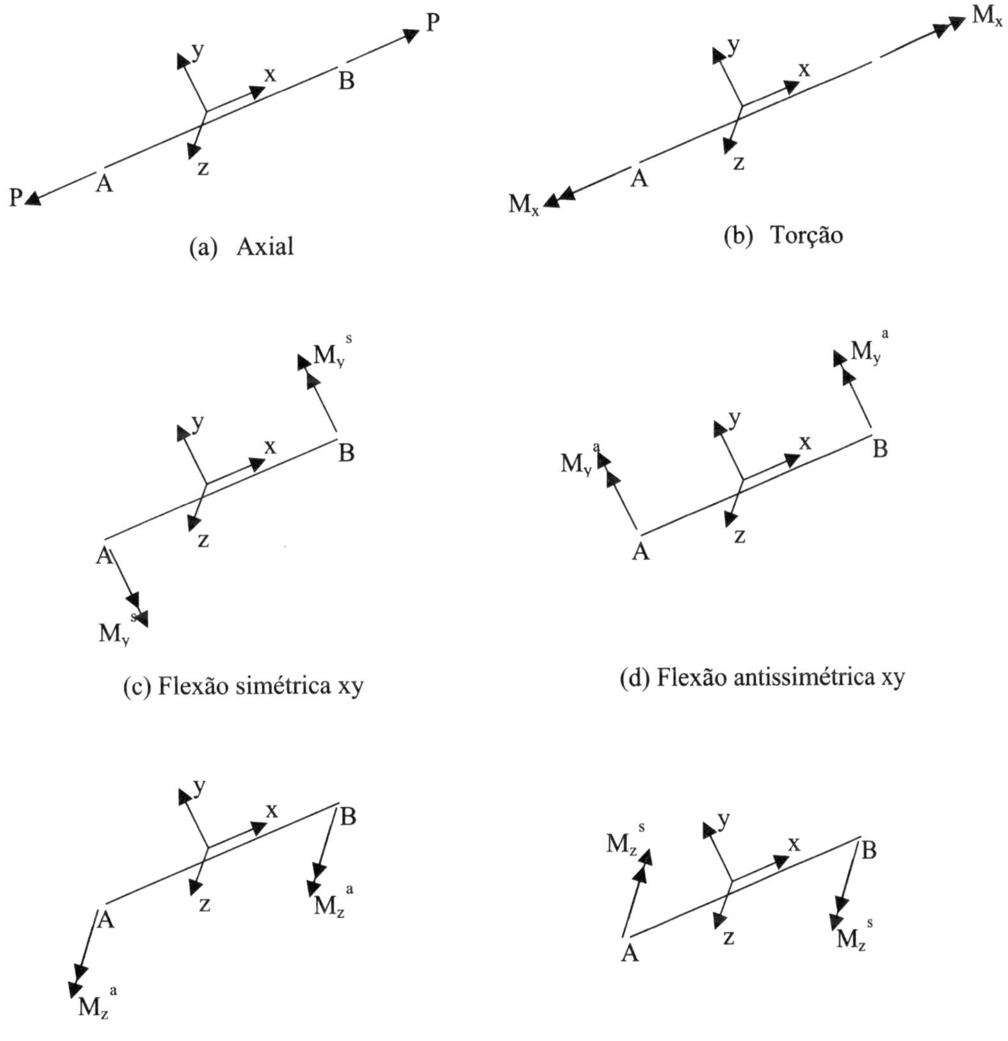

(a) Axial (b) Torção

(c) Flexão simétrica xy (d) Flexão antissimétrica xy

(e) Flexão antissimétrica xy (f) Flexão simétrica xz

Figura 4.2.8 – Forças associadas aos modos de deformação para o pórtico espacial.

A matriz $\underset{\sim M}{T}$ é uma matriz de transformação que relaciona as forças de extremidade do elemento com as forças internas associadas aos modos de deformação. Os vetores $\underset{\sim x}{n}$, $\underset{\sim y}{n}$ e $\underset{\sim z}{n}$ são unitários, sendo:

$$\underset{\sim x}{n}^T = [1 \quad 0 \quad 0],\ \underset{\sim y}{n}^T = [0 \quad 1 \quad 0] \text{ e } \underset{\sim z}{n}^T = [0 \quad 0 \quad 1] \qquad \text{(Equação 4.2.71)}$$

Considerando as forças de extremidade de elemento representadas no sistema global, tem-se a exemplo das equações 4.2.69:

$$\underset{\sim G}{f}^A = \begin{Bmatrix} f_X^A \\ f_Y^A \\ f_Z^A \end{Bmatrix},\ \underset{\sim G}{f}^B = \begin{Bmatrix} f_X^B \\ f_Y^B \\ f_Z^B \end{Bmatrix},\ \underset{\sim G}{m}^A = \begin{Bmatrix} m_X^A \\ m_Y^A \\ m_Z^A \end{Bmatrix} \text{ e } \underset{\sim G}{m}^B = \begin{Bmatrix} m_X^B \\ m_Y^B \\ m_Z^B \end{Bmatrix} \qquad \text{(Equação 4.2.72)}$$

Que permite escrever:

$$\underset{\sim G}{f}^e = \begin{Bmatrix} \underset{\sim G}{f}^A \\ \underset{\sim G}{m}^A \\ \underset{\sim G}{f}^B \\ \underset{\sim G}{m}^B \end{Bmatrix} \qquad \text{(Equação 4.2.73)}$$

A relação entre as forças de extremidade no sistema global, vetor $\underset{\sim G}{f}^e$, e as forças internas ao elemento associadas aos modos de deformação, podem ser escritas no mesmo formato da equação 4.2.70, entretanto, neste caso, os vetores $\underset{\sim x}{n}$, $\underset{\sim y}{n}$ e $\underset{\sim z}{n}$ conterão os cossenos diretores dos eixos locais do elemento em relação ao sistema global.

Escrevendo o trabalho virtual externo, utilizando o sistema local de referência, tem-se:

$$\partial W_e = \partial \underset{\sim L}{u}^T \underset{\sim L}{f}^e = \partial \underset{\sim L}{u}^{A^T} \underset{\sim L}{f}^A + \partial \underset{\sim L}{\theta}^{A^T} \underset{\sim L}{m}^A + \partial \underset{\sim L}{u}^{B^T} \underset{\sim L}{f}^B + \partial \underset{\sim L}{\theta}^{B^T} \underset{\sim L}{m}^B = \sum_{i=A,B} \left(\partial \underset{\sim L}{u}^{i^T} \underset{\sim L}{f}^i + \partial \underset{\sim L}{\theta}^{i^T} \underset{\sim L}{m}^i \right) \qquad \text{(Equação 4.2.74)}$$

A variação do trabalho externo devido a incremento dos deslocamentos é obtido por derivação da equação 4.2.74, assim, tem-se:

$$d(\partial W_e) = \partial \underset{\sim L}{u}^T d\underset{\sim L}{f}^e + d\left(\partial \underset{\sim L}{\theta}^A\right)^T \underset{\sim L}{m}^A + d\left(\partial \underset{\sim L}{\theta}^B\right)^T \underset{\sim L}{m}^B \qquad \text{(Equação 4.2.75)}$$

Sendo $\underset{\sim T}{k}$ a matriz de rigidez tangente do elemento em seu sistema local, a variação do trabalho virtual externo pode ser escrita em função desta matriz como o produto entre o deslocamento virtual $\partial \underset{\sim L}{u}$ e as forças de extremidade decorrentes do deslocamento $d\underset{\sim L}{u}$ resultando em :

$$d(\partial W_e) = \partial \underset{\sim L}{u}^T \underset{\sim T}{k}\ d\underset{\sim L}{u} \qquad \text{(Equação 4.2.76)}$$

As equações 4.2.75 e 4.2.76 permitem escrever:

$$\partial \underset{\sim L}{u}^T \underset{\sim T}{k} \, d\underset{\sim L}{u} = \partial \underset{\sim}{u}^T d\underset{\sim L}{f}^e + d\left(\partial \underset{\sim L}{\theta}^A\right)^T \underset{\sim L}{m}^A + d\left(\partial \underset{\sim L}{\theta}^B\right)^T \underset{\sim L}{m}^B \qquad \text{(Equação 4.2.77)}$$

Com auxílio da equação 4.2.70 escreve-se:

$$d\underset{\sim L}{f}^e = \underset{\sim M}{T} \, d\underset{\sim \beta}{f} + \left(\frac{d\underset{\sim M}{T}}{dL} + \frac{d\underset{\sim M}{T}}{d\underset{\sim}{\theta}} \right) \underset{\sim \beta}{f} \qquad \text{(Equação 4.2.78)}$$

Na equação 4.2.78 o termo $\underset{\sim M}{T} \, d\underset{\sim \beta}{f}$ representa a mudança nas forças internas do elemento decorrente da mudança nos modos de deformação, já a parcela $\left(\frac{d\underset{\sim M}{T}}{dL} + \frac{d\underset{\sim M}{T}}{d\underset{\sim}{\theta}} \right) \underset{\sim \beta}{f}$ representa a mudança nas mesmas forças, decorrente da variação no comprimento e orientação do elemento. A exemplo do caso plano, veja equação 4.2.26, a relação entre deformações e os deslocamentos do elemento pode ser escrita como:

$$d\beta = \underset{\sim M}{T}^T \, d\underset{\sim L}{u} \qquad \text{(Equação 4.2.79)}$$

Da equação 4.2.29, obtém-se:

$$d\underset{\sim \beta}{f} = \underset{\sim M}{k} \, d\underset{\sim}{\beta} = \underset{\sim M}{k} \, \underset{\sim M}{T}^T d\underset{\sim L}{u} \qquad \text{(Equação 4.2.80)}$$

Substituindo a equação 4.2.80 na equação 4.2.78, tem-se:

$$d\underset{\sim L}{f}^e = \underset{\sim M}{T} \, \underset{\sim M}{k} \, \underset{\sim M}{T}^T d\underset{\sim L}{u} + \left(\frac{d\underset{\sim M}{T}}{dL} + \frac{d\underset{\sim M}{T}}{d\underset{\sim}{\theta}} \right) \underset{\sim \beta}{f} \qquad \text{(Equação 4.2.81)}$$

Considerando a equação 4.2.77 pode-se concluir que a matriz de rigidez tangente $\underset{\sim T}{k}$ pode ser escrita na forma:

$$\underset{\sim T}{k} = \underset{\sim M}{T} \, \underset{\sim M}{k} \, \underset{\sim M}{T}^T + \underset{\sim r}{k} \qquad \text{(Equação 4.2.82)}$$

Em que a matriz $\underset{\sim r}{k}$ representa a contribuição, na rigidez do elemento, da variação de seu comprimento e da orientação (último termo da equação 4.2.81) e também a contribuição decorrente da variação de $\partial \underset{\sim}{\theta}^A$ e $\partial \underset{\sim}{\theta}^B$ (dois últimos termos da equação 4.2.75). Seja a primeira parcela do segundo termo da equação 4.2.81:

$$\frac{d\underset{\sim M}{T}}{dL} \underset{\sim \beta}{f} = -\frac{2}{L^2} \begin{bmatrix} \underset{\sim}{0} & \underset{\sim}{0} & \underset{\sim}{0} & \underset{\sim}{0} & -\underset{\sim z}{n} & -\underset{\sim y}{n} \\ \underset{\sim}{0} & \underset{\sim}{0} & \underset{\sim}{0} & \underset{\sim}{0} & \underset{\sim}{0} & \underset{\sim}{0} \\ \underset{\sim}{0} & \underset{\sim}{0} & \underset{\sim}{0} & \underset{\sim}{0} & \underset{\sim z}{n} & -\underset{\sim y}{n} \\ \underset{\sim}{0} & \underset{\sim}{0} & \underset{\sim}{0} & \underset{\sim}{0} & \underset{\sim}{0} & \underset{\sim}{0} \end{bmatrix} \begin{Bmatrix} M_x \\ M_y^s \\ M_z^s \\ P \\ M_y^a \\ M_z^a \end{Bmatrix} dL = \frac{dL}{L} \begin{Bmatrix} \frac{2}{L} M_y^a \underset{\sim z}{n} - \frac{2}{L} M_z^a \underset{\sim y}{n} \\ \underset{\sim}{0} \\ -\frac{2}{L} M_y^a \underset{\sim z}{n} + \frac{2}{L} M_z^a \underset{\sim y}{n} \\ \underset{\sim}{0} \end{Bmatrix} =$$

$$\frac{dL}{L}\begin{Bmatrix} V_y \underset{\sim}{n}_y + V_z \underset{\sim}{n}_z \\ \underset{\sim}{0} \\ -V_y \underset{\sim}{n}_y - V_z \underset{\sim}{n}_z \\ \underset{\sim}{0} \end{Bmatrix} = \frac{dL}{L}\begin{Bmatrix} \underset{\sim}{V} \\ \underset{\sim}{0} \\ \underset{\sim}{V} \\ \underset{\sim}{0} \end{Bmatrix} \qquad \text{(Equação 4.2.83)}$$

O vetor força cortante pode ser escrito na forma:

$$\underset{\sim}{V} = V_y \underset{\sim}{n}_y + V_z \underset{\sim}{n}_z = V_y \begin{Bmatrix} 0 \\ 1 \\ 0 \end{Bmatrix} + V_z \begin{Bmatrix} 0 \\ 0 \\ 1 \end{Bmatrix} = \begin{Bmatrix} 0 \\ V_y \\ V_z \end{Bmatrix} \qquad \text{(Equação 4.2.84)}$$

O incremento no comprimento do elemento escrito em função dos deslocamentos de sua extremidade toma a forma:

$$dL = du_x^B - du_x^A \qquad \text{(Equação 4.2.85)}$$

Com as equações 4.2.84 e 4.2.85 a relação dada pela equação 4.2.83 pode ser reescrita como:

$$\frac{d\underset{\sim}{T}_M}{dL}\underset{\sim}{f}_\beta = \frac{1}{L}\begin{bmatrix} 0 & 0 & 0 & 0 & 0 & 0 & 0 & 0 & 0 & 0 & 0 & 0 \\ -V_y & 0 & 0 & 0 & 0 & 0 & V_y & 0 & 0 & 0 & 0 & 0 \\ -V_z & 0 & 0 & 0 & 0 & 0 & V_z & 0 & 0 & 0 & 0 & 0 \\ 0 & 0 & 0 & 0 & 0 & 0 & 0 & 0 & 0 & 0 & 0 & 0 \\ 0 & 0 & 0 & 0 & 0 & 0 & 0 & 0 & 0 & 0 & 0 & 0 \\ 0 & 0 & 0 & 0 & 0 & 0 & 0 & 0 & 0 & 0 & 0 & 0 \\ 0 & 0 & 0 & 0 & 0 & 0 & 0 & 0 & 0 & 0 & 0 & 0 \\ V_y & 0 & 0 & 0 & 0 & 0 & -V_y & 0 & 0 & 0 & 0 & 0 \\ V_z & 0 & 0 & 0 & 0 & 0 & -V_z & 0 & 0 & 0 & 0 & 0 \\ 0 & 0 & 0 & 0 & 0 & 0 & 0 & 0 & 0 & 0 & 0 & 0 \\ 0 & 0 & 0 & 0 & 0 & 0 & 0 & 0 & 0 & 0 & 0 & 0 \\ 0 & 0 & 0 & 0 & 0 & 0 & 0 & 0 & 0 & 0 & 0 & 0 \end{bmatrix}\begin{Bmatrix} du_x^A \\ du_y^A \\ du_z^A \\ d\theta_x^A \\ d\theta_y^A \\ d\theta_z^A \\ du_x^B \\ du_y^B \\ du_z^B \\ d\theta_x^B \\ d\theta_y^B \\ d\theta_z^B \end{Bmatrix} = \underset{\sim}{k}^{dL} d\underset{\sim}{u}_L \qquad \text{(Equação 4.2.86)}$$

A matriz $\underset{\sim}{k}^{dL}$ representa a contribuição na rigidez do elemento devido a variação de seu próprio comprimento. Esta matriz pode ser escrita na forma:

$$\underset{\sim}{k}^{dL} = \begin{bmatrix} \underset{\sim}{k}^{dL}_{11} & \underset{\sim}{k}^{dL}_{12} & \underset{\sim}{k}^{dL}_{13} & \underset{\sim}{k}^{dL}_{14} \\ \underset{\sim}{k}^{dL}_{21} & \underset{\sim}{k}^{dL}_{22} & \underset{\sim}{k}^{dL}_{23} & \underset{\sim}{k}^{dL}_{24} \\ \underset{\sim}{k}^{dL}_{31} & \underset{\sim}{k}^{dL}_{32} & \underset{\sim}{k}^{dL}_{33} & \underset{\sim}{k}^{dL}_{34} \\ \underset{\sim}{k}^{dL}_{41} & \underset{\sim}{k}^{dL}_{42} & \underset{\sim}{k}^{dL}_{43} & \underset{\sim}{k}^{dL}_{44} \end{bmatrix} \qquad \text{(Equação 4.2.87)}$$

Sendo que as únicas não nulas:

$$\underset{\sim}{k}^{dL}_{11} = \underset{\sim}{k}^{dL}_{33} = -\underset{\sim}{k}^{dL}_{13} = -\underset{\sim}{k}^{dL}_{31} = -\frac{1}{L}\begin{bmatrix} 0 & 0 & 0 \\ V_y & 0 & 0 \\ V_z & 0 & 0 \end{bmatrix} \qquad \text{(Equação 4.2.88)}$$

Seja agora a segunda parcela do segundo termo da equação 4.2.81. Esta parcela decorre da rotação do elemento fazendo com que os vetores unitários da equação 4.2.71 girem, também girando da mesma forma o resultado da equação 4.2.70. Assim pode-se aplicar a transformação diretamente no resultado desta última equação, o que permite escrever, conforme KRENK (2009):

$$\frac{d\underset{\sim}{T}_M}{d\underset{\sim}{\theta}}\underset{\sim}{f}_\beta = \begin{Bmatrix} d\underset{\sim}{\theta}\times \underset{\sim}{f}_L^A \\ d\underset{\sim}{\theta}\times \underset{\sim}{m}_L^A \\ d\underset{\sim}{\theta}\times \underset{\sim}{f}_L^B \\ d\underset{\sim}{\theta}\times \underset{\sim}{m}_L^B \end{Bmatrix} \qquad \text{(Equação 4.2.89)}$$

Na equação 4.2.89 o símbolo $\times$ significa produto vetorial. Considerando o produto mostrado na primeira linha da equação 4.2.89, e sendo:

$$\underset{\sim}{f}_L^A = \begin{Bmatrix} P \\ V_y \\ V_z \end{Bmatrix} \quad \text{e} \quad \underset{\sim}{m}_L^A = \begin{Bmatrix} M_x \\ M_y^A \\ M_Y^A \end{Bmatrix} \qquad \text{(Equação 4.2.90)}$$

E as rotações determinadas por:

$$d\theta_x = \frac{1}{2}\left(d\theta_x^A + d\theta_x^B\right) \qquad \text{(Equação 4.2.91a)}$$

$$d\theta_y = -\frac{du_z^B - du_z^A}{L} \qquad \text{(Equação 4.2.91b)}$$

$$d\theta_z = \frac{du_y^B - du_y^A}{L} \qquad \text{(Equação 4.2.91c)}$$

Tem-se:

$$d\underset{\sim}{\theta} = \begin{Bmatrix} \frac{1}{2}\left(d\theta_x^A + d\theta_x^B\right) \\ -\frac{1}{L}\left(du_z^B - du_z^A\right) \\ \frac{1}{L}\left(du_y^B - du_y^A\right) \end{Bmatrix} \qquad \text{(Equação 4.2.92)}$$

Fazendo o produto $d\underset{\sim}{\theta}\times \underset{\sim}{f}_L^A$, conforme KRENK (2009) ou BELYTSCHKO (2000) ou CRISFIELD (1997), obtém-se:

$$d\underset{\sim}{\theta}\times \underset{\sim}{f}_L^A = \begin{bmatrix} 0 & -\frac{1}{L}\left(du_y^B - du_y^A\right) & -\frac{1}{L}\left(du_z^B - du_z^A\right) \\ \frac{1}{L}\left(du_y^B - du_y^A\right) & 0 & -\frac{1}{2}\left(d\theta_x^A + d\theta_x^B\right) \\ \frac{1}{L}\left(du_z^B - du_z^A\right) & \frac{1}{2}\left(d\theta_x^A + d\theta_x^B\right) & 0 \end{bmatrix} \begin{Bmatrix} P \\ V_y \\ V_z \end{Bmatrix} = \begin{Bmatrix} -\frac{V_y}{L}\left(du_y^B - du_y^A\right) - \frac{V_z}{L}\left(du_z^B - du_z^A\right) \\ \frac{P}{L}\left(du_y^B - du_y^A\right) - \frac{V_z}{2}\left(\theta_x^A + \theta_x^B\right) \\ \frac{P}{L}\left(du_z^B - du_z^A\right) + \frac{V_y}{2}\left(\theta_x^A + \theta_x^B\right) \end{Bmatrix} =$$

$$\frac{1}{L}\begin{bmatrix} 0 & -V_y & -V_z & 0 & 0 & 0 & V_y & V_z & 0 & 0 & 0 & 0 \\ 0 & P & 0 & V_z\frac{L}{2} & 0 & 0 & 0 & -P & 0 & V_z\frac{L}{2} & 0 & 0 \\ 0 & 0 & P & -V_y\frac{L}{2} & 0 & 0 & 0 & 0 & -P & -V_y\frac{L}{2} & 0 & 0 \end{bmatrix} \begin{Bmatrix} du_x^A \\ du_y^A \\ du_z^A \\ d\theta_x^A \\ d\theta_y^A \\ d\theta_z^A \\ du_x^B \\ du_y^B \\ du_z^B \\ d\theta_x^B \\ d\theta_y^B \\ d\theta_z^B \end{Bmatrix} \quad \text{(Equação 4.2.93)}$$

Fazendo desenvolvimento semelhante para os demais produtos e sendo $V_y = -2\frac{M_z^a}{L}$ e $V_z = 2\frac{M_y^a}{L}$, reescrevendo a equação 4.2.89 em forma semelhante 4.2.87, obtém-se:

$$\frac{d\underset{\sim}{T}_M}{d\underset{\sim}{\theta}}\underset{\sim}{f}_\beta = \underset{\sim}{k}^{d\theta}\, d\underset{\sim}{u}_L \quad \text{(Equação 4.2.94)}$$

Em que $\underset{\sim}{k}^{d\theta}$ é a influência da mudança de orientação do elemento em sua rigidez, sendo dada por:

$$\underset{\sim}{k}^{d\theta} = \begin{bmatrix} \underset{\sim 11}{k}^{d\theta} & \underset{\sim 12}{k}^{d\theta} & \underset{\sim 13}{k}^{d\theta} & \underset{\sim 14}{k}^{d\theta} \\ \underset{\sim 21}{k}^{d\theta} & \underset{\sim 22}{k}^{d\theta} & \underset{\sim 23}{k}^{d\theta} & \underset{\sim 24}{k}^{d\theta} \\ \underset{\sim 31}{k}^{d\theta} & \underset{\sim 32}{k}^{d\theta} & \underset{\sim 33}{k}^{d\theta} & \underset{\sim 34}{k}^{d\theta} \\ \underset{\sim 41}{k}^{d\theta} & \underset{\sim 42}{k}^{d\theta} & \underset{\sim 43}{k}^{d\theta} & \underset{\sim 44}{k}^{d\theta} \end{bmatrix} \quad \text{(Equação 4.2.95)}$$

Sendo:

$$\underset{\sim 11}{k}^{d\theta} = \underset{\sim 33}{k}^{d\theta} = -\underset{\sim 13}{k}^{d\theta} = -\underset{\sim 31}{k}^{d\theta} = \frac{1}{L}\begin{bmatrix} 0 & -V_y & -V_z \\ 0 & P & 0 \\ 0 & 0 & P \end{bmatrix} \quad \text{(Equação 4.2.96a)}$$

$$\underset{\sim 12}{k}^{d\theta} = \underset{\sim 14}{k}^{d\theta} = -\underset{\sim 32}{k}^{d\theta} = -\underset{\sim 34}{k}^{d\theta} = \frac{1}{L}\begin{bmatrix} 0 & 0 & 0 \\ M_y^a & 0 & 0 \\ M_z^a & 0 & 0 \end{bmatrix}, \quad \underset{\sim 21}{k}^{d\theta} = -\underset{\sim 23}{k}^{d\theta} = \frac{1}{L}\begin{bmatrix} 0 & M_y^A & M_y^A \\ 0 & M_x & 0 \\ 0 & 0 & M_x \end{bmatrix} \quad \text{(Equação 4.2.96b,c)}$$

$$\underset{\sim 44}{k}^{d\theta} = \frac{1}{2}\begin{bmatrix} 0 & 0 & 0 \\ -M_z^B & 0 & 0 \\ M_z^B & 0 & 0 \end{bmatrix}, \qquad \underset{\sim 22}{k}^{d\theta} = \frac{1}{2}\begin{bmatrix} 0 & 0 & 0 \\ -M_z^A & 0 & 0 \\ M_y^A & 0 & 0 \end{bmatrix} \qquad \text{(Equação 4.2.96d,e)}$$

$$\underset{\sim 41}{k}^{d\theta} = -\underset{\sim 43}{k}^{d\theta} = \frac{1}{L}\begin{bmatrix} 0 & M_y^B & M_z^B \\ 0 & -M_x & 0 \\ 0 & 0 & -M_x \end{bmatrix} \qquad \text{(Equação 4.2.96f)}$$

$$\underset{\sim 42}{k}^{d\theta} = \frac{1}{2}\begin{bmatrix} 0 & 0 & 0 \\ -M_z^B & 0 & 0 \\ M_y^B & 0 & 0 \end{bmatrix}, \qquad \underset{\sim 24}{k}^{d\theta} = \frac{1}{2}\begin{bmatrix} 0 & 0 & 0 \\ -M_z^A & 0 & 0 \\ M_y^A & 0 & 0 \end{bmatrix} \qquad \text{(Equação 4.2.96g,h)}$$

Nas equações acima 4.2.96 o momento M_x corresponde ao momento de torção, $M_y^a = V_z \frac{L}{2}$ e $M_z^a = -V_y \frac{L}{2}$, os momentos associados aos modos de deformação antissimétricos, conforme mostrado na figura 4.2.8. Para completar a matriz $\underset{\sim r}{k}$ é necessário determinar as contribuições dos últimos dois termos que aparecem na equação 4.2.75. Considerando a matriz $\underset{\sim r}{k}$ escrita na forma mostrada na equação 4.2.97, as contribuições dos referidos dois últimos termos da equação 4.2.75 acontecerão apenas para os elementos $\underset{\sim 22}{k}^r$ e $\underset{\sim 44}{k}^r$.

$$\underset{\sim r}{k} = \begin{bmatrix} \underset{\sim 11}{k}^r & \underset{\sim 12}{k}^r & \underset{\sim 13}{k}^r & \underset{\sim 14}{k}^r \\ \underset{\sim 21}{k}^r & \underset{\sim 22}{k}^r & \underset{\sim 23}{k}^r & \underset{\sim 24}{k}^r \\ \underset{\sim 31}{k}^r & \underset{\sim 32}{k}^r & \underset{\sim 33}{k}^r & \underset{\sim 34}{k}^r \\ \underset{\sim 41}{k}^r & \underset{\sim 42}{k}^r & \underset{\sim 43}{k}^r & \underset{\sim 44}{k}^r \end{bmatrix} \qquad \text{(Equação 4.2.97)}$$

O incremento na variação da rotação, KRENK (2009), é dado por:

$$d\left(\partial \underset{\sim}{\theta}\right) = -\frac{1}{2}\partial \underset{\sim}{\theta} \times d\underset{\sim}{\theta} \qquad \text{(Equação 4.2.98)}$$

Portanto, considerando o penúltimo termo da equação 4.2.75 tem-se:

$$d\left(\delta \underset{\sim L}{\theta^A}\right)^T = -\frac{1}{2}\left(\delta \underset{\sim L}{\theta^A} \times d\underset{\sim L}{\theta^A}\right)\underset{\sim L}{m^A} = -\frac{1}{2}\left(\delta \underset{\sim L}{\theta^A}\right)^T\left(d\underset{\sim L}{\theta^A} \times \underset{\sim L}{m^A}\right) = \left(\delta \underset{\sim L}{\theta^A}\right)^T\left[\frac{1}{2}\left(\underset{\sim L}{m^A} \times d\underset{\sim L}{\theta^A}\right)\right] =$$

$$\left(\partial \underset{\sim L}{\theta^A}\right)^T \left\{\frac{1}{2}\begin{bmatrix} 0 & -M_z^A & M_y^A \\ M_z^A & 0 & -M_x \\ -M_y^A & M_x & 0 \end{bmatrix}\right\} d\underset{\sim L}{\theta^A} = \left(\partial \underset{\sim L}{\theta^A}\right)^T \underset{\sim 22}{\bar{k}}^{r}\, d\underset{\sim L}{\theta^A} \qquad \text{(Equação 4.2.99)}$$

Sendo $\underset{\sim 22}{\bar{k}}^{r}$ a contribuição a ser adicionada à submatriz $\underset{\sim 22}{k}^r$. Fazendo de forma semelhante para a última parcela, obtém-se $\underset{\sim 44}{\bar{k}}^{r}$, que deverá ser adicionada a $\underset{\sim 44}{k}^r$, dada por:

$$\bar{\underset{\sim}{k}}^{r}_{44} = \frac{1}{2}\begin{bmatrix} 0 & -M_z^B & M_y^B \\ M_z^B & 0 & -M_x \\ -M_y^B & M_x & 0 \end{bmatrix} \qquad \text{(Equação 4.2.100)}$$

A matriz $\underset{\sim}{k}_r$ é determinada somando todas as contribuições, ou seja:

$$\underset{\sim}{k}_r = \underset{\sim}{k}^{dL} + \underset{\sim}{k}^{d\theta} + \bar{\underset{\sim}{k}}_r \qquad \text{(Equação 4.2.101)}$$

Resultando em:

$$\underset{\sim}{k}^r_{11} = \underset{\sim}{k}^r_{33} = -\underset{\sim}{k}^r_{13} = -\underset{\sim}{k}^r_{31} = \frac{1}{L}\begin{bmatrix} 0 & -V_y & -V_z \\ -V_y & P & 0 \\ -V_z & 0 & P \end{bmatrix} \qquad \text{(Equação 4.2.102a)}$$

$$\underset{\sim}{k}^r_{21} = -\underset{\sim}{k}^r_{23} = \frac{1}{L}\begin{bmatrix} 0 & M_y^A & M_z^A \\ 0 & M_x & 0 \\ 0 & 0 & M_x \end{bmatrix}, \quad \underset{\sim}{k}^r_{41} = \underset{\sim}{k}^r_{43} = \frac{1}{L}\begin{bmatrix} 0 & M_y^B & M_z^B \\ 0 & -M_x & 0 \\ 0 & 0 & -M_x \end{bmatrix} \qquad \text{(Equação 4.2.102b, c)}$$

$$\underset{\sim}{k}^r_{12} = \underset{\sim}{k}^r_{14} = -\underset{\sim}{k}^r_{32} = -\underset{\sim}{k}^r_{34} = \frac{1}{L}\begin{bmatrix} 0 & 0 & 0 \\ M_y^a & 0 & 0 \\ M_z^a & 0 & 0 \end{bmatrix} \qquad \text{(Equação 4.2.9102d)}$$

$$\underset{\sim}{k}^r_{22} = \frac{1}{2}\begin{bmatrix} 0 & -M_z^A & M_y^A \\ 0 & 0 & -M_x \\ 0 & M_x & 0 \end{bmatrix}, \quad \underset{\sim}{k}^r_{24} = \frac{1}{2}\begin{bmatrix} 0 & 0 & 0 \\ -M_z^A & 0 & 0 \\ M_y^A & 0 & 0 \end{bmatrix} \qquad \text{(Equação 4.2.102e, f)}$$

$$\underset{\sim}{k}^r_{44} = \frac{1}{2}\begin{bmatrix} 0 & -M_z^B & M_y^B \\ 0 & 0 & -M_x \\ 0 & M_x & 0 \end{bmatrix}, \quad \underset{\sim}{k}^r_{42} = \frac{1}{2}\begin{bmatrix} 0 & 0 & 0 \\ -M_z^B & 0 & 0 \\ M_y^B & 0 & 0 \end{bmatrix} \qquad \text{(Equação 4.2.102g, h)}$$

Comparando convenientemente as equações 4.2.102 verifica-se que a matriz $\underset{\sim}{k}^r$ não apresenta simetria, isto decorre do uso do trabalho virtual externo na dedução da matriz. Entretanto, a simetria da matriz pode ser restabelecida de forma artificial, CRISFIELD (1997). KRENK (2009) apresenta procedimento consistindo em somar submatrizes aos termos das segunda e quarta colunas da matriz $\underset{\sim}{k}^r$. Seja esta matriz escrita na forma:

$$\underset{\sim}{k}_r = \begin{bmatrix} \underset{\sim}{k}^r_{11} & \underset{\sim}{k}^r_{12} + \underset{\sim}{k}^a_1 & \underset{\sim}{k}^r_{13} & \underset{\sim}{k}^r_{14} - \underset{\sim}{k}^a_1 \\ \underset{\sim}{k}^r_{21} & \underset{\sim}{k}^r_{22} + \underset{\sim}{k}^a_2 & \underset{\sim}{k}^r_{23} & \underset{\sim}{k}^r_{24} - \underset{\sim}{k}^a_2 \\ \underset{\sim}{k}^r_{31} & \underset{\sim}{k}^r_{32} + \underset{\sim}{k}^a_3 & \underset{\sim}{k}^r_{33} & \underset{\sim}{k}^r_{34} - \underset{\sim}{k}^a_3 \\ \underset{\sim}{k}^r_{41} & \underset{\sim}{k}^r_{42} + \underset{\sim}{k}^a_4 & \underset{\sim}{k}^r_{43} & \underset{\sim}{k}^r_{44} - \underset{\sim}{k}^a_4 \end{bmatrix} \qquad \text{(Equação 4.2.103)}$$

Sendo $\underset{\sim}{k}^{a}_{1}$, $\underset{\sim}{k}^{a}_{2}$, $\underset{\sim}{k}^{a}_{3}$ e $\underset{\sim}{k}^{a}_{4}$ matrizes a determinar, que adicionadas à $\underset{\sim}{k}_{r}$ a tornará simétrica. Para as matrizes $\underset{\sim}{k}^{a}_{1}$ e $\underset{\sim}{k}^{a}_{3}$ tem-se:

$$\underset{\sim}{k}^{a}_{1} = \left(\underset{\sim}{k}^{r}_{21}\right)^{T} - \underset{\sim}{k}^{r}_{12} = \frac{1}{L}\begin{bmatrix} 0 & M_y^A & M_z^A \\ -M_y^a & M_x & 0 \\ -M_z^a & 0 & M_x \end{bmatrix} \quad \text{(Equação 4.2.104a)}$$

$$\underset{\sim}{k}^{a}_{3} = \left(\underset{\sim}{k}^{r}_{41}\right)^{T} - \underset{\sim}{k}^{r}_{32} = \frac{1}{L}\begin{bmatrix} 0 & 0 & 0 \\ M_y^B - M_y^a & -M_x & 0 \\ M_z^B - M_z^a & 0 & -M_x \end{bmatrix} \quad \text{(Equação 4.2.104b)}$$

As matrizes $\underset{\sim}{k}^{a}_{2}$ e $\underset{\sim}{k}^{a}_{4}$ devem tornar $\underset{\sim}{k}^{r}_{22} + \underset{\sim}{k}^{a}_{2}$ e $\underset{\sim}{k}^{r}_{44} - \underset{\sim}{k}^{a}_{4}$ simétricas e $\underset{\sim}{k}^{r}_{42} + \underset{\sim}{k}^{a}_{4}$ a transposta de $\underset{\sim}{k}^{r}_{24} - \underset{\sim}{k}^{a}_{2}$, assim tem-se:

$$\underset{\sim}{k}^{a}_{2} = \frac{1}{L}\begin{bmatrix} 0 & 0 & 0 \\ -M_z^A & 0 & -M_x \\ M_y^A & M_x & 0 \end{bmatrix}, \quad \underset{\sim}{k}^{a}_{4} = \frac{1}{L}\begin{bmatrix} 0 & 0 & 0 \\ M_z^B & 0 & M_x \\ -M_y^B & -M_x & 0 \end{bmatrix} \quad \text{(Equação 4.2.104c, d)}$$

Finalmente, tem-se a forma simétrica da matriz $\underset{\sim}{k}_{r}$ dada por:

$$\underset{\sim}{k}^{r}_{11} = \underset{\sim}{k}^{r}_{33} = -\underset{\sim}{k}^{r}_{13} = -\underset{\sim}{k}^{r}_{31} = \frac{1}{L}\begin{bmatrix} 0 & -V_y & -V_z \\ -V_y & P & 0 \\ -V & 0 & P \end{bmatrix} \quad \text{(Equação 4.2.105a)}$$

$$\underset{\sim}{k}^{r}_{12} = -\underset{\sim}{k}^{r}_{32} = \frac{1}{L}\begin{bmatrix} 0 & 0 & 0 \\ M_y^A & M_x & 0 \\ M_z^A & 0 & M_x \end{bmatrix}, \quad \underset{\sim}{k}^{r}_{21} = -\underset{\sim}{k}^{r}_{23} = \frac{1}{L}\begin{bmatrix} 0 & M_y^A & M_z^A \\ 0 & M_x & 0 \\ 0 & 0 & M_x \end{bmatrix} \quad \text{(Equação 4.2.105b, c)}$$

$$\underset{\sim}{k}^{r}_{14} = -\underset{\sim}{k}^{r}_{34} = \frac{1}{L}\begin{bmatrix} 0 & 0 & 0 \\ M_y^B & -M_x & 0 \\ M_z^B & 0 & -M_x \end{bmatrix}, \quad \underset{\sim}{k}^{r}_{41} = -\underset{\sim}{k}^{r}_{43} = \frac{1}{L}\begin{bmatrix} 0 & M_y^B & M_z^B \\ 0 & -M_x & 0 \\ 0 & 0 & -M_x \end{bmatrix} \quad \text{(Equação 4.2.105d, e)}$$

$$\underset{\sim}{k}^{r}_{22} = \frac{1}{2}\begin{bmatrix} 0 & -M_z^A & M_y^A \\ -M_z^A & 0 & 0 \\ M_y^A & 0 & 0 \end{bmatrix}, \quad \underset{\sim}{k}^{r}_{44} = \frac{1}{2}\begin{bmatrix} 0 & -M_z^B & M_y^B \\ -M_z^B & 0 & 0 \\ M_y^B & 0 & 0 \end{bmatrix} \quad \text{(Equação 4.2.105f, g)}$$

$$\underset{\sim}{k}^{r}_{24} = \frac{1}{2}\begin{bmatrix} 0 & 0 & 0 \\ 0 & 0 & M_x \\ 0 & -M_x & 0 \end{bmatrix}, \quad \underset{\sim}{k}^{r}_{42} = \frac{1}{2}\begin{bmatrix} 0 & 0 & 0 \\ 0 & 0 & -M_x \\ 0 & M_x & 0 \end{bmatrix} \quad \text{(Equação 4.2.105h, i)}$$

Ainda deve ser considerada a rigidez geométrica local. Para isto seja o trabalho virtual interno escrito na forma:

$$\partial W_i = \int_0^{L_0} \left(\partial\varepsilon_j P_j + \partial\kappa_j M_j\right) ds \qquad \text{(Equação 4.2.106)}$$

Em que ε_j e κ_j são as deformações e curvaturas, s representa a curva ao longo do eixo da barra, $\underset{\sim}{n}_1$, $\underset{\sim}{n}_2$ e $\underset{\sim}{n}_3$ vetores unitários e $\underset{\sim}{x}$ vetor de posição de uma seção genérica da barra, conforme mostrado na figura 4.2.9.

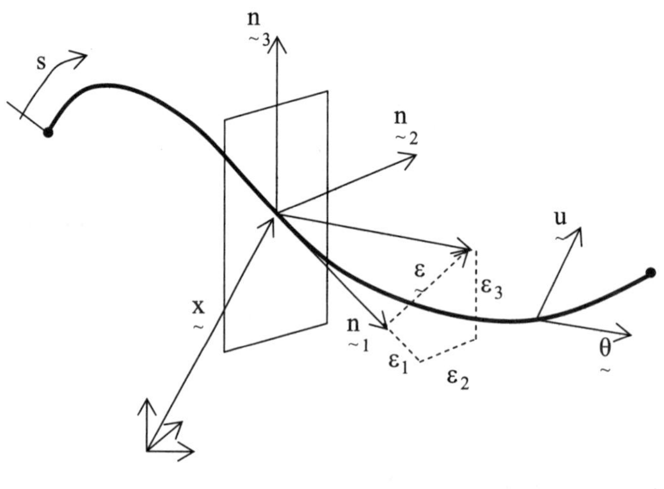

Figura 4.2.9 – Representação esquemática da barra 3D.

As deformações e curvaturas podem ser escritas em função dos deslocamentos como:

$$\partial\varepsilon_j = \left[\frac{d\left(\partial \underset{\sim}{u}\right)}{ds} - \partial\underset{\sim}{\bar{\theta}} \times \frac{d\underset{\sim}{x}}{ds}\right]^T \underset{\sim}{n}_j \qquad \text{(Equação 4.2.107a)}$$

$$\partial\kappa_j = \frac{d\left(\partial\underset{\sim}{\bar{\theta}}\right)}{ds}\underset{\sim}{n}_j \qquad \text{(Equação 4.2.107b)}$$

Fazendo a segunda variação do trabalho virtual interno, equação 4.2.106, tem-se:

$$d\left(\partial W_i\right) = \int_0^{L_0} \left[\partial\varepsilon_j dP_j + \partial\kappa_j dM_j + d\left(\varepsilon_j\right)P_j + d\left(\kappa_j\right)M_j\right] ds \qquad \text{(Equação 4.2.108)}$$

Os dois últimos termos do lado direito da equação 4.2.108 refletem o efeito da mudança de geometria no estado tensional corrente, podendo ser escritos matricialmente como:

$$d\left(\partial\varepsilon_j\right)P_j + d\left(\partial\kappa_j\right)M_j = \left[\partial\underset{\sim}{u}'^T \quad \partial\underset{\sim}{\bar{\theta}}^T \quad \partial\underset{\sim}{\bar{\theta}}\right] \begin{bmatrix} \underset{\sim}{0} & \underset{\sim}{0} & \underset{\sim}{\hat{P}}^T \\ \underset{\sim}{0} & \underset{\sim}{0} & \frac{1}{2}\underset{\sim}{\hat{M}}^T \\ \underset{\sim}{\hat{P}} & \frac{1}{2}\underset{\sim}{\hat{M}} & \frac{1}{2}\left(\underset{\sim}{P}\underset{\sim}{x}'^T + \underset{\sim}{x}'\underset{\sim}{P}^T\right) - \left(\underset{\sim}{P}^T\underset{\sim}{x}'\right)\underset{\sim}{I} \end{bmatrix} \begin{Bmatrix} d\underset{\sim}{u}' \\ d\underset{\sim}{\bar{\theta}}' \\ d\underset{\sim}{\bar{\theta}} \end{Bmatrix} \qquad \text{(Equação 4.2.109)}$$

Sendo:

$$(\ )' = \frac{d(\ )}{ds} \quad \text{e}$$

$$\hat{\underset{\sim}{P}} = \begin{bmatrix} 0 & -P_z & P_y \\ P_z & 0 & -P_x \\ -P_y & P_x & 0 \end{bmatrix} \qquad \hat{\underset{\sim}{M}} = \begin{bmatrix} 0 & -M_z & M_y \\ M_z & 0 & -M_x \\ -M_y & M_x & 0 \end{bmatrix} \qquad \text{(Equação 4.2.110a, b)}$$

Expandindo a equação 4.2.109 e reagrupando, tem-se:

$$d(\partial\varepsilon_j)P_j + d(\partial\kappa_j)M_j = -\partial \underset{\sim\perp}{u}'^{\,T} \underset{\sim}{P}^T\left(\frac{L}{L_0}\right)du' - \partial u'\left(\frac{L}{L_0}\right)\underset{\sim}{P}^T d\underset{\sim\perp}{u}' + \begin{bmatrix} \partial\bar{\underset{\sim}{\theta}}'^{T} & \partial\bar{\underset{\sim}{\theta}}^{T} \end{bmatrix} \begin{bmatrix} 0 & \frac{1}{2}\hat{\underset{\sim}{M}}^T \\ \frac{1}{2}\hat{\underset{\sim}{M}} & \left(\frac{L}{L_0}\right)\left[\underset{\sim}{P}\right] \end{bmatrix} \begin{Bmatrix} d\bar{\underset{\sim}{\theta}}' \\ d\bar{\underset{\sim}{\theta}} \end{Bmatrix}$$

(Equação 4.2.111)

Sendo:

du' e $d\underset{\sim\perp}{u}'$ as componentes axial e transversal da derivada dos deslocamentos, respectivamente.

Portanto:

$$d\underset{\sim}{u}' = \underset{\sim x}{n}\, du' + d\underset{\sim\perp}{u}' \qquad \text{(Equação 4.2.112)}$$

$$\left[\underset{\sim}{P}\right] = P\underset{\sim}{I} - \frac{1}{2}\left(\underset{\sim}{P}\underset{\sim x}{n}^T + \underset{\sim x}{n}\,\underset{\sim}{P}^T\right) \qquad \text{(Equação 4.2.113)}$$

$$P = \underset{\sim}{P}^T \underset{\sim x}{n} \qquad \text{(Equação 4.2.114)}$$

$\underset{\sim}{P}$ é o vetor contendo as componentes da força na seção, assim tem-se:

$$\underset{\sim}{P}^T = \begin{bmatrix} P_x & P_y & P_z \end{bmatrix} \qquad \text{(Equação 4.2.115)}$$

A utilização de coordenadas adimensionais permite escrever a relação:

$$s = \frac{1}{2}L_0(1+\xi) \text{ com } -1 \le \xi \le 1 \qquad \text{(Equação 4.2.116)}$$

A equação 4.2.116 permite escrever a rotação incremental e sua derivada em relação a s, em função das rotações simétrica e antissimétrica. Como tem-se três modos simétricos e dois antissimétricos, os vetores representativos das rotações incrementais correspondentes se escrevem como:

$$d\bar{\underset{\sim s}{\theta}}^T = \begin{bmatrix} d\bar{\theta}_x^s & d\bar{\theta}_y^s & d\bar{\theta}_z^s \end{bmatrix} \qquad d\bar{\underset{\sim a}{\theta}}^T = \begin{bmatrix} 0 & d\bar{\theta}_y^a & d\bar{\theta}_z^a \end{bmatrix} \qquad \text{(Equação 4.2.117a, b)}$$

Finalmente, tem-se:

$$\begin{bmatrix} d\bar{\theta}'(s) \\ d\bar{\theta}''(s) \end{bmatrix} = \begin{bmatrix} \frac{1}{L_0}\underset{\sim}{I} & \frac{3\xi}{L_0}\underset{\sim}{I} \\ \frac{\xi}{2}\underset{\sim}{I} & \frac{3\xi^2-1}{4}\underset{\sim}{I} \end{bmatrix} \begin{Bmatrix} d\bar{\theta}_{\sim s} \\ d\bar{\theta}_{\sim a} \end{Bmatrix} \quad \text{(Equação 4.2.118)}$$

Em que $\underset{\sim}{I}$ é a matriz identidade de ordem 3.

Com a equação 4.2.118 substituída na equação 4.2.111 e integrando, obtém-se:

$$\int_0^{L_0} \left[d(\partial\varepsilon_j)P_j + d(\kappa_i)M_j \right] ds = \begin{bmatrix} \partial\bar{\theta}_{\sim s}^T & \partial\bar{\theta}_{\sim a}^T \end{bmatrix} \begin{bmatrix} \frac{L}{12}\left[\underset{\sim}{P}\right] & \frac{1}{4}\underset{\sim}{\bar{M}}^T \\ \frac{1}{4}\underset{\sim}{\bar{M}} & \frac{L}{20}\left[\underset{\sim}{P}\right] \end{bmatrix} \begin{Bmatrix} d\bar{\theta}_{\sim s} \\ d\bar{\theta}_{\sim a} \end{Bmatrix} \quad \text{(Equação 4.2.119)}$$

Em que $\underset{\sim}{\bar{M}}$ é uma matriz antissimétrica no formato da mostrada na equação 4.2.110b mas com o valor médio dos momentos na viga, ou seja, na seção média. Pré-multiplicando a matriz central do segundo membro da equação 4.2.119, chamada de $\underset{\sim}{k}^M$, pela matriz $\underset{\sim M}{T}$ e pós-multiplicando por $\underset{\sim M}{T}^T$, obtém-se a matriz de rigidez geométrica local, que reflete a contribuição dos modos de deformação na rigidez geométrica.
Como não existe acoplamento entre os modos de vibração, a matriz $\underset{\sim M}{k}$ (ver equação 4.2.82) é diagonal e escrita como:

$$\underset{\sim M}{k} = \frac{1}{L} \begin{bmatrix} GJ & 0 & 0 & 0 & 0 & 0 \\ 0 & EI_y & 0 & 0 & 0 & 0 \\ 0 & 0 & EI_z & 0 & 0 & 0 \\ 0 & 0 & 0 & EA & 0 & 0 \\ 0 & 0 & 0 & 0 & \frac{3EI_y}{(1+\varphi_y)} & 0 \\ 0 & 0 & 0 & 0 & 0 & \frac{3EI_z}{(1+\varphi_z)} \end{bmatrix} \quad \text{(Equação 4.2.120)}$$

Sendo A, A_{Vy}, A_{Vz}, J, I_y e I_z as áreas transversal, efetivas de cisalhamento em relação aos eixos locais y e z, constante de torção, momentos de inércia em relação aos eixos locais y e z da seção transversal, respectivamente.
E e G, os módulos de elasticidade longitudinal e transversal do material.

$$\varphi_y = \frac{12EI_z}{L^2GA_{Vy}} \quad \text{(Equação 4.2.121a)}$$

$$\varphi_z = \frac{12EI_y}{L^2GA_{Vz}} \quad \text{(Equação 4.2.121b)}$$

Reescrevendo a equação 4.2.81 e acrescentando a rigidez geométrica local, obtida com a equação 4.2.119, tem-se a matriz de rigidez tangente:

$$\underset{\sim T}{k} = \underset{\sim M}{T}\left(\underset{\sim M}{k} + \underset{\sim}{k}^M\right)\underset{\sim M}{T}^T + \underset{\sim r}{k} = \underset{\sim 0}{k} + \underset{\sim g}{k} \quad \text{(Equação 4.2.122)}$$

Em que a matriz $\underset{\sim 0}{k}$ é a matriz de rigidez linear e $\underset{\sim g}{k}$ a matriz de rigidez geométrica, ambas no sistema local, sendo a matriz de rigidez linear:

$$\underset{\sim 0}{k} = \begin{bmatrix} \underset{\sim 11}{k^0} & \underset{\sim 12}{k^0} & \underset{\sim 13}{k^0} & \underset{\sim 14}{k^0} \\ \underset{\sim 21}{k^0} & \underset{\sim 22}{k^0} & \underset{\sim 23}{k^0} & \underset{\sim 24}{k^0} \\ \underset{\sim 31}{k^0} & \underset{\sim 32}{k^0} & \underset{\sim 33}{k^0} & \underset{\sim 34}{k^0} \\ \underset{\sim 41}{k^0} & \underset{\sim 42}{k^0} & \underset{\sim 43}{k^0} & \underset{\sim 44}{k^0} \end{bmatrix} \qquad \text{(Equação 4.2.123a)}$$

Em que:

$$\underset{\sim 11}{k^0} = \underset{\sim 33}{k^0} = -\underset{\sim 31}{k^0} = -\underset{\sim 13}{k^0}{}^T = \begin{bmatrix} \frac{EA}{L} & 0 & 0 \\ 0 & \frac{12EI_z}{L^3(1+\varphi_y)} & 0 \\ 0 & 0 & \frac{12EI_y}{L^3(1+\varphi_z)} \end{bmatrix} \qquad \text{(Equação 4.2.123b)}$$

$$\underset{\sim 22}{k^0} = \underset{\sim 44}{k^0} = \begin{bmatrix} \frac{GJ}{L} & 0 & 0 \\ 0 & \frac{(4+\varphi_z)EI_y}{L(1+\varphi_z)} & 0 \\ 0 & 0 & \frac{(4+\varphi_y)EI_z}{L(1+\varphi_y)} \end{bmatrix} \qquad \text{(Equação 4.2.123c)}$$

$$\underset{\sim 21}{k^0} = \underset{\sim 41}{k^0} = -\underset{\sim 43}{k^0} = \underset{\sim 12}{k^0}{}^T = \underset{\sim 14}{k^0}{}^T = -\underset{\sim 34}{k^0}{}^T = \begin{bmatrix} 0 & 0 & 0 \\ 0 & 0 & -\frac{6EI_y}{L^2(1+\varphi_z)} \\ 0 & \frac{6EI_z}{L^2(1+\varphi_y)} & 0 \end{bmatrix} \qquad \text{(Equação 4.2.123d)}$$

$$\underset{\sim 32}{k^0} = \underset{\sim 23}{k^0}{}^T = \begin{bmatrix} 0 & 0 & 0 \\ 0 & 0 & -\frac{6EI_z}{L^2(1+\varphi_y)} \\ 0 & \frac{6EI_y}{L^2(1+\varphi_z)} & 0 \end{bmatrix} \qquad \text{(Equação 4.2.123e)}$$

$$\underset{\sim 42}{k^0} = \underset{\sim 24}{k^0}{}^T = \begin{bmatrix} -\frac{GJ}{L} & 0 & 0 \\ 0 & \frac{(2-\varphi_z)EI_y}{L(1+\varphi_z)} & 0 \\ 0 & 0 & \frac{(2-\varphi_y)EI_z}{L(1+\varphi_y)} \end{bmatrix} \qquad \text{(Equação 4.2.123f)}$$

E a matriz de rigidez geométrica:

$$\underset{\sim g}{k} = \begin{bmatrix} \underset{\sim 11}{k^g} & \underset{\sim 12}{k^g} & \underset{\sim 13}{k^g} & \underset{\sim 14}{k^g} \\ \underset{\sim 21}{k^g} & \underset{\sim 22}{k^g} & \underset{\sim 23}{k^g} & \underset{\sim 24}{k^g} \\ \underset{\sim 31}{k^g} & \underset{\sim 32}{k^g} & \underset{\sim 33}{k^g} & \underset{\sim 34}{k^g} \\ \underset{\sim 41}{k^g} & \underset{\sim 42}{k^g} & \underset{\sim 43}{k^g} & \underset{\sim 44}{k^g} \end{bmatrix} \qquad \text{(Equação 4.2.124a)}$$

Em que:

$$\underset{\sim 11}{k^g} = \underset{\sim 33}{k^g} = -\underset{\sim 13}{k^g} = -\underset{\sim 31}{k^g}{}^T = \begin{bmatrix} 0 & \frac{Mza+Mzb}{L^2} & -\frac{Mya+Myb}{L^2} \\ \frac{Mza+Mzb}{L^2} & \frac{6P}{5L} & 0 \\ -\frac{Mya+Myb}{L^2} & 0 & \frac{6P}{5L} \end{bmatrix} \qquad \text{(Equação 4.2.124b)}$$

$$\underset{\sim 21}{k^g} = \underset{\sim 12}{k^g}{}^T = -\underset{\sim 23}{k^g} = -\underset{\sim 32}{k^g}{}^T = \begin{bmatrix} 0 & \frac{3Mya+Myb}{4L} & \frac{3Mza+Mzb}{4L} \\ \frac{Mza-Mzb}{8} & \frac{3M}{2L} & -\frac{P}{10} \\ -\frac{Mya-Myb}{8} & \frac{P}{10} & \frac{3M}{2L} \end{bmatrix} \qquad \text{(Equação 4.2.124c)}$$

$$\underset{\sim 22}{k^g} = \begin{bmatrix} 0 & -\frac{3Mza+Mzb}{8} & \frac{3Mya+Myb}{8} \\ -\frac{3Mza+Mzb}{8} & \frac{2PL}{15} & 0 \\ \frac{3Mya+Myb}{8} & 0 & \frac{2PL}{15} \end{bmatrix} \qquad \text{(Equação 4.2.124d)}$$

$$\underset{\sim 41}{k^g} = \underset{\sim 14}{k^g}{}^T = \begin{bmatrix} 0 & \frac{Mya+3Myb}{4L} & \frac{Mza+3Mzb}{4L} \\ -\frac{Mza-Mzb}{8} & -\frac{3M}{2L} & -\frac{P}{10} \\ \frac{Mya-Myb}{8} & \frac{P}{10} & -\frac{3M}{2L} \end{bmatrix} \qquad \text{(Equação 4.2.124e)}$$

$$\underset{\sim 24}{k^g} = \underset{\sim 42}{k^g}{}^T = \begin{bmatrix} 0 & \frac{Mza-Mzb}{8} & -\frac{Mya-Myb}{8} \\ -\frac{Mza-Mzb}{8} & -\frac{PL}{30} & M \\ \frac{Mya-Myb}{8} & -M & -\frac{PL}{30} \end{bmatrix} \qquad \text{(Equação 4.2.124f)}$$

$$\underset{\sim 34}{k^g} = \underset{\sim 43}{k^g}^T = \begin{bmatrix} 0 & \frac{Mza-Mzb}{8} & -\frac{Mya-Myb}{8} \\ -\frac{Mya+3Myb}{4L} & \frac{3M}{2L} & -\frac{P}{10} \\ -\frac{Mza+3Mzb}{4L} & \frac{P}{10} & \frac{3M}{2L} \end{bmatrix} \qquad \text{(Equação 4.2.124g)}$$

$$\underset{\sim 44}{k^g} = \begin{bmatrix} 0 & -\frac{Mza+3Mzb}{8} & \frac{Mya+3Myb}{8} \\ -\frac{Mza+3Mzb}{8} & \frac{2PL}{15} & 0 \\ \frac{Mya+3Myb}{8} & 0 & \frac{2PL}{15} \end{bmatrix} \qquad \text{(Equação 4.2.124h)}$$

Várias formulações de matriz de rigidez tangente estão disponíveis na literatura especializada. Dentre elas pode-se citar as apresentadas por KRENK (2009), McGUIRE (2010) e YEONG-BIN (1990). MARTINS (1997) faz uma análise de algumas destas matrizes para elemento de pórtico espacial. A dedução da matriz (pórtico espacial) apresentada no presente item, seguiu o mesmo caminho utilizado por KRENK (2009). Entretanto o resultado obtido difere daquele em alguns termos.

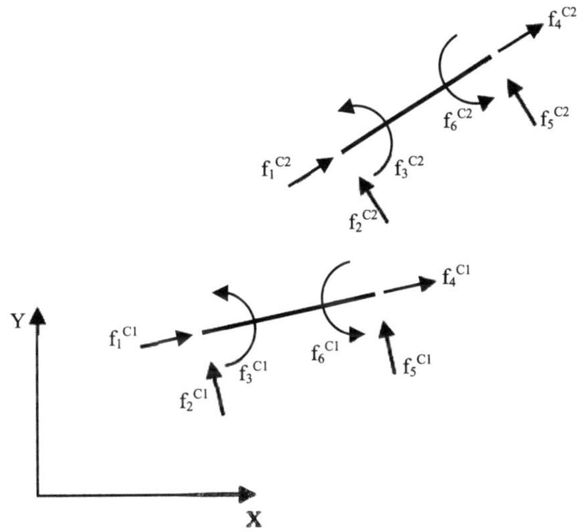

Figura **4.2.10** – Forças no elemento.

2.2 – Força em Extremidade de Elemento

A determinação das forças de extremidade de elemento em análise não linear, pode ser feita de forma semelhante ao que é feito na análise linear. Na figura 4.2.10 são mostradas, para o mesmo elemento, duas configurações sequenciais C1 e C2 que podem corresponder, respectivamente, ao início e fim de um incremento de carga ou de um processo iterativo. As forças na configuração C2 podem ser obtidas a partir da configuração C1 como:

$$\underset{\sim}{f}^{C2} = \left[\underset{\sim 0}{k} + \underset{\sim g}{k}\right] \cdot \underset{\sim N}{du} + \underset{\sim}{f}^{C1} \qquad \text{(Equação 4.2.125)}$$

Em que $\underset{\sim N}{du}$ é o vetor com os deslocamentos incrementais, obtido retirando dos deslocamentos totais os deslocamentos de corpo rígido, também incrementais. Para desenvolvimento de ideia, seja o caso do elemento de pórtico espacial em que os deslocamentos ou modos naturais $\underset{\sim N}{u}$ e de corpo rígido $\underset{\sim 0}{u}$, figuras 4.2.11 e 4.2.12 respectivamente, são escritos na forma de vetor como:

$$\underset{\sim N}{u}^T = \{u_{N1} \quad u_{N1} \quad u_{N3} \quad u_{N4} \quad u_{N5} \quad u_{N6}\} \qquad \text{(Equação 4.2.126a)}$$

$$\underset{\sim 0}{u}^T = \{u_{01} \quad u_{02} \quad u_{03} \quad u_{04} \quad u_{05} \quad u_{06}\} \qquad \text{(Equação 4.2.126b)}$$

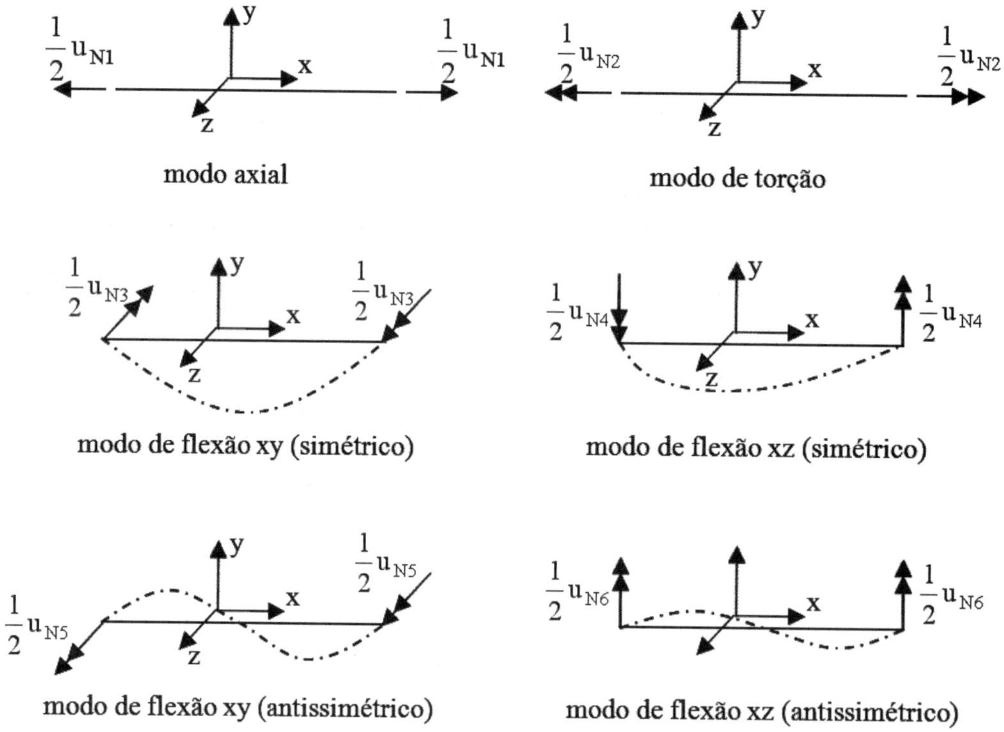

Figura 4.2.11 – deslocamentos associados aos modos naturais de deformação.

O vetor de deslocamentos totais pode ser escrito na forma:

$$\underset{\sim}{u} = \underset{\sim 0}{A}\,\underset{\sim 0}{u} + \underset{\sim N}{A}\,\underset{\sim N}{u} = \begin{bmatrix} \underset{\sim 0}{A} & \underset{\sim N}{A} \end{bmatrix} \underset{\sim}{\bar{u}} = \underset{\sim e}{A}\,\underset{\sim}{\bar{u}} \qquad \text{(Equação 4.2.127)}$$

Em que $\underset{\sim}{\bar{u}}$ é o vetor de deslocamentos generalizados e $\underset{\sim e}{A}$ uma matriz de transformação, dados por:

$$\underset{\sim}{\bar{u}}^T = \left\{ \underset{\sim 0}{u}^T \quad \underset{\sim N}{u}^T \right\} \qquad \text{(Equação 4.2.128)}$$

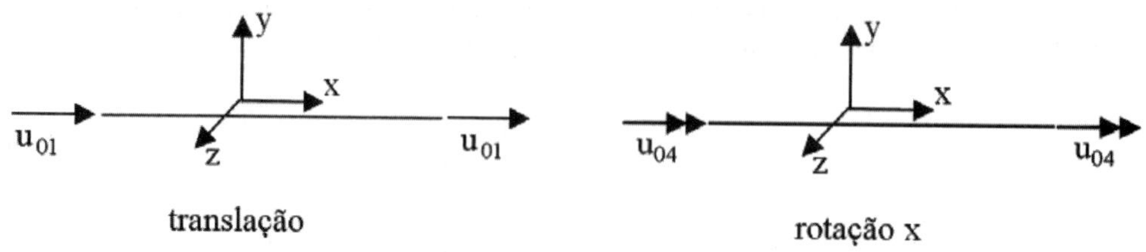

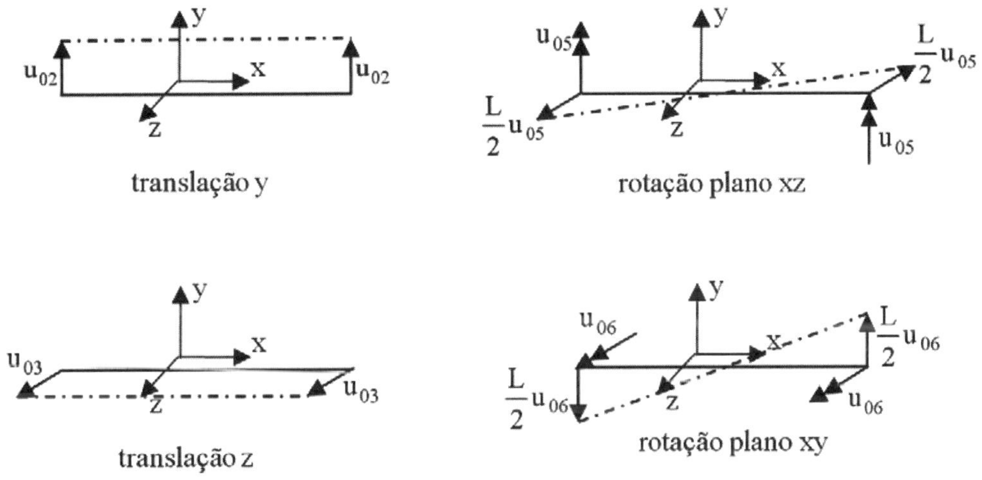

Figura 4.2.12 – Deslocamentos associados ao modo corpo rígido.

$$\underset{\sim e}{A} = \begin{bmatrix} 1 & 0 & 0 & 0 & 0 & 0 & -1/2 & 0 & 0 & 0 & 0 & 0 \\ 0 & 1 & 0 & 0 & 0 & -L/2 & 0 & 0 & 0 & 0 & 0 & 0 \\ 0 & 0 & 1 & 0 & L/2 & 0 & 0 & 0 & 0 & 0 & 0 & 0 \\ 0 & 0 & 0 & 1 & 0 & 0 & 0 & -1/2 & 0 & 0 & 0 & 0 \\ 0 & 0 & 0 & 0 & 1 & 0 & 0 & 0 & 0 & -1/2 & 0 & 1/2 \\ 0 & 0 & 0 & 0 & 0 & 1 & 0 & 0 & -1/2 & 0 & 1/2 & 0 \\ 1 & 0 & 0 & 0 & 0 & 0 & 1/2 & 0 & 0 & 0 & 0 & 0 \\ 0 & 1 & 0 & 0 & 0 & L/2 & 0 & 0 & 0 & 0 & 0 & 0 \\ 0 & 0 & 1 & 0 & -L/2 & 0 & 0 & 0 & 0 & 0 & 0 & 0 \\ 0 & 0 & 0 & 1 & 0 & 0 & 0 & 1/2 & 0 & 0 & 0 & 0 \\ 0 & 0 & 0 & 0 & 1 & 0 & 0 & 0 & 0 & 1/2 & 0 & 1/2 \\ 0 & 0 & 0 & 0 & 0 & 1 & 0 & 0 & 1/2 & 0 & 1/2 & 0 \end{bmatrix} \qquad \text{(Equação 4.2.129)}$$

Como a matriz $\underset{\sim e}{A}$ é não singular pode-se escrever:

$$\bar{\underset{\sim}{u}} = \underset{\sim e}{A}^{-1}\,\underset{\sim}{u} = \underset{\sim e}{a}\,\underset{\sim}{u} \qquad \text{(Equação 4.2.130)}$$

Por sua vez, a matriz $\underset{\sim e}{a}$ pode ser escrita nos moldes da equação 4.2.128, ou seja:

$$\underset{\sim e}{a}^{T} = \begin{bmatrix} \underset{\sim 0}{a}^{T} & \underset{\sim N}{a}^{T} \end{bmatrix} \qquad \text{(Equação 4.2.131)}$$

Desta forma é possível separar os deslocamentos de corpo rígido dos deslocamentos naturais, escritos como:

$$\underset{\sim 0}{u} = \underset{\sim 0}{a}\,\underset{\sim}{u} \qquad \underset{\sim N}{u} = \underset{\sim N}{a}\,\underset{\sim}{u} \qquad \text{(Equação 4.2.132a,b)}$$

Sendo:

$$\underset{\sim 0}{a} = \begin{bmatrix} 1/2 & 0 & 0 & 0 & 0 & 0 & 1/2 & 0 & 0 & 0 & 0 & 0 \\ 0 & 1/2 & 0 & 0 & 0 & 0 & 0 & 1/2 & 0 & 0 & 0 & 0 \\ 0 & 0 & 1/2 & 0 & 0 & 0 & 0 & 0 & 1/2 & 0 & 0 & 0 \\ 0 & 0 & 0 & 1/2 & 0 & 0 & 0 & 0 & 0 & 1/2 & 0 & 0 \\ 0 & 0 & 1/L & 0 & 0 & 0 & 0 & 0 & -1/L & 0 & 0 & 0 \\ 0 & -1/L & 0 & 0 & 0 & 0 & 0 & 1/L & 0 & 0 & 0 & 0 \end{bmatrix} \qquad \text{(Equação 4.2.133)}$$

$$\underset{\sim N}{a} = \begin{bmatrix} -1 & 0 & 0 & 0 & 0 & 0 & 1 & 0 & 0 & 0 & 0 & 0 \\ 0 & 0 & 0 & -1 & 0 & 0 & 0 & 0 & 0 & 1 & 0 & 0 \\ 0 & 0 & 0 & 0 & 0 & -1 & 0 & 0 & 0 & 0 & 0 & 1 \\ 0 & 0 & 0 & 0 & -1 & 0 & 0 & 0 & 0 & 0 & 1 & 0 \\ 0 & 2/L & 0 & 0 & 0 & 1 & 0 & -2/L & 0 & 0 & 0 & 1 \\ 0 & 0 & -2/L & 0 & 1 & 0 & 0 & 0 & 2/L & 0 & 1 & 0 \end{bmatrix} \qquad \text{(Equação 4.2.134)}$$

Retornando à figura 4.2.10, ao final do incremento, tem-se o vetor com os deslocamentos incrementais $d\underset{\sim}{u}$, com auxílio da equação 4.2.132b o vetor deslocamentos incrementais naturais $d\underset{\sim N}{u}$ é obtido, o qual substituído na equação 4.2.125 fornece a força incremental no elemento.

Exercícios propostos:

E.1 – Considere que a viga mostrada na figura EP1 tenha seção transversal retangular com largura de 40 cm, altura de 120 cm e o material tenha módulo de elasticidade E de 28 GPa. Para o carregamento apresentado e utilizando um programa de computador, faça:

a) Análise linear;

b) Análise não linear geométrica;

c) Compare os resultados obtidos (deslocamentos, diagramas e reações) nos itens a e b. Tente justificar as diferenças. Faça a discretização da barra com pelo menos quatro elementos.

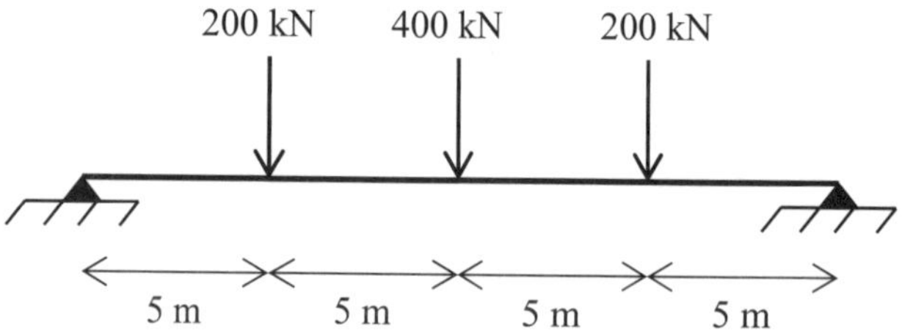

Figura EP1

E.2 – Para o pórtico plano, mostrado na figura EP2, calcule o momento fletor no engaste em análise linear e compare com o valor obtido em análise não linear geométrica. Adote para todas as barras A=93 cm^2, I=11260 cm^4 e E=205GPa.

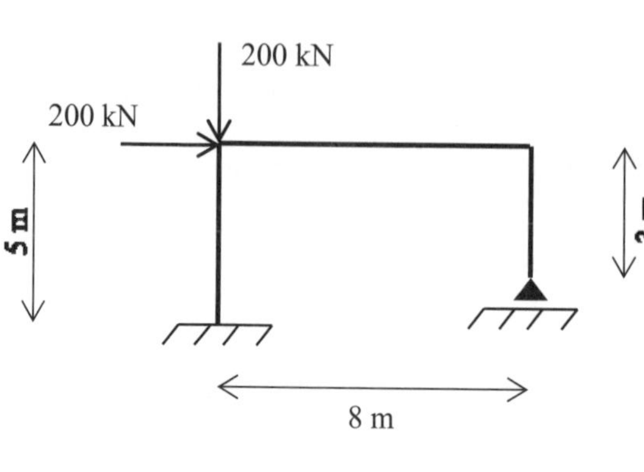

Figura EP2

5

APLICAÇÕES

1 – Introdução

Neste capítulo serão apresentados vários exemplos com objetivo de consolidar conceitos desenvolvidos e familiarizar o leitor com a análise automática de estruturas. Resultados obtidos em processo de solução manual serão confrontados com resultados obtidos com a utilização de programa de computador. Na análise automática serão utilizados, o programa MEF, integrante deste trabalho e apresentado no Capítulo 3, o SALT-Sistema de Análise de Estrutura, em contínuo desenvolvimento no Departamento de Estruturas da Escola Politécnica da UFRJ sob a orientação do autor deste trabalho. O leitor poderá pegar uma versão acadêmica do SALT na página da internet www.saltserver.org .

2 – O Sistema SALT

O Sistema SALT é um sistema para análise estática, dinâmica, sísmica e também efeitos de cargas móveis em estruturas, aceitando elementos de barra, casca, placa e estado plano. Possui interface gráfica para geração de modelos e visualização de resultados. Sua utilização é bastante amigável e constante da documentação do programa. Será apresentada apena umas breve introdução de seus recursos.

Um ícone na área de trabalho, pode ser também pelo menu Iniciar do Windows, permite o início do programa, cuja tela de abertura é mostrada na figura 5.2.1.

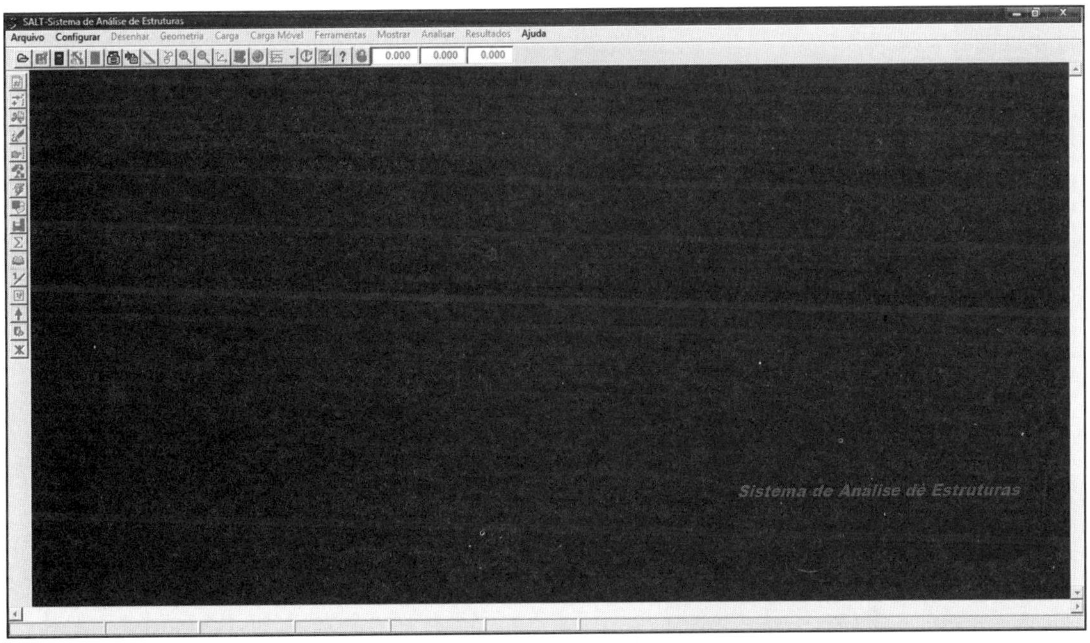

Figura 5.2.1 – Tela de abertura do Sistema SALT.

Para iniciar um novo modelo deve-se ir ao menu <Arquivo> e selecionar, por exemplo, <Galeria de Modelos>, quando serão exibidos vários modelos parametrizados, conforme mostrado na figura 5.2.2.

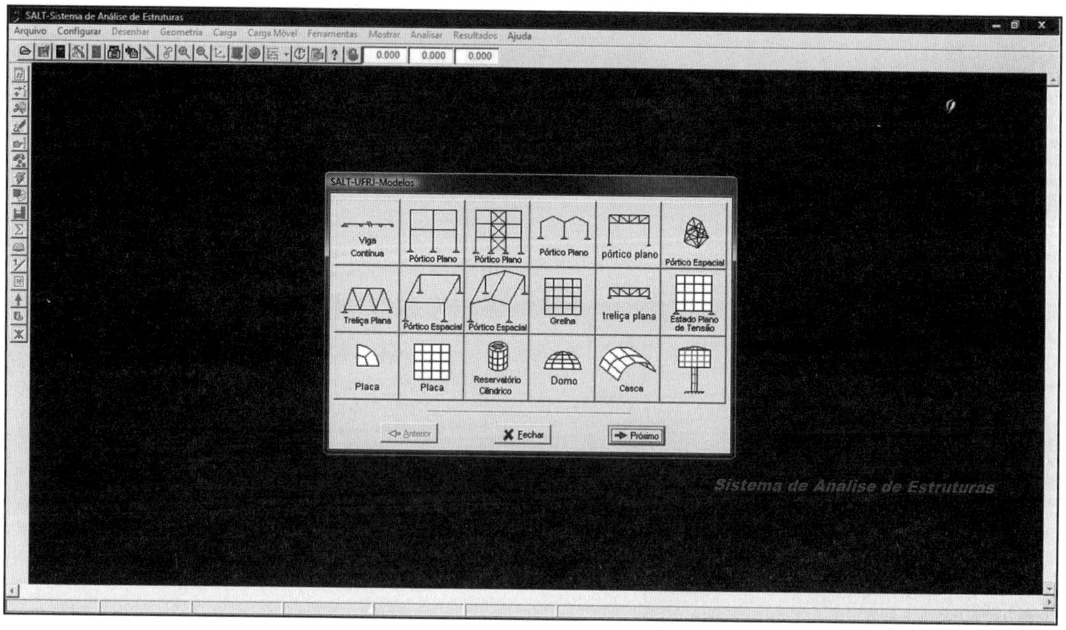

Figura 5.2.2 – Modelos parametrizados.

Outras opções para criação do modelo estão disponíveis. Depois de selecionado o modelo e fornecidos os dados iniciais solicitados, o modelo pode ser editado com os recursos gráficos disponíveis na interface (veja a barra de ferramenta). Na figura 5.2.3 é mostrado um modelo no qual serão alteradas as propriedades de seção de todos os elementos. Para isto, na opção <Selecionar><Elementos> deve-se fazer a seleção dos elementos que terão suas seções transversais alteradas, no caso todos. Depois disso, a opção <Geometria><Propriedades de Seção><Definir> fará aparecer os formulários mostrados na figura 5.2.3.

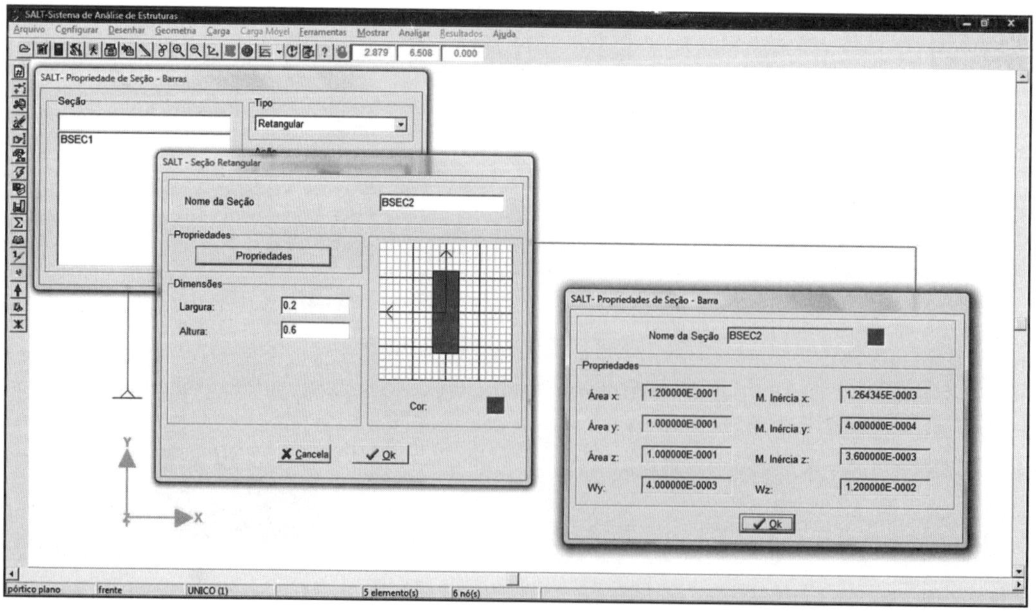

Figura 5.2.3 – Definindo propriedade de seção.

Definida a seção, é necessário aplicar aos elementos selecionados, para isto deve-se selecionar a opção <Geometria><Propriedade de Seção><Aplicar>. Procedimento semelhante deve ser feito para definir os materiais, neste caso selecionando a opção <Geometria><Propriedades de Material>. Para definir carregamentos, é necessário inicialmente criá-los usando a opção <Carga><Carregamento><Adicionar/Excluir>. Com os elementos devidamente selecionados, aplica-se a carga, selecionando a opção <Carga><Elemento><Acrescentar>, quando será exibido formulário para preenchimento semelhante ao mostrado na figura 5.2.4. Procedimento semelhante deve ser seguido para a aplicação de cargas nos nós. Neste caso o nó deve ser previamente selecionado.

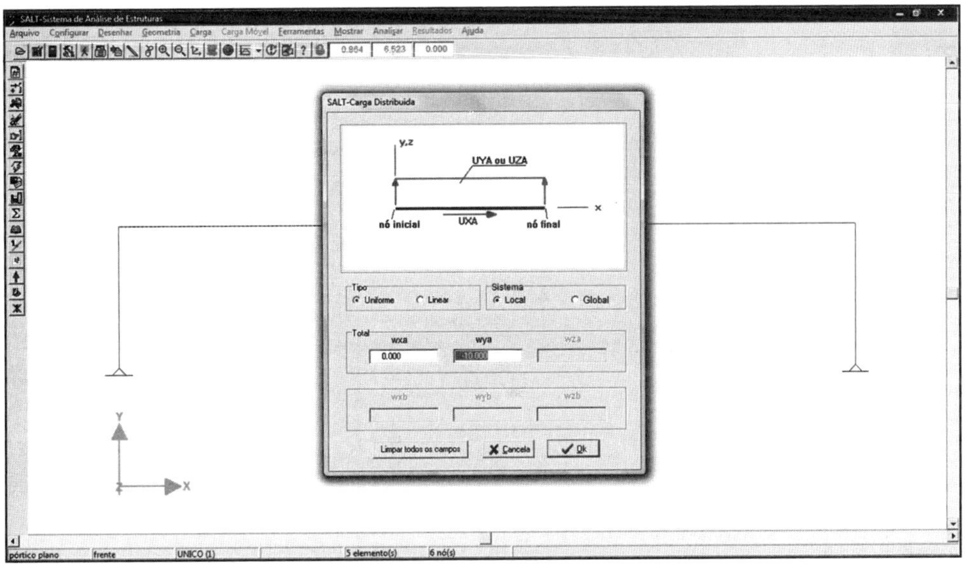

Figura 5.2.4 – Formulário para carga distribuída.

Para iniciar a análise, seleciona-se a opção <Analisar>. Após a análise, a opção <Resultados> estará habilitada permitindo a seleção de várias opções de saída e visualização de resultados. Para refazer a análise ou alterar o modelo é necessário desbloqueá-lo, o que é feito na opção <Ferramentas><Desproteger Modelo>. Várias outras opções podem ser acessadas diretamente por botões nas barras de ferramentas.

3 – Exemplos

Exemplo 1:

Resolver o pórtico plano mostrado na figura E.3.1a, considerando para todos os elementos módulo de elasticidade de 205 GPa. Para todas as barras, considere seção com área transversal de cm^2 e momento de inércia de cm^4.

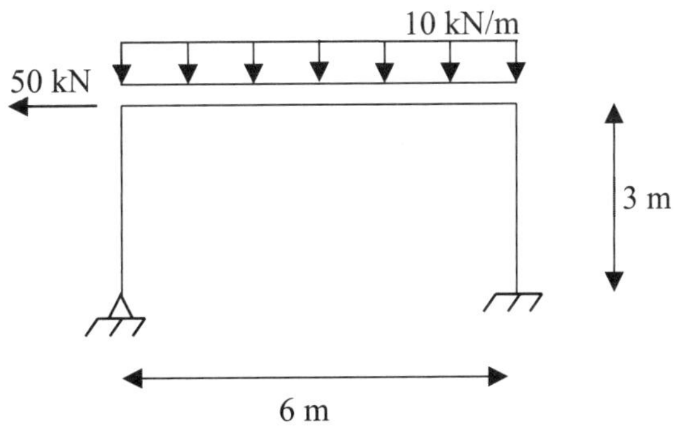

Figura E.3.1a – Pórtico plano exemplo 1.

Na figura E.3.1b são mostradas as numerações dos nós e dos elementos adotados e na figura E.3.1c os eixos locais.

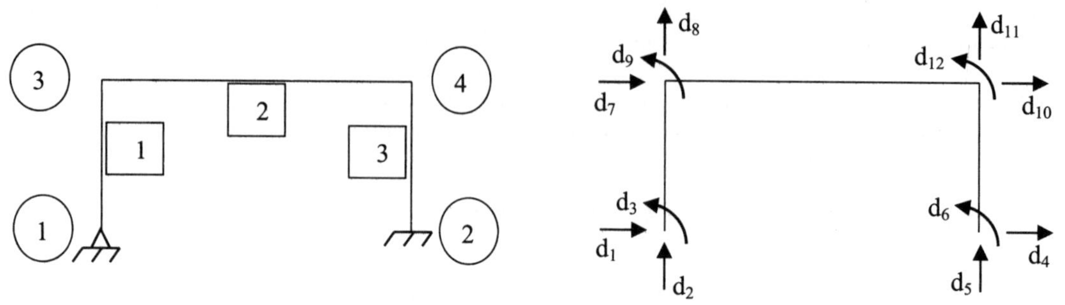

(a) Numeração de nós e elementos. (b) Numeração global dos deslocamentos.

Figura E.3.1b – Numeração de nós, elementos e deslocamentos.

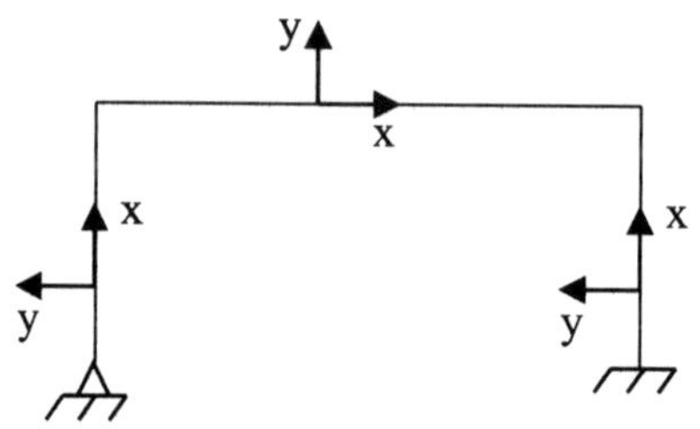

Figura E.3.1c – Eixos locais dos elementos.

Para a matriz de rigidez da estrutura, sem as condições de contorno, tem-se:

$$
\underset{\sim}{K} = 10^4 \cdot \begin{bmatrix}
11{,}7533 & & & & & & & & & & & \text{Simétrica} \\
0 & 135{,}3000 & & & & & & & & & & \\
-17{,}6300 & 0 & 35{,}2600 & & & & & & & & & \\
0 & 0 & 0 & 11{,}7533 & & & & & & & & \\
0 & 0 & 0 & 0 & 135{,}3000 & & & & & & & \\
0 & 0 & 0 & -17{,}6300 & 0 & 35{,}2600 & & & & & & \\
-11{,}7533 & 0 & 17{,}6300 & 0 & 0 & 0 & 79{,}4033 & & & & & \\
0 & -135{,}3000 & 0 & 0 & 0 & 0 & 0 & 136{,}7692 & & & & \\
-17{,}6300 & 0 & 17{,}6300 & 0 & 0 & 0 & 17{,}6300 & 4{,}4075 & 52{,}8900 & & & \\
0 & 0 & 0 & -11{,}7533 & 0 & 17{,}6300 & -67{,}6500 & 0 & 0 & 79{,}4033 & & \\
0 & 0 & 0 & 0 & -135{,}3000 & 0 & 0 & -1{,}4692 & -4{,}4075 & 0 & 136{,}7692 & \\
0 & 0 & 0 & -17{,}6300 & 0 & 17{,}6300 & 0 & 4{,}4075 & 8{,}8150 & 17{,}6300 & -4{,}4075 & 52{,}8900
\end{bmatrix}
$$

O vetor de forças de engastamento perfeito para os elementos 1 e 3 são nulos e para o elemento 2, no sistema local, é dado por:

$$
\bar{\underset{\sim L}{f}} = \begin{Bmatrix} 0{,}0 \\ 30{,}0 \\ 30{,}0 \\ 0{,}0 \\ 30{,}0 \\ -30{,}0 \end{Bmatrix}
$$

O vetor de forças nodais combinadas, na sua forma transposta, é escrito como:

$$\underset{\sim}{F}^T = \{0{,}0 \quad 0{,}0 \quad 0{,}0 \quad 0{,}0 \quad 0{,}0 \quad 0{,}0 \quad -50{,}0 \quad -30{,}0 \quad -30{,}0 \quad 0{,}0 \quad -30{,}0 \quad 30{,}0\}$$

Resolvendo o sistema de equações obtém-se para o vetor de deslocamentos (forma transposta):

$$\underset{\sim}{D}^T = 10^{-5} \cdot \{0 \quad 0 \quad 35{,}3158 \quad 0 \quad 0 \quad 0 \quad -72{,}9605 \quad -3{,}1925 \quad 2{,}3289 \quad -68{,}4350 \quad -1{,}2421 \quad 28{,}2582\}$$

Para o vetor com as reações de apoio tem-se:

$$\begin{Bmatrix} R_1 \\ R_2 \\ R_4 \\ R_5 \\ R_6 \end{Bmatrix} = \begin{Bmatrix} 19{,}385 \\ 43{,}195 \\ 30{,}615 \\ 16{,}805 \\ -70{,}832 \end{Bmatrix}$$

As forças de extremidade, calculadas com a equação 2.1.10, respectivamente para os elementos 1,2 e 3 são:

$$\underset{\sim}{f}^e_{L_1} = \begin{Bmatrix} 43{,}195 \\ -19{,}385 \\ 0 \\ -43{,}195 \\ 19{,}385 \\ -58{,}156 \end{Bmatrix} \quad \underset{\sim}{f}^e_{L_2} = \begin{Bmatrix} -30{,}615 \\ 43{,}195 \\ 58{,}156 \\ 30{,}615 \\ 16{,}805 \\ 21{,}012 \end{Bmatrix} \quad \underset{\sim}{f}^e_{L_3} = \begin{Bmatrix} 16{,}805 \\ -30{,}615 \\ -70{,}832 \\ -16{,}805 \\ 30{,}615 \\ -21{,}012 \end{Bmatrix}$$

Resolvendo com o programa MEF, tem-se para o arquivo de entrada de dados (ver manual no Capítulo 3):

```
4        3         1        1        2          1
1     2.05E8     0.20     77.0     7.849
1     1.98E-2    0        0        1.0E-3     1.0E-3      1.29E-3
1       0.0      0.0      0.0
2       6.0      0.0      0.0
3       0.0      3.0      0.0
4       6.0      3.0      0.0
1       1        3        1        1          0.0      0
2       3        4        1        1          0.0      0
3       2        4        1        1          0.0      0
1       1   1   1   1   1   0
2       1   1   1   1   1   1
1       2
3     -50.0     -30.0     0.0     0.0     0.0     -30.0
4       0.0     -30.0     0.0     0.0     0.0      30.0
```

Como o modelo é plano, o momento de inércia de torção e a área efetiva de cisalhamento segundo o eixo y foram adotadas muito pequenas, já que no caso não interferem na solução. Os resultados são os mostrados na listagem em sequência.

```
************************************************
MEF - Programa de Análise de Estruturas
Programa integrante do livro:
            Análise de Estruturas com Computadores
Autor:
             Silvio de Souza Lima

************************************************
```

```
Informações Gerais
Número de Nós..............   4
Número de Elementos........   3
Número de Seções...........   1
Número de Materiais........   1
Número de Apoios...........   2
Número de Carregamentos.....  1


Materiais
  Material         M.Elast.     Poisson   P.Espec.   M.Espec.
        1  2.0500000E+008       0.200     77.000      7.849


Seções
     Seção         Ax          Ay          Az          Ix          Iy          Iz
        1  1.98E-002   0.00E+000   0.00E+000   1.00E-003   1.00E-003   1.29E-003


Coordenadas Nodais
        No          X           Y           Z
        1       0.000       0.000       0.000
        2       6.000       0.000       0.000
        3       0.000       3.000       0.000
        4       6.000       3.000       0.000


Propriedades dos Elementos
  Elemento Nó Inicial   Nó Final       Gama    Material       Secão
        1          1          3       0.000           1           1
        2          3          4       0.000           1           1
        3          2          4       0.000           1           1


Restrições
        Nó          TX          TY          TZ          RX          RY          RZ
        1           1           1           1           1           1           0
        2           1           1           1           1           1           1

Carregamentos
Carregamento.....1
Cargas Nodais
        Nó          FX          FY          FZ          MX          MY          MZ
        3     -50.000     -30.000       0.000       0.000       0.000     -30.000
        4       0.000     -30.000       0.000       0.000       0.000      30.000


**************************************************
Resultados da Análise
**************************************************

Carregamento   1
--------------------------------------------------
Deslocamentos Nodais
        No          Tx          Ty          Tz          Rx          Ry          Rz
        1 -4.26E-025  -9.49E-025   0.00E+000   0.00E+000   0.00E+000   3.53E-004
        2 -6.73E-025  -3.69E-025   0.00E+000   0.00E+000   0.00E+000   1.56E-024
        3 -7.30E-004  -3.19E-005   0.00E+000   0.00E+000   0.00E+000   2.33E-005
        4 -6.84E-004  -1.24E-005   0.00E+000   0.00E+000   0.00E+000   2.83E-004


Reações de Apoio
        No          Fx          Fy          Fz          Mx          My          Mz
        1      19.385      43.195      -0.000      -0.000      -0.000       0.000
        2      30.615      16.805      -0.000      -0.000      -0.000     -70.832


Forças nos Elementos
Elemento     Nó          N          Vy          Vz          Mx          My          Mz
       1      1     43.195     -19.385       0.000       0.000       0.000      -0.000
              3    -43.195      19.385       0.000       0.000       0.000     -58.156
       2      3    -30.615      13.195       0.000       0.000       0.000      28.156
              4     30.615     -13.195       0.000       0.000       0.000      51.012
       3      2     16.805     -30.615       0.000       0.000       0.000     -70.832
              4    -16.805      30.615       0.000       0.000       0.000     -21.012


fim da análise
```

Como a barra 2 tem carga nela aplicada, para a obtenção das forças finais é necessário somar ao resultado fornecido pelo MEF as forças de engastamento perfeito.

A interface gráfica do SALT facilita o trabalho de modelagem, pois o usuário não necessita escrever nenhum arquivo de dados, em contraste com o que foi feito com o MEF. Para gerar o modelo, a partida será o modelo parametrizado "Pórtico Plano" na galeria de modelos do SALT. As figuras 5.3.1 até 5.3.8 exemplificam o uso do sistema.

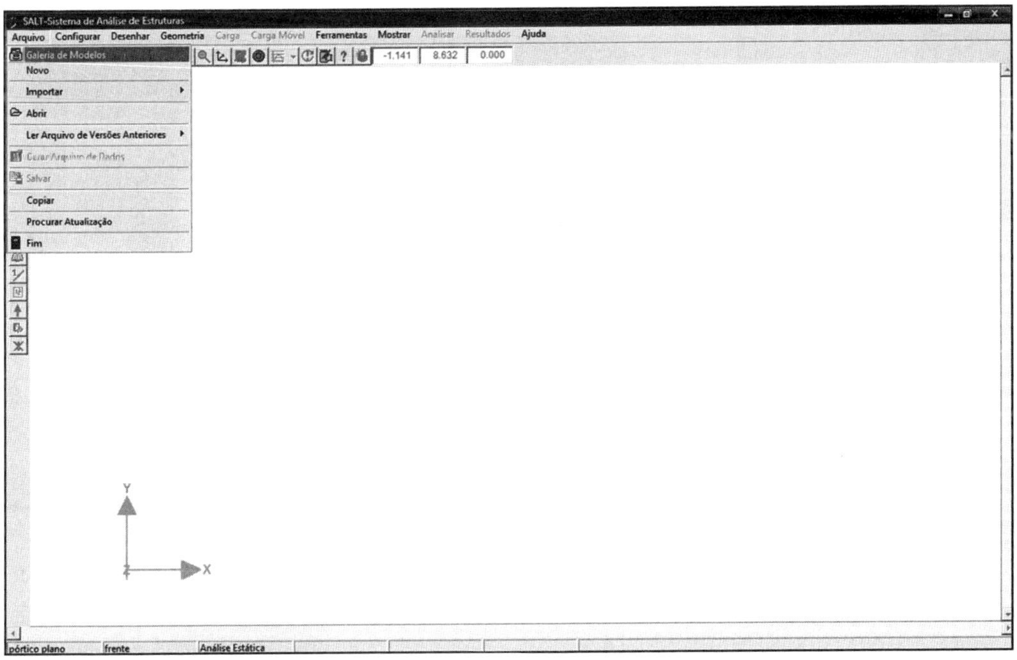

Figura 5.3.1 – Iniciando a Galeria de Modelos.

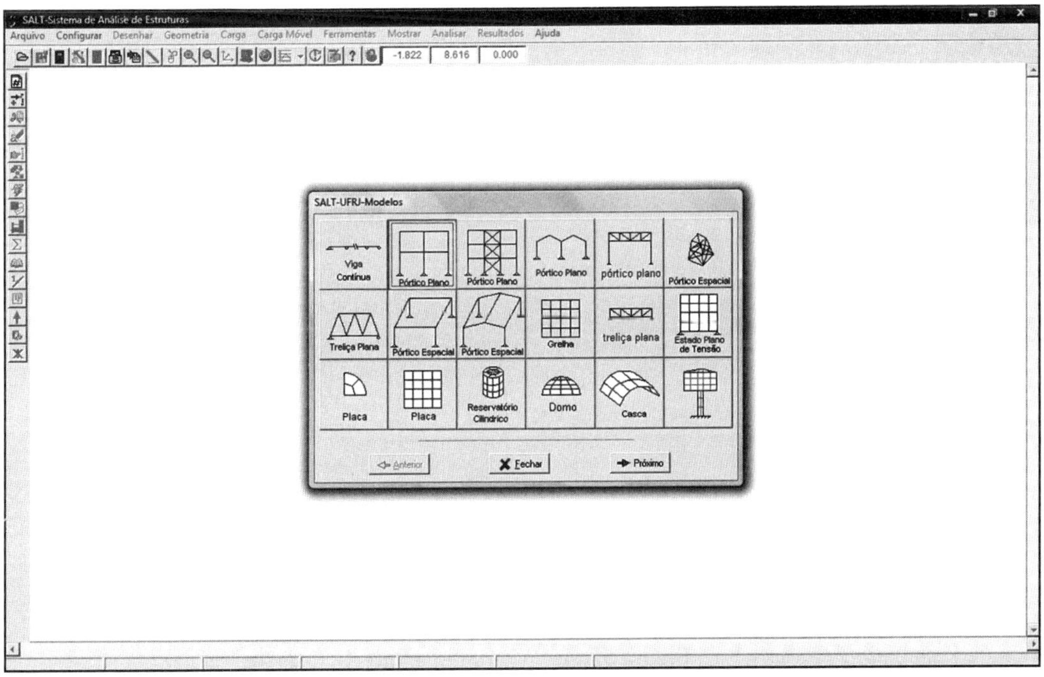

Figura 5.3.2 – Escolhendo o modelo parametrizado.

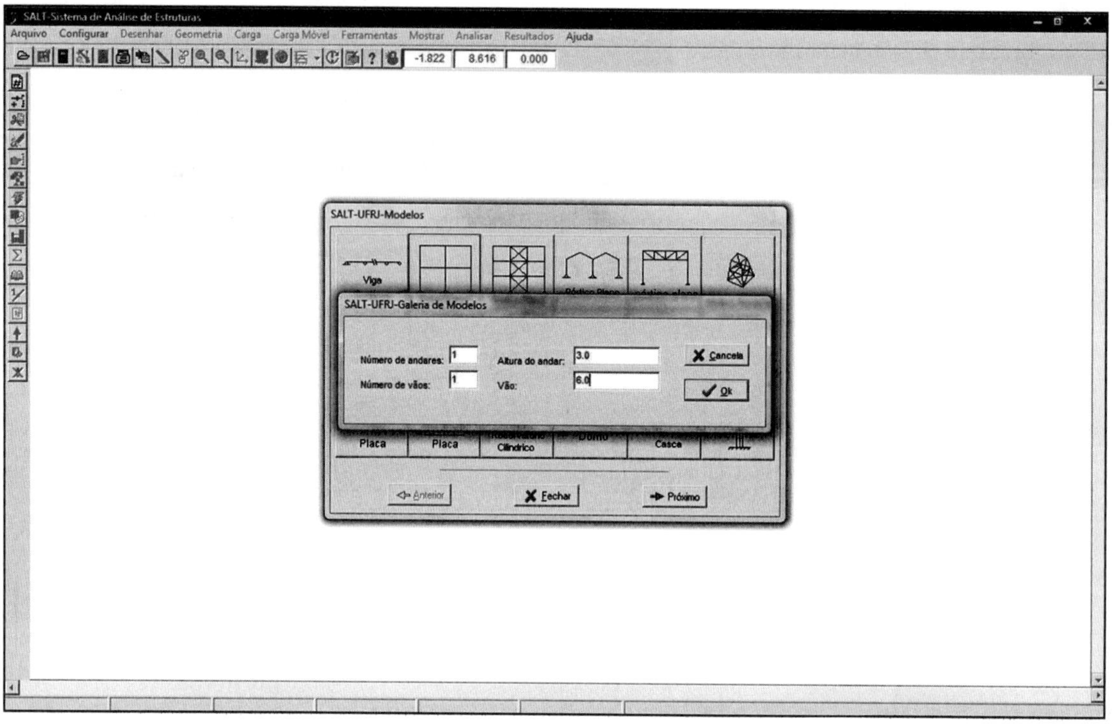

Figura 5.3.3 – Fornecendo dados gerais para o modelo parametrizado.

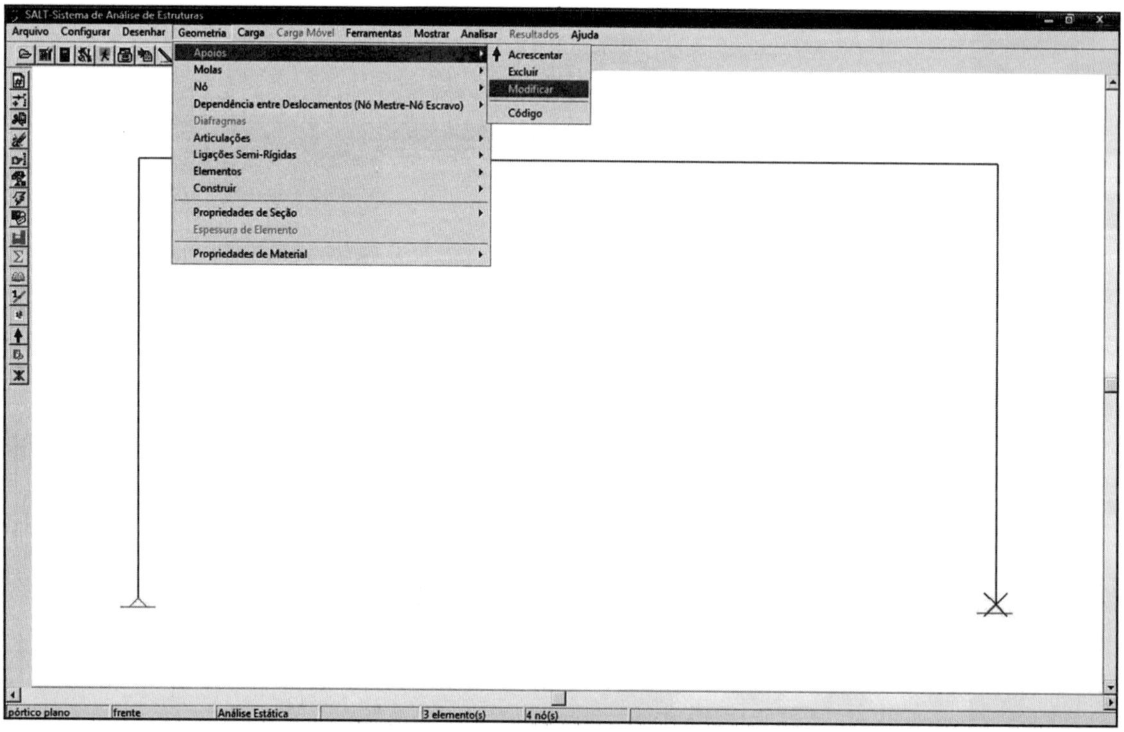

Figura 5.3.4 – Alterando apoio.

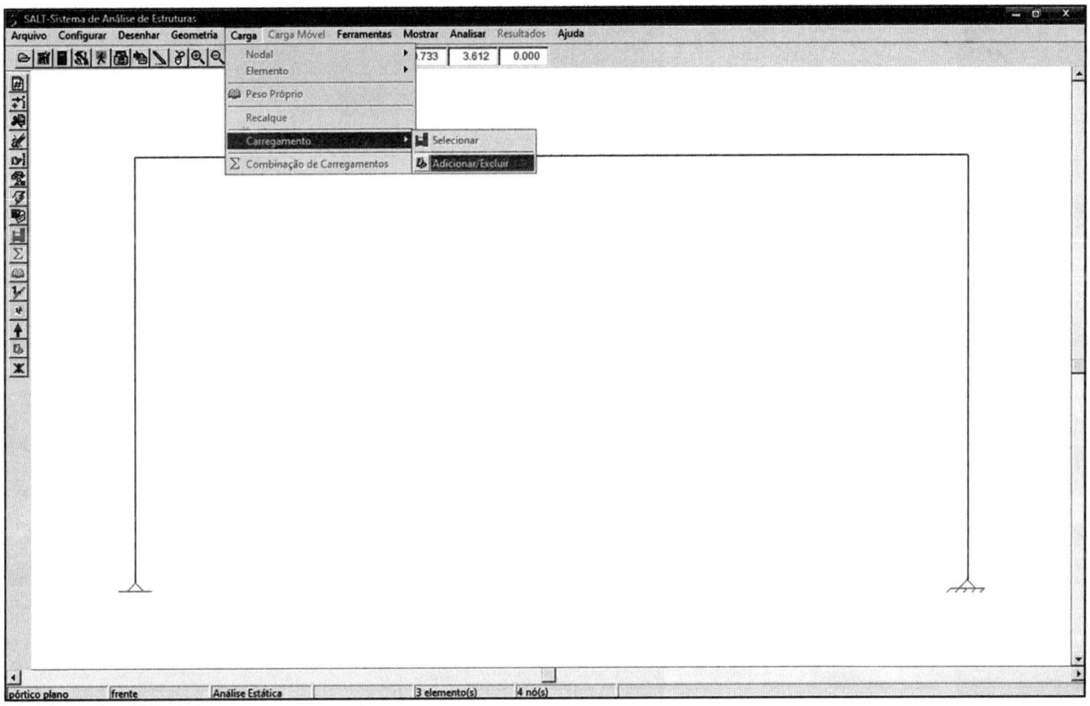

Figura 5.3.5 – Criando carregamento.

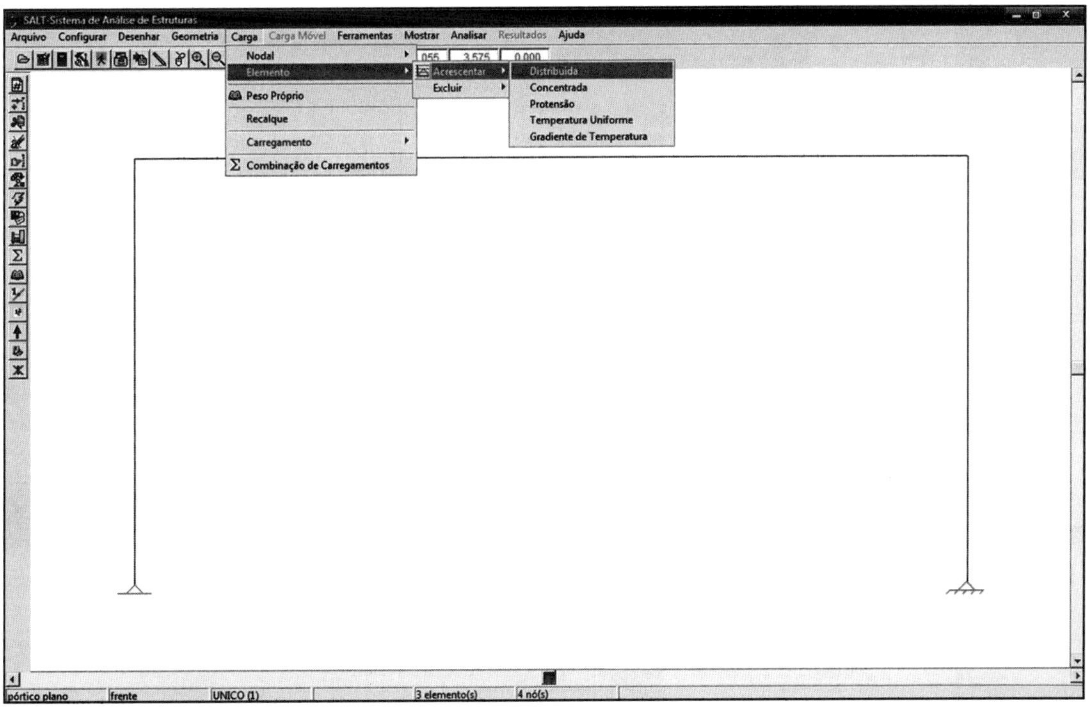

Figura 5.3.6 – Acrescentando carga ao carregamento.

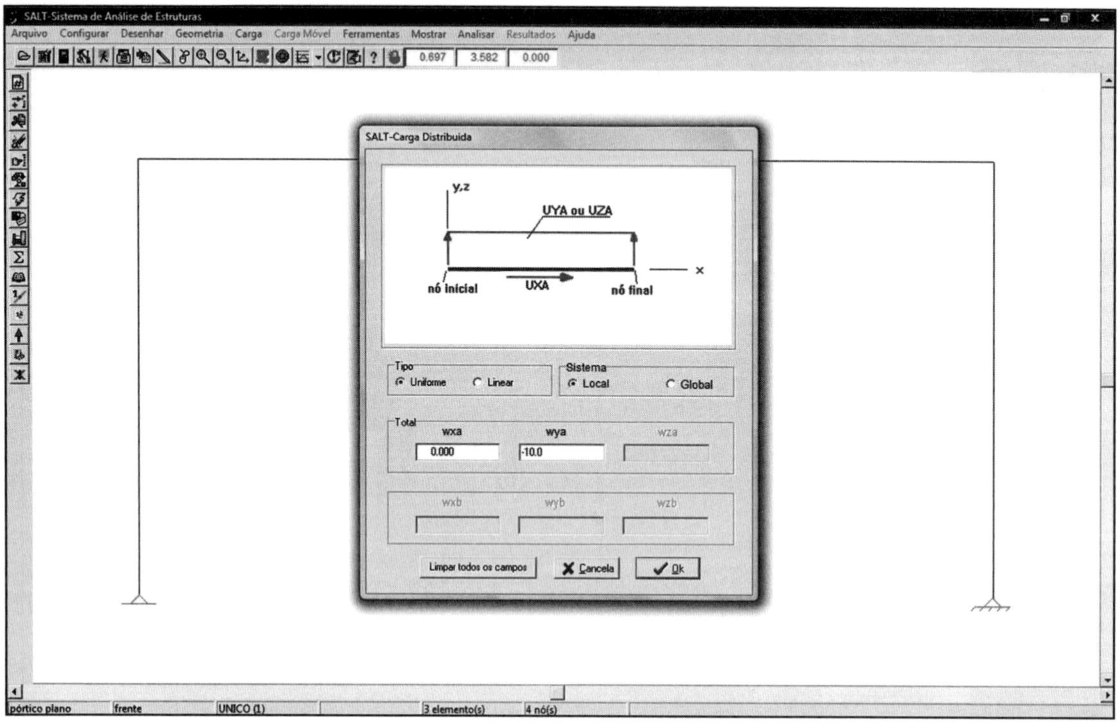

Figura 5.3.7 – Definindo carga distribuída em elemento.

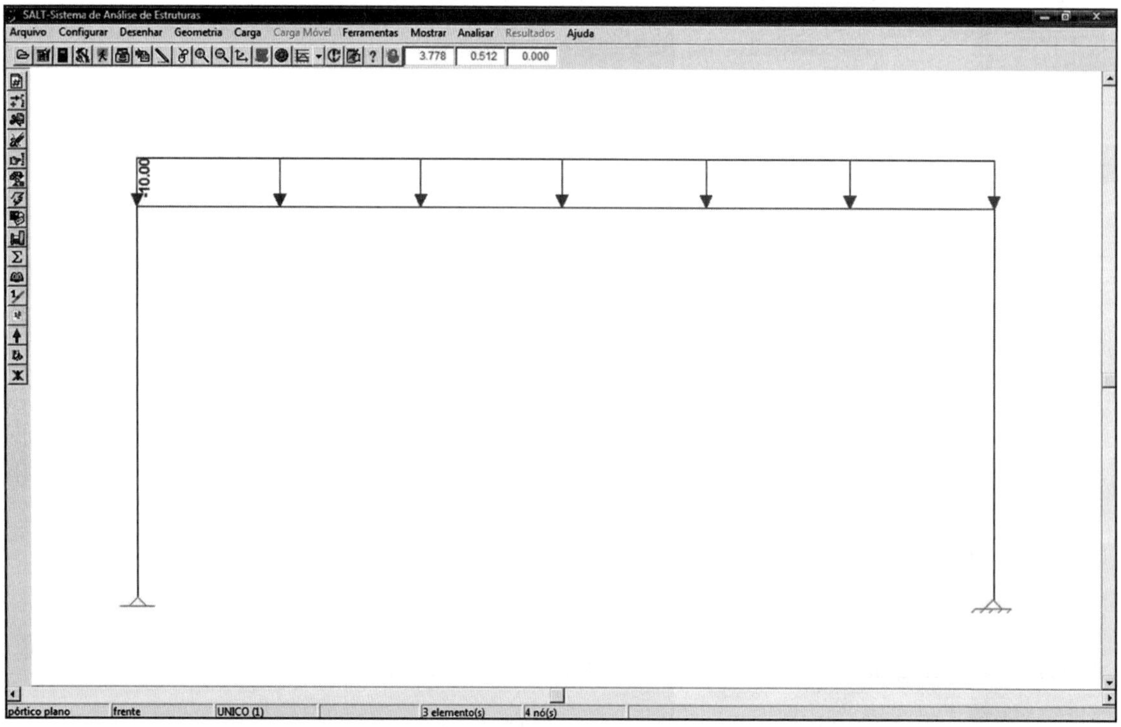

Figura 5.3.8 – Visualizando carga distribuída em elemento.

Feita a análise, os diagramas podem ser visualizados, clicando na opção <Resultados><Diagramas><Barra>, conforme mostrado na figura 5.3.9a, quando é apresentada a janela, mostrada na figura 5.3.9b para a seleção do diagrama desejado.

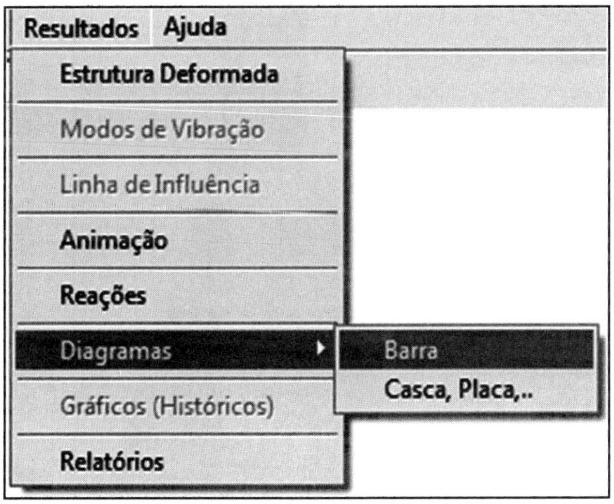

(a)

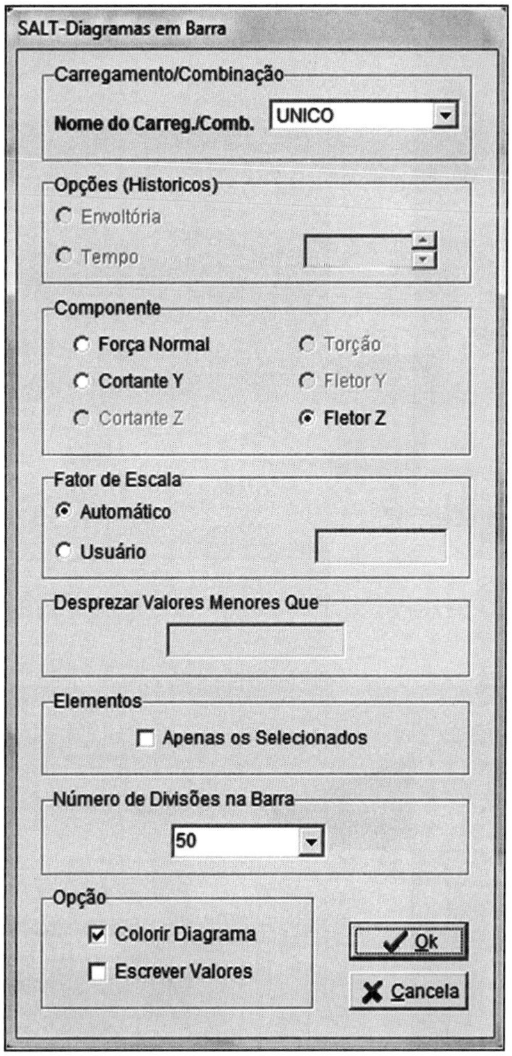

(b)

Figura 5.3.9 – Selecionando diagrama.

N figura 5.3.10 é mostrado o diagrama de momentos fletores para toda a estrutura. Clicando com o mouse sobre um elemento qualquer, uma nova janela é aberta com os diagramas do elemento selecionado, o qual é também marcado, com cor diferente, na janela principal, ver figura 5.3.11. Na nova janela é possível a determinação das forças em qualquer seção do elemento, simplesmente arrastando com o mouse qualquer uma das linhas verticais (verdes) que aparecem nas pequenas janelas com os diagramas, até a seção desejada ou então digitando a distância da seção até ao nó inicial do elemento, na caixa de texto, no canto superior direito.

Na tabela 5.3.1 é feita a comparação dos resultados, em termos de deslocamentos, obtidos com o cálculo manual, MEF e SALT.

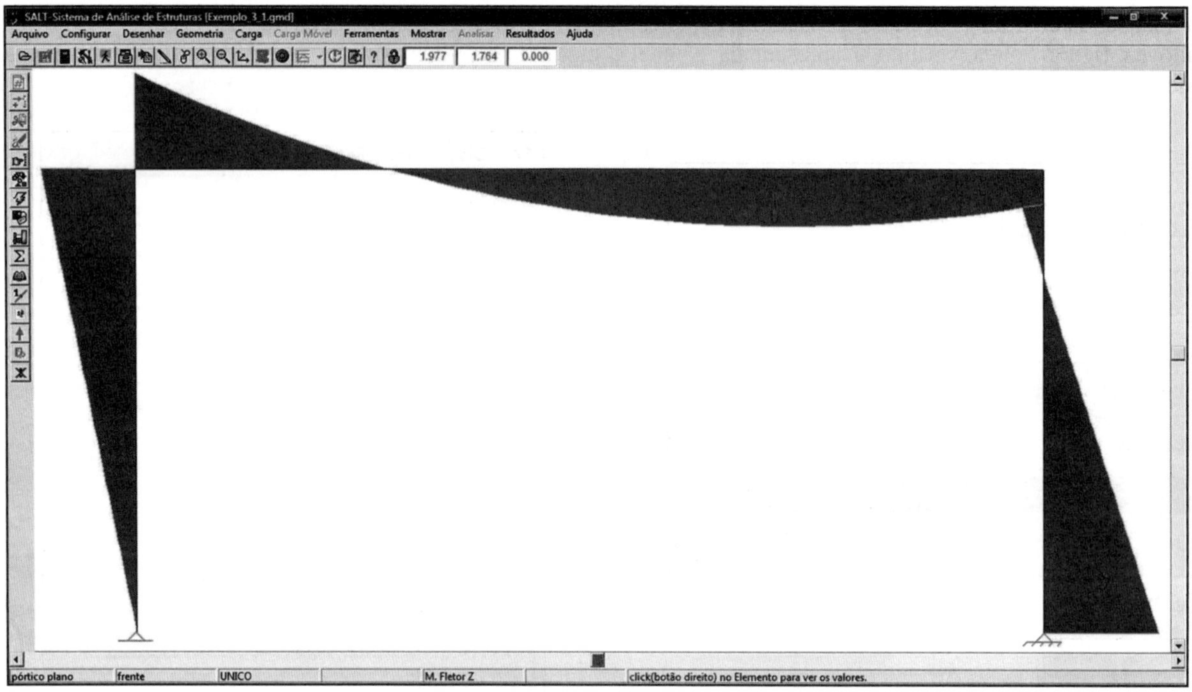

Figura 5.3.10 – Diagrama de momento fletor.

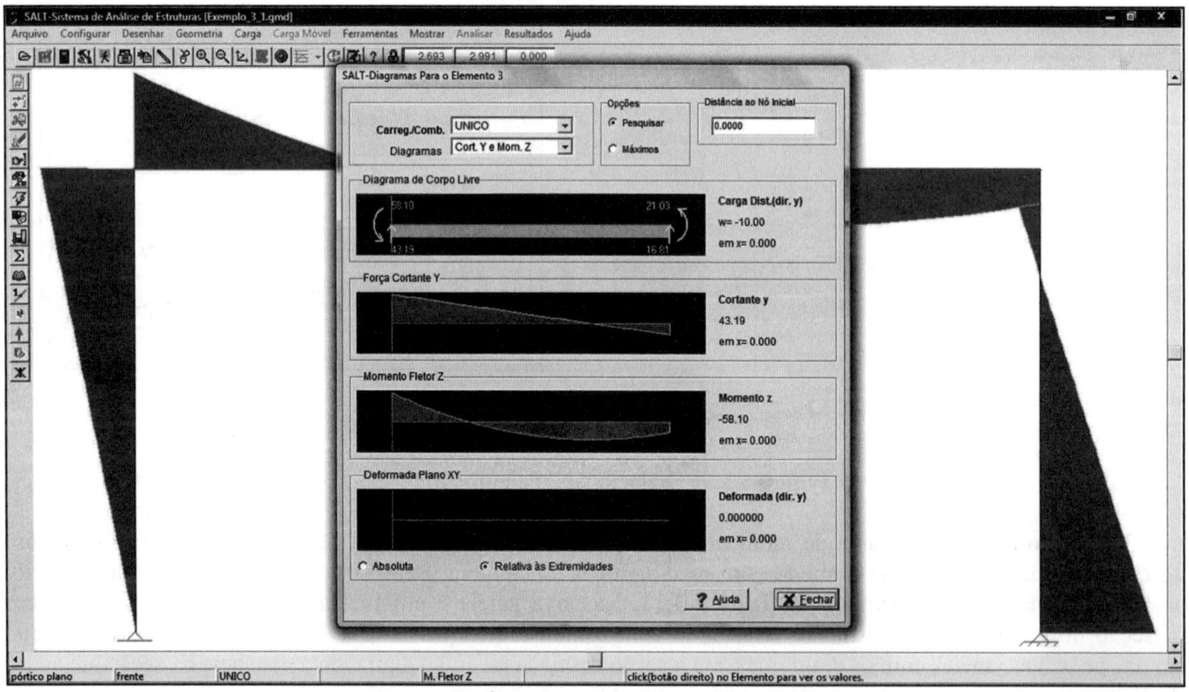

Figura 5.3.11 – Diagrama de um elemento.

Tabela 5.3.1 – Comparando resultados de deslocamentos do exemplo 1.

Nó	Origem	Deslocamento X	Deslocamento Y	Deslocamento Z
1	Calculado	0	0	3,5316E-04
	MEF	0	0	3,53E-04
	SALT	0	0	3,5316E-04
2	Calculado	0	0	0
	MEF	0	0	0
	SALT	0	0	0
3	Calculado	-7,296E-04	-3,1925E-05	2,3289E-05
	MEF	-7,30E-04	-3,19E-05	2,33E-05
	SALT	-7,2960E-04	-3,1925E-05	2,3289E-05
4	Calculado	-6,8435E-04	-1,2421E-05	2,8258E-04
	MEF	-6,84E-04	-1,24E-05	2,83E-04
	SALT	-6,8435E-04	-1,2421E-05	2,8258E-04

Exemplo 2:

Resolver a treliça plana, mostrada na figura E.3.2, considerando todos os elementos iguais, com seção de área transversal de $1{,}98\cdot10^2$ cm^2 e material com módulo de elasticidade de 205 GPa.

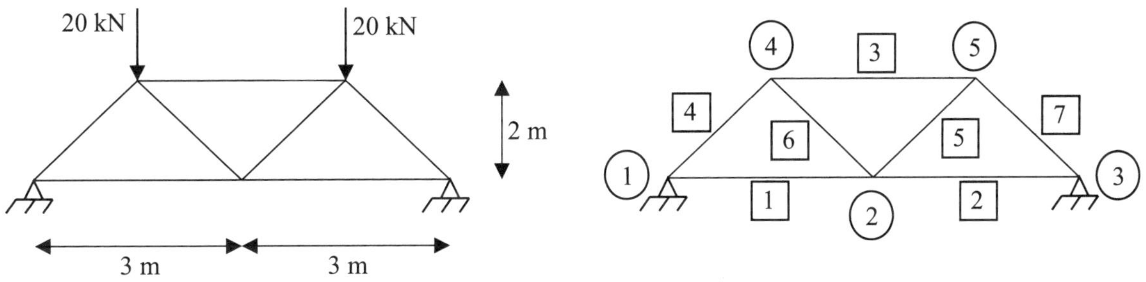

(a) Geometria e cargas. (b) Numeração de nós e elementos.

Figura E.3.2 – Treliça plana do exemplo E.3.2.

Matriz de rigidez da estrutura sem as condições de contorno:

$$
\underset{\sim}{K} = 10^5 \cdot \begin{bmatrix}
19{,}375 & & & & & & & & & \text{Simétrica} \\
7{,}7933 & 10{,}391 & & & & & & & & \\
-13{,}530 & 0 & 38{,}750 & & & & & & & \\
0 & 0 & 0 & 20{,}782 & & & & & & \\
0 & 0 & -13{,}530 & 0 & 19{,}375 & & & & & \\
0 & 0 & 0 & 0 & -7{,}7933 & 10{,}391 & & & & \\
-5{,}845 & -7{,}7933 & -5{,}845 & 7{,}7933 & 0 & 0 & 25{,}220 & & & \\
-7{,}7933 & -10{,}391 & 7{,}7933 & -10{,}391 & 0 & 0 & 0 & 20{,}782 & & \\
0 & 0 & -5{,}845 & -7{,}7933 & -5{,}845 & 7{,}7933 & -13{,}530 & 0 & 25{,}220 & \\
0 & 0 & -7{,}7933 & -10{,}391 & 7{,}7933 & -10{,}391 & 0 & 0 & 0 & 20{,}782
\end{bmatrix}
$$

O vetor de força nodal combinada, na forma transposta, é dado por:

$$\underset{\sim}{F}^T = \{0 \quad 0 \quad 0 \quad 0 \quad 0 \quad 0 \quad 0 \quad -20 \quad 0 \quad -20\}$$

Resolvido o sistema de equações, tem-se para o vetor de deslocamentos, em sua forma transposta:

$$\underset{\sim}{D}^T = 10^{-5} \cdot \{0 \quad 0 \quad 0 \quad -2{,}7562 \quad 0 \quad 0 \quad 054{,}432 \quad 0-2{,}3405 \quad 0-54{,}432 \quad -2{,}3405\}$$

O programa MEF não tem elemento de treliça, para resolver o problema será atribuído a propriedade momento de inércia da seção um valor pequeno, no caso 10^{-10}, este valor deve ser calibrado para cada problema. Assim tem-se para o arquivo de dados do MEF:

```
5        7        1        1        2        1
1   2.05E8     0.20     77.0    7.849
1   1.98E-2      0        0    1.0E-10   1.0E-10      1.29E-10
1      0.0      0.0      0.0
2      3.0      0.0      0.0
3      6.0      0.0      0.0
4      1.5      2.0      0.0
5      4.5      2.0      0.0
1        1        2        1        1       0.0     0
2        2        3        1        1       0.0     0
3        4        5        1        1       0.0     0
4        1        4        1        1       0.0     0
5        2        5        1        1       0.0     0
6        4        2        1        1       0.0     0
7        5        3        1        1       0.0     0
1        1   1  1  1  1  0
3        1   1  1  1  1  0
1        2
4      0.0    -20.0      0.0      0.0     0.0       0.0
5      0.0    -20.0      0.0      0.0     0.0       0.0
```

Os resultados fornecidos pelo MEF são:

```
Deslocamentos Nodais
       No          Tx          Ty          Tz          Rx          Ry          Rz
        1  -2.13E-025  -2.84E-025   0.00E+000   0.00E+000   0.00E+000  -1.12E-005
        2   1.21E-021  -2.76E-005   0.00E+000   0.00E+000   0.00E+000   1.63E-021
        3   2.13E-025  -2.84E-025   0.00E+000   0.00E+000   0.00E+000   1.12E-005
        4   5.54E-006  -2.34E-005   0.00E+000   0.00E+000   0.00E+000  -3.99E-006
        5  -5.54E-006  -2.34E-005   0.00E+000   0.00E+000   0.00E+000   3.99E-006

Reações de Apoio
       No          Fx          Fy          Fz          Mx          My          Mz
        1      15.000      20.000      -0.000      -0.000      -0.000       0.000
        3     -15.000      20.000      -0.000      -0.000      -0.000       0.000

Forças nos Elementos
Elemento   Nó          N          Vy          Vz          Mx          My          Mz
       1    1     -0.000       0.000       0.000       0.000       0.000       0.000
            2      0.000      -0.000       0.000       0.000       0.000       0.000
       2    2      0.000      -0.000       0.000       0.000       0.000      -0.000
            3     -0.000       0.000       0.000       0.000       0.000      -0.000
       3    4     15.000      -0.000       0.000       0.000       0.000      -0.000
            5    -15.000       0.000       0.000       0.000       0.000       0.000
       4    1     25.000      -0.000       0.000       0.000       0.000      -0.000
            4    -25.000       0.000       0.000       0.000       0.000       0.000
       5    2      0.000      -0.000       0.000       0.000       0.000      -0.000
            5     -0.000       0.000       0.000       0.000       0.000      -0.000
       6    4      0.000       0.000       0.000       0.000       0.000       0.000
            2     -0.000      -0.000       0.000       0.000       0.000       0.000
       7    5     25.000       0.000       0.000       0.000       0.000      -0.000
            3    -25.000      -0.000       0.000       0.000       0.000       0.000
```

Observa-se pela tabela de forças nos elementos, que apenas a força normal apresenta valores não nulos, conforme é de se esperar para o modelo treliça. Além disso, as reações de apoio equilibram o carregamento aplicado, isso garante que o modelo está adequado.
Na tabela 5.3.2 os deslocamentos, obtidos no cálculo manual, MEF e SALT são comparados.

Exemplo 3:

Resolver a treliça do exemplo 2, considerando que a barra 3 experimente um aumento de temperatura de 25° C, adote para coeficiente de dilatação térmica 10^{-5}.

Tabela 5.3.2 - Comparando resultados de deslocamentos do exemplo 2.

		Deslocamentos	
Nó	Origem	X	Y
1	Calculado	0	0
	MEF	0	0
	SALT	0	0
2	Calculado	0	-2,7562E-05
	MEF	0	-2,76E-05
	SALT	0	-2,7562E-05
3	Calculado	0	0
	MEF	0	0
	SALT	0	0
4	Calculado	5,5432E-06	-2,3405E-05
	MEF	5,54E-06	-2,34E-05
	SALT	5,5432E-06	-2,3405E-05
5	Calculado	-5,5431E-06	-2,3405E-05
	MEF	-5,54E-06	-2,34E-05
	SALT	-5,5423E-06	-2,3405E-05

O vetor de forças de engastamento perfeito para a barra 1, calculado com auxílio da tabela 1.6.1 e considerando como nó inicial o de número 4, no sistema local do elemento é:

$$\bar{\underset{\sim}{f}}_L = \begin{Bmatrix} 1014,75 \\ 0 \\ -1014,75 \\ 0 \end{Bmatrix}$$

O vetor de força nodal combinada, na forma transposta, é dado por:

$$\underset{\sim}{F}^T = \{-1014,75 \quad 0 \quad 1014,75 \quad 0 \quad 0 \quad 0 \quad 0 \quad 0 \quad 0 \quad 0\}$$

A solução do sistema de equações fornece o vetor de deslocamentos, que em sua forma transposta é:

$$\underset{\sim}{D}^T = 10^{-4} \cdot \{0 \quad 0 \quad 3,7500 \quad 0 \quad 0 \quad 0 \quad 1,8750 \quad -1,4063 \quad 1,8750 \quad 1,4063\}$$

As forças de extremidade dos elementos são calculadas com auxílio da equação 2.1.10, fornecendo:

Elemento	Normal
1	-507,375
2	-507,375
3	0

4	0
5	0
6	0
7	0

As forças fornecidas pela equação 2.1.10 são relativas ao sistema local de referência do elemento, assim exemplificando para o elemento 1, tem-se:

$$\underset{\sim L}{f}^{e} = \begin{Bmatrix} 507,375 \\ 0 \\ -507,375 \\ 0 \end{Bmatrix}$$

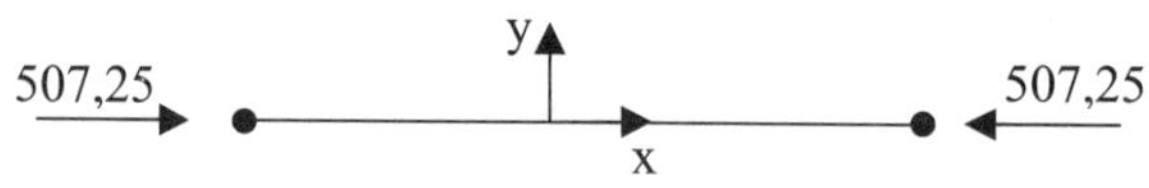

Figura E.3.3.1 – Forças de extremidade do elemento 1.

Na figura E.3.3.1 são mostradas as forças de extremidade, elemento 1, com suas orientações segundo o eixo local, observando se o elemento está comprimido. Este tipo de análise deve ser sempre feito, para a correta identificação dos efeitos das forças, por exemplo, a fibra tracionada, no caso do momento fletor. O sinal das forças de extremidade com frequência costuma ser confundido com o sinal do esforço usado no traçado dos diagramas.
Na tabela 5.3.4 são mostradas as forças nos elementos obtidas com o SALT, para comparação.

Tabela 5.3.4 – Forças nos elementos, exemplo 3.3, obtidas com o SALT.

Elemento	Sistema	Seção	Carreg./Comb.	Normal
1	LOCAL	0,00	TEMPERATURA	-507,38
1	LOCAL	3,00	TEMPERATURA	-507,38
2	LOCAL	0,00	TEMPERATURA	-507,37
2	LOCAL	3,00	TEMPERATURA	-507,37
3	LOCAL	0,00	TEMPERATURA	0,00
3	LOCAL	3,00	TEMPERATURA	0,00
4	LOCAL	0,00	TEMPERATURA	0,00
4	LOCAL	2,50	TEMPERATURA	0,00
5	LOCAL	0,00	TEMPERATURA	0,00
5	LOCAL	2,50	TEMPERATURA	0,00
6	LOCAL	0,00	TEMPERATURA	0,00
6	LOCAL	2,50	TEMPERATURA	0,00
7	LOCAL	0,00	TEMPERATURA	0,00
7	LOCAL	2,50	TEMPERATURA	0,00

Exemplo 4:

Resolver o pórtico plano do exemplo 1, considerando que o engaste no nó 2 seja elástico na direção de rotação, com constante elástica de $1{,}05 \cdot 10^5$ kNm/rad.

Para a matriz de rigidez da estrutura, sem as condições de contorno, tem-se:

$$
\underset{\sim}{K} = 10^4 \cdot \begin{bmatrix}
11{,}7533 & & & & & & & & & & & \text{Simétrica} \\
0 & 135{,}3000 & & & & & & & & & & \\
-17{,}6300 & 0 & 35{,}2600 & & & & & & & & & \\
0 & 0 & 0 & 11{,}7533 & & & & & & & & \\
0 & 0 & 0 & 0 & 135{,}3000 & & & & & & & \\
0 & 0 & 0 & -17{,}6300 & 0 & 45{,}7600 & & & & & & \\
-11{,}7533 & 0 & 17{,}6300 & 0 & 0 & 0 & 79{,}4033 & & & & & \\
0 & -135{,}3000 & 0 & 0 & 0 & 0 & 0 & 136{,}7692 & & & & \\
-17{,}6300 & 0 & 17{,}6300 & 0 & 0 & 0 & 17{,}6300 & 4{,}4075 & 52{,}8900 & & & \\
0 & 0 & 0 & -11{,}7533 & 0 & 17{,}6300 & -67{,}6500 & 0 & 0 & 79{,}4033 & & \\
0 & 0 & 0 & 0 & -135{,}3000 & 0 & 0 & -1{,}4692 & -4{,}4075 & 0 & 136{,}7692 & \\
0 & 0 & 0 & -17{,}6300 & 0 & 17{,}6300 & 0 & 4{,}4075 & 8{,}8150 & 17{,}6300 & -4{,}4075 & 52{,}8900
\end{bmatrix}
$$

Os vetores de engastamento perfeito e de forças nodais combinadas são exatamente iguais aos determinados no exemplo 1.

Resolvendo o sistema de equações obtém-se para o vetor de deslocamentos (forma transposta):

$$
\underset{\sim}{D}^T = 10^{-5} \cdot \{0 \quad 0 \quad 55{,}8884 \quad 0 \quad 0 \quad 33{,}5592 \quad -123{,}3827 \quad -3{,}6310 \quad 11{,}6060 \quad -119{,}8385 \quad -0{,}8036 \quad 32{,}7332\}
$$

Para o vetor com as reações de apoio tem-se:

$$
\begin{Bmatrix} R_1 \\ R_2 \\ R_4 \\ R_5 \\ R_6 \end{Bmatrix} = \begin{Bmatrix} 26{,}023 \\ 49{,}127 \\ 23{,}977 \\ 10{,}873 \\ 35{,}237 \end{Bmatrix}
$$

As forças de extremidade, calculadas com a equação 2.1.10, respectivamente para os elementos 1,2 e 3 são:

$$
\underset{\sim}{f}^{e}_{L_1} = \begin{Bmatrix} 49{,}127 \\ -26{,}023 \\ 0 \\ -49{,}127 \\ 26{,}023 \\ -78{,}070 \end{Bmatrix} \qquad
\underset{\sim}{f}^{e}_{L_2} = \begin{Bmatrix} -23{,}977 \\ 49{,}127 \\ 78{,}070 \\ 23{,}977 \\ 10{,}873 \\ -36{,}693 \end{Bmatrix} \qquad
\underset{\sim}{f}^{e}_{L_3} = \begin{Bmatrix} 10{,}873 \\ -23{,}977 \\ -35{,}327 \\ -10{,}873 \\ 23{,}977 \\ -36{,}693 \end{Bmatrix}
$$

Para resolver com o SALT, o mesmo arquivo utilizado para o exemplo 1 pode ser utilizado, apenas alterando as condições de contorno do nó 2 e introduzindo a mola na direção de rotação do referido nó. Note-se que na direção da mola o deslocamento deve ser liberado, pois a restrição neste caso é parcial e imposta pela existência da mola.

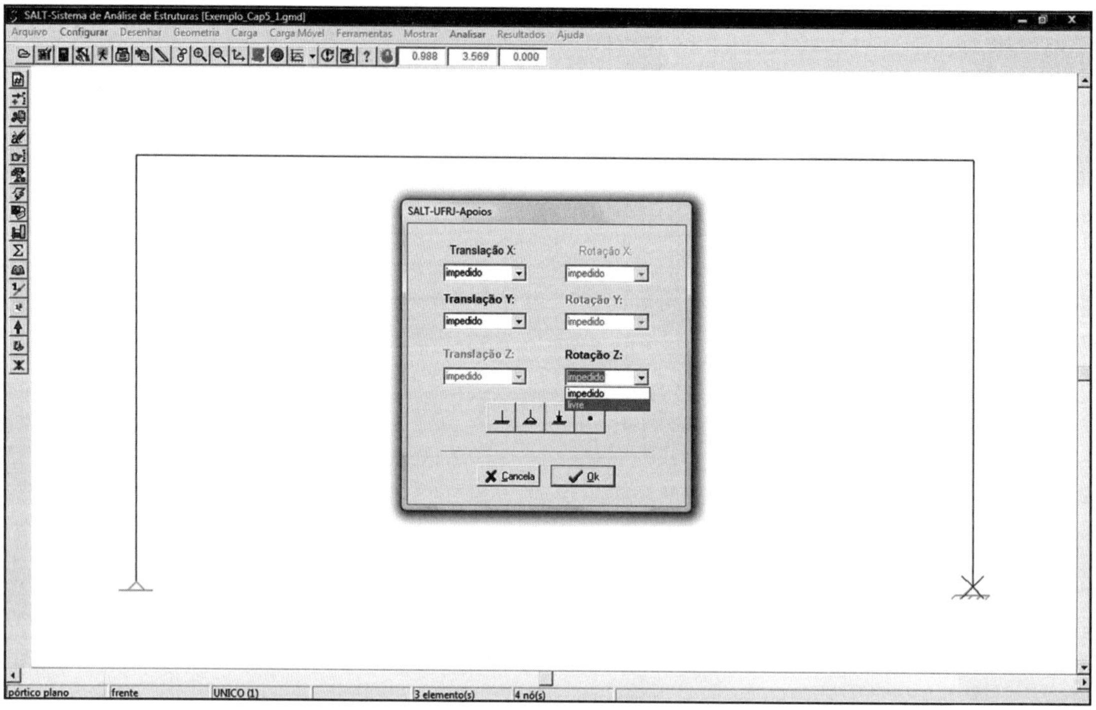

Figura 5.3.12 – Alterando as condições de contorno do nó 2, estrutura do exemplo 4.

Selecionado o nó, a figura 5.3.12 mostra a alteração das condições de contorno do nó 2. Já a figura 5.3.13 mostra a introdução da constante elástica da mola na direção de rotação do mesmo nó e a figura 5.3.14 apresenta o diagrama de momentos fletores.

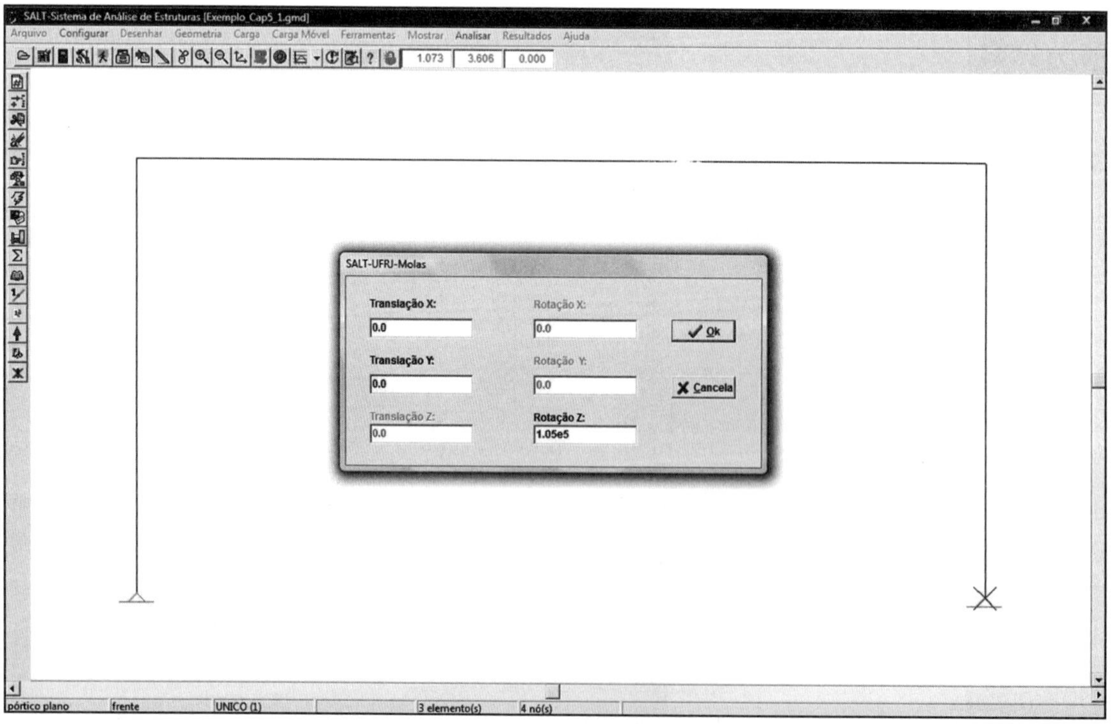

Figura 5.3.13 – Introdução da constante elástica da mola na direção de rotação do nó 2, exemplo 4.

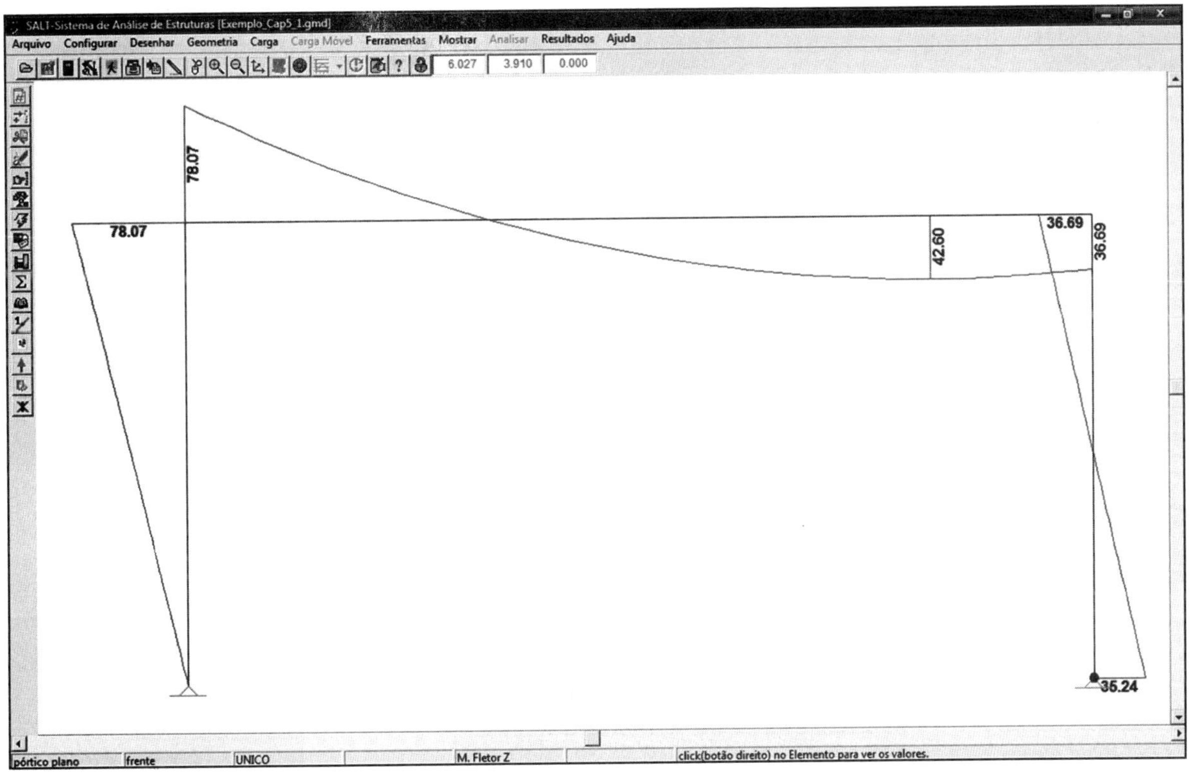

Figura 5.3.14 – Diagrama de momentos fletores para a estrutura do exemplo 4 obtido com o SALT.

O exemplo será agora resolvido com utilização do sistema SOFiSTiK, desenvolvido pela SOFiSTiK AG, www.sofistik.com e www.estcon.com.br . Trata-se de um sistema de análise e dimensionamento, este último contemplando normas de vários países. A figura 5.3.15 mostra a tela inicial, quando da definição dos parâmetros básicos do modelo. No presente caso foi definido modelo em pórtico 2D (2D Frame). A geração do modelo pode ser feita graficamente com a utilização do módulo Sofiplus, cuja tela, já com o modelo pronto, incluindo apoios e cargas, como mostra a figura 5.3.16. O diagrama de momento fletor é apresentado na figura 5.3.17.

A tabela 5.3.5 resume os deslocamentos encontrados no cálculo manual e com a utilização dos sistemas SALT e SOFiSTiK.

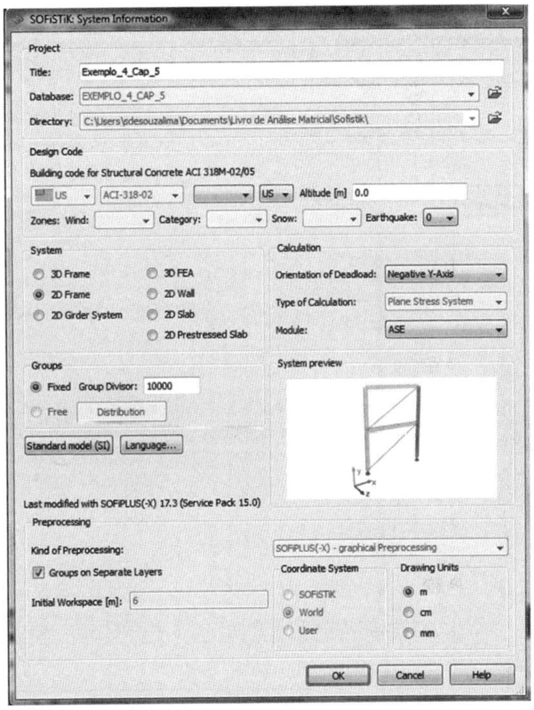

Figura 5.3.15 – Tela inicial do Sofistik.

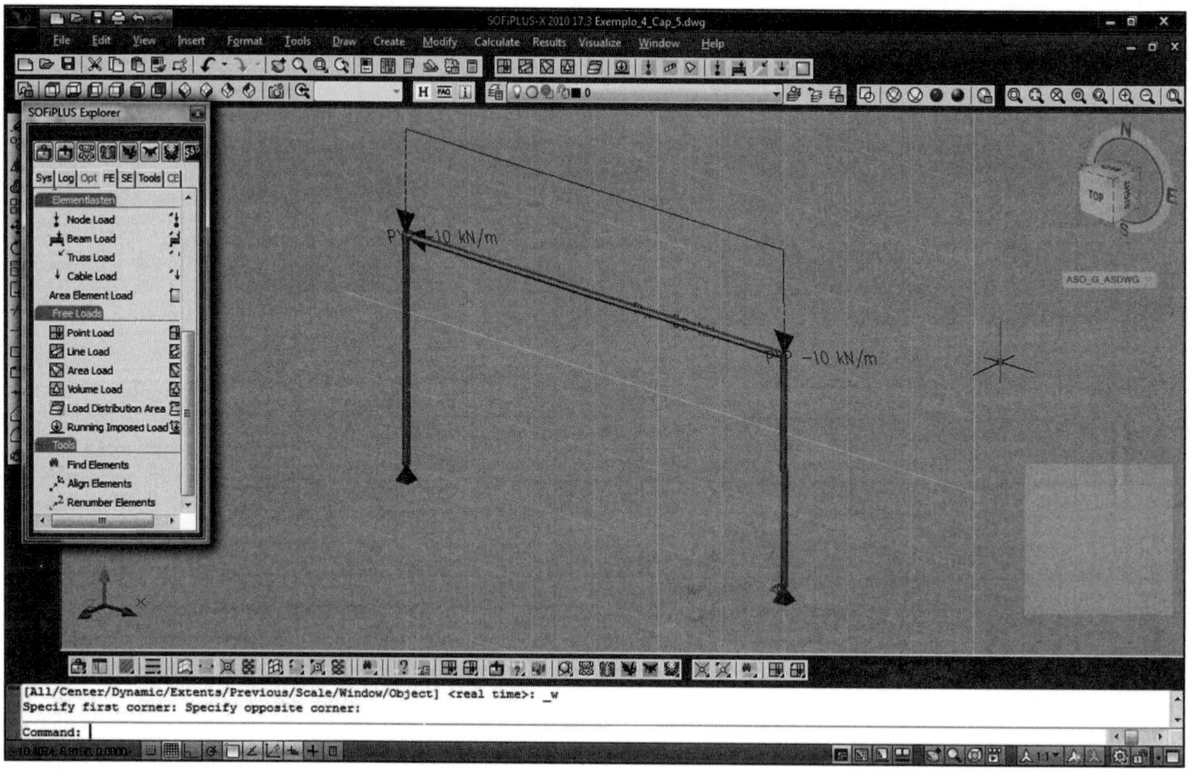

Figura 5.3.16 – Tela do módulo Sofiplus com o modelo do exemplo 4.

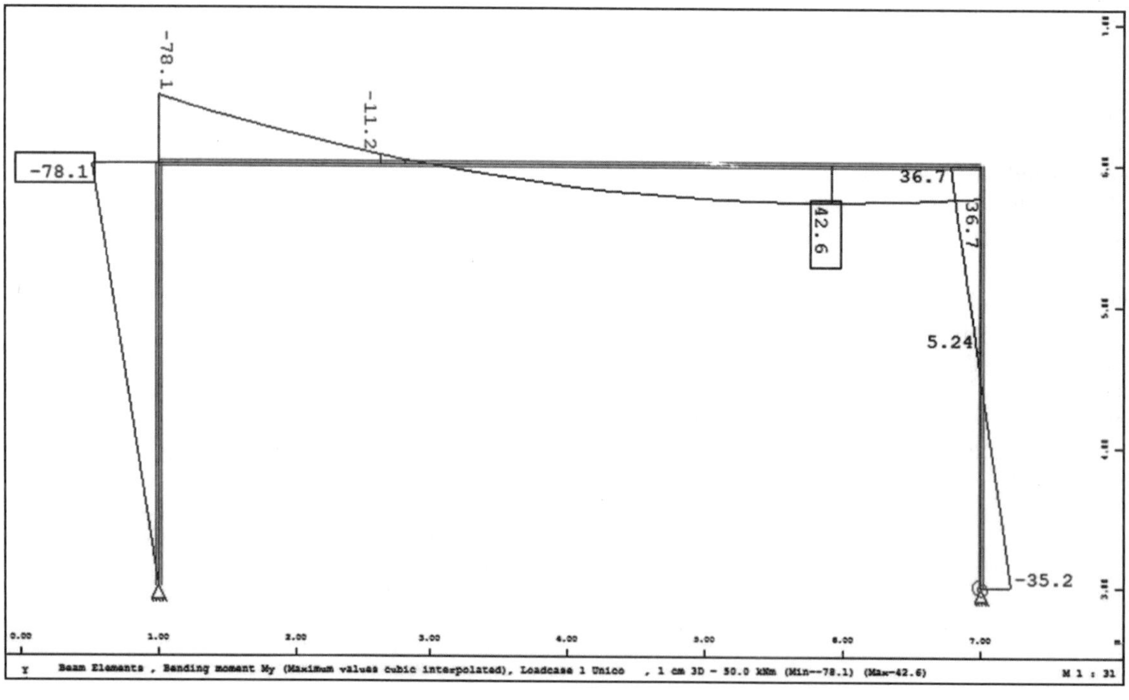

Figura 5.3.17 – Diagrama de momentos fletores para a estrutura do exemplo 4 obtido com o Sofistik.

Tabela 5.3.5 – Deslocamentos nodais para a estrutura do exemplo 4.

Nó	Origem	Deslocamento		
		X	Y	Z
1	Calculado	0	0	55,8884E-05
	SALT	0	0	55,8884E-05
	Sofistik	0	0	55,89E-05
2	Calculado	0	0	33,5592E-05
	SALT	0	0	33,5592E-05
	Sofistik	0	0	33,56E-05
3	Calculado	-123,3827E-05	-3,6310E-05	11,6060E-05
	SALT	-123,3827E-05	-3,6310E-05	11,6060E-05
	Sofistik	-123,38E-05	-3.63E-05	11,61E-05
4	Calculado	-119,8385E-05	-0,8036E-05	32,7332E-05
	SALT	-119,8385E-05	-0,8036E-05	32,7332E-05
	Sofistik	-119,84E-05	-0,80E-05	32,7E-05

Considerando o SALT, o modelo (apenas os elementos) pode ser construído com qualquer programa de CAD que gere arquivo no formato DXF. Elementos de barra devem ser desenhados com a entidade "line" e elementos planos (casca, placa, estado plano) com a entidade "3Dface", que são as reconhecidas pelo SALT. Apoios, propriedades de seção e material e os carregamentos deverão ser definidos já no ambiente SALT e após a importação do arquivo DXF correspondente. Múltiplas importações podem ser feitas, de diferentes "layers". A figuras 5.3.18 mostra a geração do modelo para a estrutura do exercício E.1 com a utilização do programa de CAD, no caso é utilizado o programa A9CAD[1], na figura 5.3.19 é feita a geração do arquivo DXF correspondente e na figura 5.3.20 a importação do arquivo para o SALT. O acesso à tela de importação é feito pelo menu <Arquivo><Importar><Arquivo DXF>.

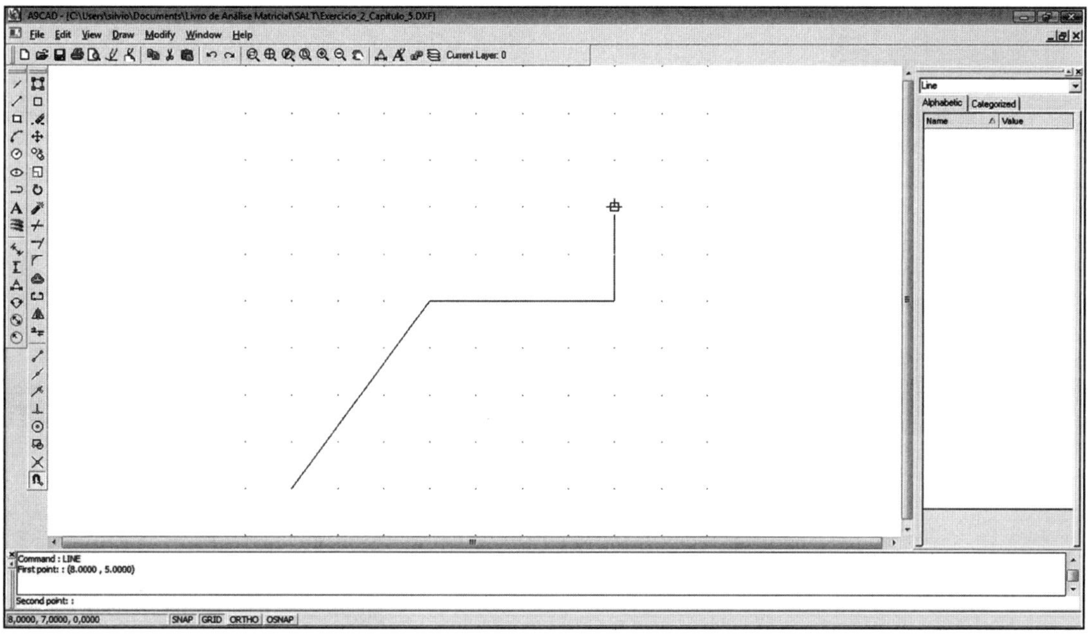

Figura 5.3.18 – Criação do modelo para estrutura do exercício E.1 com a utilização de programa CAD.

[1] A9CAD é um programa de uso livre desenvolvido pela A9Tech (www.a9thech.com).

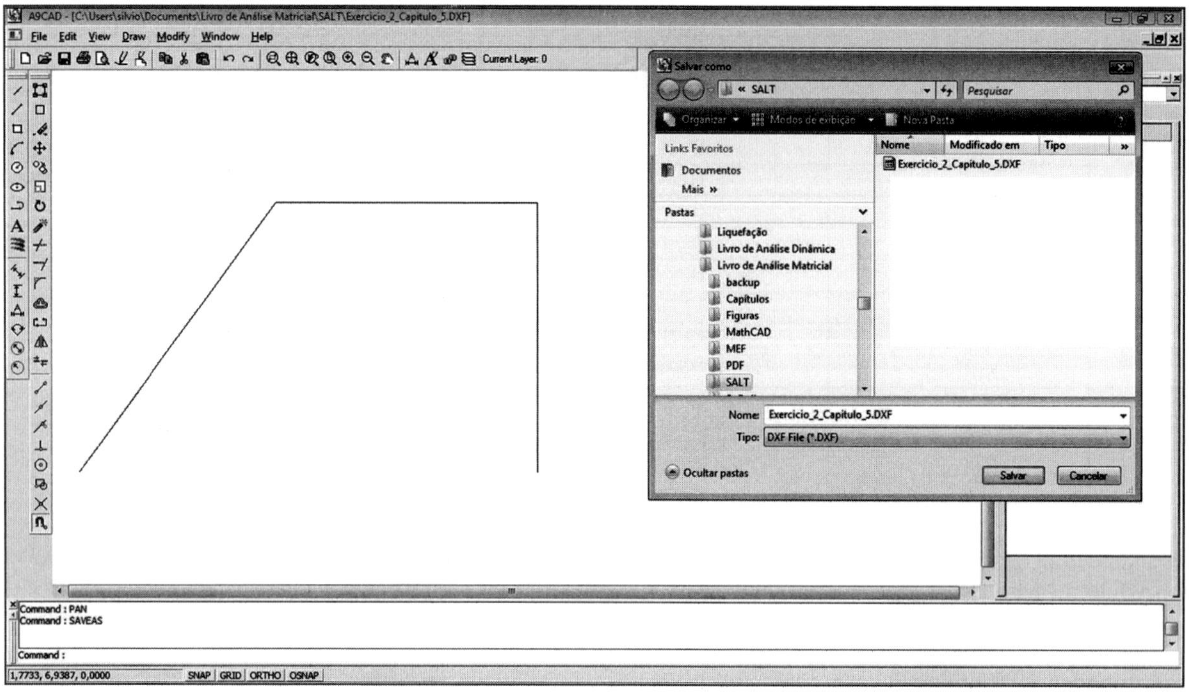

Figura 5.3.19 - Gerando arquivo do modelo no formato DXF para ser importado pelo SALT.

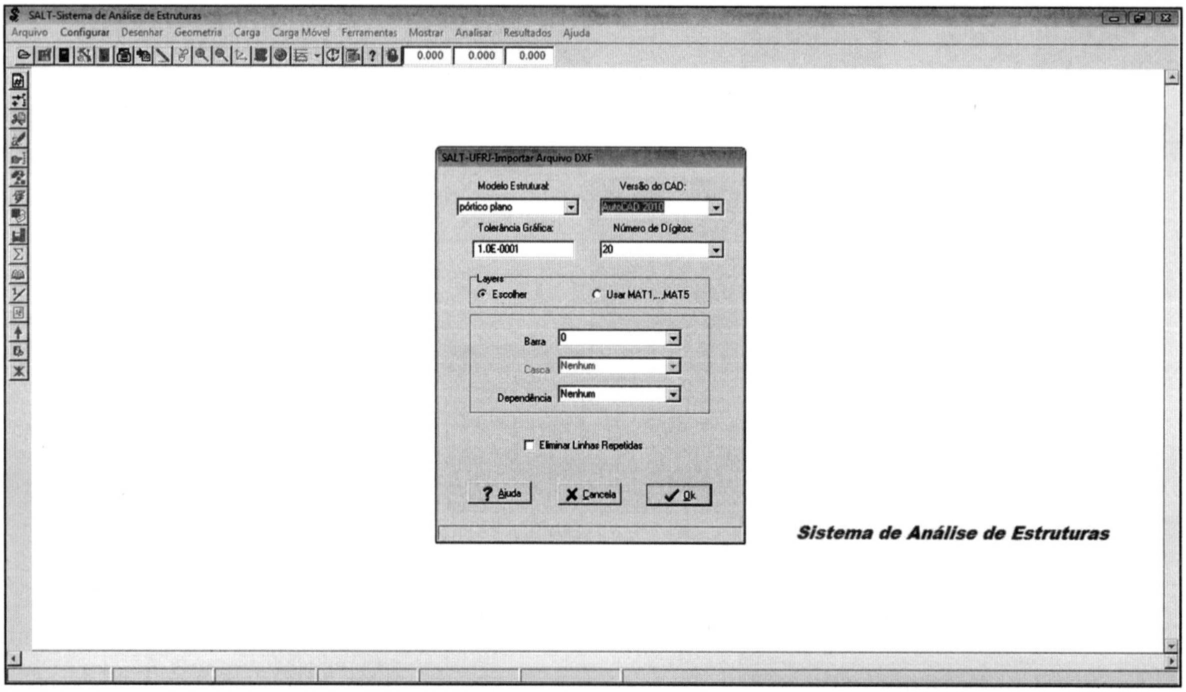

Figura 5.3.20 – Tela de importação de arquivo DXF no ambiente SALT.

Exercícios propostos:

E.1 – Resolva a grelha mostrada na figura EP1 considerando que todas as barras tenham a mesma seção transversal, também mostrada na figura, e sejam feitas com material apresentando módulo de elasticidade de 205,0 GPa e coeficiente de poisson de 0,30. Resolva manualmente, utilizando o programa MEF e o SALT, ou qualquer outro programa. Compare os resultados.

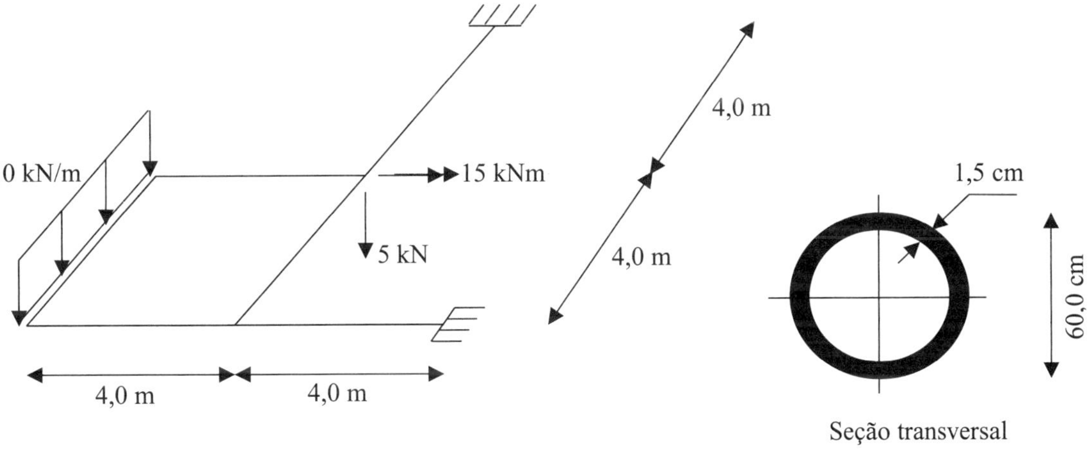

Figura EP1

E.2 – Resolva o pórtico plano mostrado na figura EP2, considerando que todas as barras tenham seção retangular com base de 30 cm e altura de 80 cm. O material tem módulo de elasticidade de 30,0 GPa coeficiente de poisson de 0,20. Para as constantes de mola adote $k_1 = 5{,}0 \cdot 10^3$ kN/m e $k_2 = 1{,}5 \cdot 10^5$ Resolva manualmente, utilizando o programa MEF e o SALT. Compare os resultados (deslocamentos nodais, reações de apoio e diagramas).

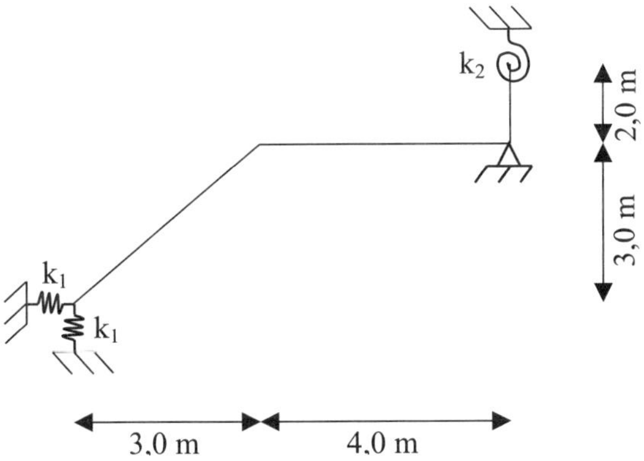

Figura EP2

E.3 – Resolva o pórtico plano do exemplo EP2, considerando que o apoio do segundo gênero, à direita, experimente um recalque de 1,5 cm no sentido vertical descendente.

E.4 – Resolva o pórtico plano do exemplo EP2 considerando que todas a barras experimentem aumento uniforme de temperatura de 25°C. Adote para o coeficiente de variação térmica $\alpha = 10^{-5}$.

REFERÊNCIAS BIBLIOGRÁFICAS

AKIN, J. E. *Finite Elements for Analysis and Design*. Academic Press Inc, 1994.

ARGYRIS, J. H.; HILPERT, O.; MALEJANNAKIS, G. A.; SCHARPF, D. W. On the Geometrical Stiffness of a Beam in Space – A Consistent V. W. Approach, *Computer Methods in Applied Mechanics and Engineering*, n. 20, p. 105-131 , 1979.

ARGYRIS, J. H.; BALMER, H.; DOLTSINIS, J. St.; DUNNE, P. C.; HAASW, M.; KLEIBER, M.; MALEJANNAKIS, G. A.; MLEJNEK, H. P.; MÜLLER, M.; SCHARPF, D. W. Finite Element Method – The Natural Approach, *Computer Methods in Applied Mechanics and Engineering*, n. 17/18, p. 1-106 , 1979.

ARGYRIS, J. An Excursion Into Large Rotations, *Computer Methods in Applied Mechanics and Engineering*, n. 32, p. 85-155 , 1982.

ARMENÀKAS, A. E. *Modern Structural Analysis*. McGraw-Hill, Inc., 1991.

AZAR, J. J. *Matrix Structural Analysis*. Pergamon Press Inc.,1972.

CHEN, W.; DUAN, L. *Bridge Engineering Seismic Design*. CRC Press, 2003.

BATHE, K. J. *Finite Element Procedures*. Prentice-Hall, Inc., 2006.

BATHE, K. J; DUVORKIN, E. N. On the Automatic Solution of Nonlinear Finite Element Equations. *Computers & Structures*, v. 17, n. 5-6, p. 871-879, 1983.

BELLINI, P. X.; CHULYA, A. An Improved Automatic Incremental Algorithm for the Efficient Solution of Nonlinear Finite Element Equations. *Computers & Structures*, v. 26, n. 1-2, p. 99-110, 1987.

BELYTSCHKO, T.; FISH, J. *A First Course in Finite Elements*. John Wiley & Sons Inc., 2007.

BELYTSCHKO, T.; LIU, W. K.; MORAN, B. *Nonlinear Finite Elements for Continua and Structures*. John Wiley & Sons Ltd, 2000.

BONET, J.; GIL, A. J.; WOOD, R. D.; *Worked Examples in Nonlinear Continuum Mechanics for Finite Element Analysis*. Cambridge University Press, 2012.

BONET, J.; WOOD, R. D.; *Nonlinear Continuum Mechanics for Finite Element Analysis*. Cambridge University Press, 2008.

BORST, R.; CRISFIELD, M. A.; REMMERS, J. J. C.; VERHOOSEL, C.V. *Non-Linear Finite Element Analysis of Solids and Structures*. John Wiley & Sons Ltd, 2012.

CRISFIELD, M. A. A Fast Incremental/Iterative Solution Procedure that Handles Snap-Through. *Computers & Structures*, v. 13, p. 55-62, 1981.

CRISFIELD, M. A. A Consistent Co-Rotational Formulation for Non-Linear, Three-Dimensional, Beam-Elements. *Computer Methods in Applied Mechanics and Engineering*, n. 81, p. 131-150, 1990.

CRISFIELD, M. A. *Non-Linear Finite Element Analysis of Solids and Structures, Volume 1:Essentials*. John Wiley & Sons Inc, 1991.

CRISFIELD, M. A. *Non-Linear Finite Element Analysis of Solids and Structures, Volume 2: Advanced Topics*. John Wiley & Sons Inc, 1997.

COOK, R. D. *Finite Element Modeling for Stress Analysis*. John Wiley & Sons Inc, 1995.

COOK, R. D.; MALKUS, D. S. *Concepts and Applications of Finite Element Analysis*. John Wiley & Sons Inc, 1989.

EKHANDE, S. G.; SELVAPPALAM, M.; MADUGULA, M. K. S. Stability Functions for Three-Dimensional Beam-Columns. *Journal of Structural Engineering ASCE*, 1989.

FELTON, K. P.; NELSON, R. B. *Matrix Structural Analysis*. John Wiley & Sons, 1997.

FEODOSIEV, V. I. *Resistência de Materiales*, Editorial Mir, 1980.

GARCIA, L. F. T.; VILAÇA, S. F. *Introdução à Elasticidade Não Linear*, COPPE/UFRJ, 1999.

GERE, J. M.; WEAVER, W. Jr. *Analisis de Estructuras Reticulares*. Compñia Editorial Continental, 1976.

GERE, J. M.; WEAVER, W. Jr. *Matrix Algebra for Engineers*. D. Van Nostrand Company Inc., 1965.

KIM, S.; NGO-HUU, C.; LEE, D. Second-Order Inelastic Dynamic Analysis of 3-D Steel Frames, *International Journal of Solids and Structures*, n. 43, p. 1693-1709, 2006.

KIM, S.; KIM, Y.; CHOI, S. Nonlinear Analysis of 3-D Steel Frames. *Thin-Walled Structures*, n. 39, p. 445-461, 2001.

KRENK, S. An Orthogonal Residual Procedure for Non-Linear Finite Element Equations, *International Journal for Numerical Methods in Engineering*, v. 38, p. 823-839, 1995.

KRENK, S. *Non–linear Modeling and Analysis of Solids and Structures*. Cambridge University Press, 2009.

LACARBONARA, W. *Nonlinear Structural Mechanics: Theory, Dynamical Phenomena and Modeling*. Springer-Verlag, 2013.

LAURSEN, H. L. *Matrix Analysis of Structures*. McGraw-Hill Book Company, 1966.

LAURSEN, H. L. *Structural Analysis*. McGraw-Hill Book Company, 1969.

LEON, E. S.; PAULINO, H. G.; PEREIRA, A.; MENEZES, I. F.M.; LAGES, E. N. A Unified Library of Nonlinear Solution Schemes. *Applied Mechanical Review ASME* , v. 64, 2012.

LEVY, R.; SPILLERS, W. R. *Analysis of Geometrically Nonlinear Structures*. Chapman & Hall, 1995.

McGIRE, W.; GALLAGHER, R. H.; ZIEMIAN, R. D. *Matrix Structural Analysis*. John Wiley & Sons, 2000.

MARTHA, L. F. *Análise de Estruturas Conceitos e Métodos Básicos*. Elsevier Editora, 2010.

MARTINS, J. J. G. *Análise Não Linear Geométrica de Estruturas Espaciais*. Dissertação de Mestrado, Faculdade de Engenharia da Universidade do Porto, 1997.

MEEK, J L. *Matrix Structural Analysis*, McGraw-Hill Kogakuska Ltd., 1971.

MERLOSH, R. J. *Structural Engineering Analysis By Finite Elements*. Prentice-Hall International Editions, 1990.

MICHALOS, J.; WILSON, E. N. *Structural Mechanics and Analysis*. The Macmillian Company, 1965.

NOVOZHILOV, V. V. *Foundations of the Nonlinear Theory of Elasticity*. Graylock Press, 1953.

NUNES, C. C. *Análise Não Linear Geométrica de Pórtico Espacial com Dependência Generalizada entre Deslocamentos*. Tese de Doutorado, COPPE - Universidade Federal do Rio de Janeiro, 1998.

ÖCHSNER, A.; MERKEL, M. *One-Dimensional Finite Elements An Introduction to the FE Method*. Springer-Verlag, 2013.

PREZEMIENIECKI, J. S. *Theory of Matrix Structural Analysis*. McGraw-Hil Book Company, 1968.

RAO, S. S. *The Finite Element Method in Engineering*. Elsiever Butterworth-Heinemann, 2005.

SACK, R. L. *Matrix Structural Analysis*. PWS-Kent Publishing Company, 1989.

SHAKOURZADEH, Y. Q.; BATOZ, J. L. Modeling of Connections in the Analysis of Thin-Walled Space Frames. *Computers & Structures*, v. 71, p. 423-433, 1998.

SLOAN, S. W. A Fortran Program for Profile and Wavefront Reduction. *International Journal for Numerical Methods in Engineering*, v. 28, p. 2651-2679, 1989.

SORIANO, H. L. *Análise de Estruturas, Formulação Matricial e Implementação Computacional*. Editora Ciência Moderna, 2005.

SORIANO, H. L.; SOUZA LIMA, S. *Análise de Estruturas em Computadores – Estruturas Reticuladas*. Universidade Federal do Rio de Janeiro – Cadernos Didáticos, 1997.

SORIANO, H. L.; SOUZA LIMA, S. *Método dos Elementos Finitos em Análise de Estruturas*. Editora da Universidade de São Paulo, 2003.

SORIANO, H. L.; SOUZA LIMA, S. *Análise de Estruturas – Método das Forças e Método dos Deslocamentos*. Editora Ciência Moderna, 2006.

SORIANO, H. L.; SOUZA LIMA, S. On Plotting of Section Force Components Diagrams for Framed Structures. *Computers & Structures*, v. 54, n. 6, p. 1191-1195, 1995.

SORIANO, H. L.; SOUZA LIMA, S. Structured Types in Pascal for Structural Analysis. *Computers & Structures*, v. 45, n. 4, p. 799-800, 1992.

SOUZA LIMA, S.; SORIANO, H. L. A Method for Graphic Stress Representation. *Computers & Structures*, v. 63, n. 6, p. 1223-1228, 1997.

SPYRAKOS, C. *Finite Element in Engineering Practice*. Algor Inc., Publishing Division, 1996.

VAZ, L. E. *Método dos Elementos Finitos em Análise de Estruturas*. Elsiever, 2010.

VENANCIO FILHO, F. *Análise Matricial de Estruturas – Análise, Estabilidade, Dinâmica*. Almeida-Neves Editores, 1975.

ZAGOTIS, D. *Introdução à Teoria das Placas e das Cascas*. Escola Politécnica da Universidade de São Paulo, 1976.

WANG, C. K. *Matrix Methods of Structural Analysis*. International Textbook Company, 1966.

WEAVER, W. J. *Computer Programs for Structural Analysis*. D. Van Nostrand Company, Inc., 1967.

WILSON, E. L. *Three-Dimensional Static and Dynamics Analysis of Structures*. Computers and Structures Inc., 2001.

WOOD, R. D.; ZIENKIEWICZ, O. C. Geometrically Nonlinear Finite Element Analysis of Beams, Frames, Arches and Axisymmetric Shells. *Computers and Structures Inc.*, v. 7, p. 725-735, 1977.

WRIGGERS, P. *Nonlinear Finite Element Methods*. Springer-Verlag, 2008.

YANG, Y; McGUIRE, W. Stiffness Matrix for Geometric Nonlinear Analysis. *Journal of Structural Engineering ASCE*, 1986.

YEONG-BIN, Y; SHYH-RONG, K. *Nonlinear Framed Structures*. Prentice Hall, 1994.

YEONG-BIN, Y; MING-SHAN, S. Solution Method for Nonlinear Problems with Multiple Critical Points. *AIAA Journal,* v. 28, n. 12, p. 2110-2116, 1990.

Impressão e acabamento
Gráfica da Editora Ciência Moderna Ltda.
Tel: (21) 2201 - 6662